KEBIANCHENG KONGZHI JISHU JI YINGYONG

可编程控制技术及应用

主　　编　张　斌

副 主 编　苏王平　阳根民

主　　审　林　山　向志军　谢向花

参编人员　张　姣　杨松清

西北工業大學出版社

图书在版编目（CIP）数据

可编程控制技术及应用/张斌主编.—西安:西北工业大学出版社,2015.9
ISBN 978-7-5612-4610-8

Ⅰ.①可…　Ⅱ.①张…　Ⅲ.①可编程序控制器　Ⅳ.①TM571.6

中国版本图书馆 CIP 数据核字（2015）第 211203 号

出版发行:西北工业大学出版社
通信地址:西安市友谊西路 127 号　　**邮编**:710072
电　　话:(029)88493844　88491757
网　　址:http://www.nwpup.com
印 刷 者:兴平市博闻印务有限公司
开　　本:787 mm×1 092 mm　1/16
印　　张:18.125
字　　数:441 千字
版　　次:2015 年 10 月第 1 版　　2015 年 10 月第 1 次印刷
定　　价:39.00 元

前　言

本书是根据中等职业学校机电类专业“可编程控制技术与应用”课程要求编写的教材。

可编程序逻辑控制器(PLC)是以计算机技术、自动控制技术和通信技术为一体的工业控制装置。在设计中充分考虑了工业控制的各种要求、特点及环境等情况，有很强的控制能力和抗干扰能力。除此以外，它工作可靠、使用灵活方便，还可以根据不同复杂控制场合进行模块的更换和扩展。尤其是采用梯形图程序时，设计思路与工业电气控制图很接近，易于学习和掌握，编程也简单。因此，以 PLC、变频器为主体的新型电气控制系统已广泛应用于各个生产领域。

S7－200 系列 PLC 是德国西门子公司生产的小型可编程序控制器。它具有设计紧凑、扩展能力强、具面友好的编程软件、高速处理能力及强大的指令集等特点。在市场上占有较高的份额，使用十分广泛。

本书以 S7－200 系列 PLC 为对象，运用“做中教、做中学”的教学方法，以任务驱动教学的形式讲述 PLC 的基本原理、软硬件资源及指令的应用。每个任务都来自生产实际，同时又是教学典范。在完成任务的过程中学习知识、提高操作技能、学习 PLC 的具体应用。

本书主要内容由 8 个任务组成，主要包括三相交流异步电动机基本线路控制编程及应用、十字路口交通信号灯控制系统编程及应用、天塔之光控制系统编程及应用、运输带自动控制系统编程及应用、多种液体自动混合装置控制系统编程及应用、用 PLC 实现 CA6140 车床电气控制线路的安装与调试、用 PLC 实现摇臂钻床 Z3050 电气控制线路的安装与调试和 S7－200 PLC 与变频器通信实现电梯系统控制等。编写时依据生产实际的典型工作情景为载体，以培养学生的组装、操作、调试、维护为一体的综合职业能力为目标，有机地融入理论知识与操作技能，形成了依照行动为导向、任务驱动的“教、学、做”一体化。

本书在编写的过程中，得到了高等职业技术院校和相关企业的大力支持，特别是在编写过程中曾参阅了相关文献资料，受益匪浅，在此表示衷心的感谢。

由于笔者学识与水平有限，书中遗漏和错误之处，恳请读者批评指正。

编　者

2015 年 4 月

前 言

目　录

任务一　三相交流异步电动机基本线路控制编程及应用

学习目标

知识目标	·能阅读“三相交流电动机基本线路控制编程及应用”工作任务单,明确工作任务和个人任务要求,服从工作安排。 ·熟悉 PLC 型号,能正确选用 PLC(主要技术参数,列举所用可编程控制器的 I/O 功能和点数)及鉴别使用外围设备。 ·熟悉 PLC 工作原理及各性能指标。 ·熟悉 PLC 工作软、硬件工作环境。
技能目标	·能熟知 S7-200 系列 PLC 面板上标志。 ·能掌握输入/输出端子的形状、标号、分组及公共端。 ·能到现场采集电动机基本线路控制的技术资料,根据电动机基本控制的电气原理图和工艺要求绘制主电路及 PLC 接线图,编制 I/O 分配表。 ·能正确使用西门子 STEP7-Micro/WIN 电脑编程软件。 ·能安装电动机基本控制线路,编写程序,下载及程序运行与调试。
素养目标	·能根据行业规范正确穿戴劳保用品,执行 6S 制度要求。 ·培养动手能力及分析、解决实际问题的能力。

情景描述

在生活中,家用小型电动机的运行、停止通常是用低压开关拉、合闸来实现的,现在我们将在单向启动控制线路中通过改用按钮来完成电动机持续运转及停止。

实施流程

学习活动1 接收工作任务

学习目标

能阅读“三相交流电动机基本控制线路编程及应用”工作任务单，明确工作任务和个人任务要求，并在教师指导下进行人员分组，服从工作安排。

学习过程

请认真阅读工作情景描述及相关资料，用自己的语言填写设备改造(大修)联系单，见表1-1。

表 1-1

<table>
<tr><td rowspan="3">申报项目</td><td>楼房号</td><td></td><td>申报人</td><td></td><td>联系电话</td><td></td></tr>
<tr><td colspan="6">申报事项：公司应业务需要，现急需对怀化市委附近学林雅苑小区内三扇卷帘门手动控制实现自动控制改造，整个工程改造时间为期三天。</td></tr>
<tr><td>申报时间</td><td></td><td>要求完成时间</td><td></td><td>派单人</td><td></td></tr>
<tr><td rowspan="4">安装项目</td><td>接单人</td><td></td><td>安装开始时间</td><td></td><td>安装完成时间</td><td></td></tr>
<tr><td colspan="6">所需材料：</td></tr>
<tr><td>安装项目</td><td colspan="2"></td><td>安装人员签字</td><td colspan="2"></td></tr>
<tr><td>安装结果</td><td colspan="2"></td><td>班组长签字</td><td colspan="2"></td></tr>
<tr><td rowspan="2">验收项目</td><td colspan="6">安装人员工作态度是否端正：是□ 否□
本次安装是否已解决问题：是□ 否□
是否按时完成：是□ 否□
客户评价：非常满意□ 基本满意□ 不满意□
客户意见或建议：</td></tr>
<tr><td>客户签字</td><td colspan="2"></td><td colspan="2"></td><td></td></tr>
</table>

引导问题一：你知道可编程控制器是什么吗？你见过吗？请简单描述一下。

引导问题二：为什么现在中小型企业及小区在设备管理上都开始倾向于用PLC控制代替原有的继电器-接触器控制方式？

引导问题三：你认为要完成此项任务需要哪些专业知识来支撑？

引导问题四：写出你在此任务实施过程中的打算和步骤。

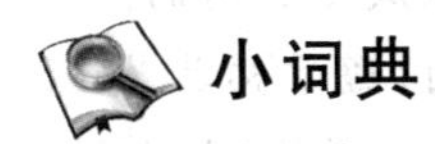

小词典

1.1　PLC发展的背景和意义

自人类开始从事劳动以来，搬运工作一直都是一项很难逃避的体力劳动，如埃及金字塔、我国万里长城的修建，这些在自动化机械手还未出现之前，对于当时的人们而言，不断的重复高难度的体力劳动，给人们的感受是非常辛苦劳累。当人类经济开始迅速发展以及各种科学技术日益崛起时，半自动、全自动机械手的诞生和迅速推广将人们对物体的搬运推进到了一个崭新的时代。其中体现尤为突出的是在物流产业中的应用。物流产业是现代经济发展中一个新兴的服务部门，它以超常的速度迅速发展，在全球范围内，这项新兴产业被认为是国民经济能够强有力发展的动脉和基础产业，人们甚至用其发展程度来估量一个国家的现代化程度和综合国力。在物流产业生产过程中，搬运与装配成为整个物流活动的重要内容之一。机械手装配搬运是物流过程中的“节”，它是对运输、储存、配送、包装、流通等活动进行连接的中间环节，在物流过程中是不断出现和反复进行的，它的出现频率高于其他各项物流活动，也成为决定物流速度和质量的关键。

在自动化技术还没有得到普遍发展以前，人们在从事体力劳动过程中，不但承受着非常繁重的体力支配，此外，在进行搬运装配操作时人往往还会直接接触货物，因此，这样在物流过程中造成货物破损、散失、损耗、混合等损失的主要环节，增加了货物在流通过程中的成本，降低了生产效率。随着自动化技术的革新和发展，出现了一些专门用于从事装配和搬运的自动化设备，如多种液体自动混合装置、传输带自动运行控制装置、机械手装置等，它们的出现不仅分担了人们繁重的体力劳动，减轻了工人的工作量，提高了生产效率，降低了生产成本，而且在那些比较恶劣的和对人身体有害的环境中，更发挥着无可代替的作用。

1.2　PLC的概述

可编程控制器(Programmable Controller)的英文缩写为PC，为了与个人计算机的PC相区别，人们用PLC来表示可编程控制器。

PLC是在传统顺序控制器的基础上引入了微电子技术、计算机技术、自动控制技术和通信技术而形成的一代新型工业控制装置，目的是用来取代继电器，执行逻辑、记时、计数等顺序控制功能，建立柔性的程控系统。国际电工委员会(IEC)颁布了对PLC的规定：可编程控制器是一种数字运算操作的电子系统，专为在工业环境下应用而设计。它采用可编程序的存储器，在其内部存储执行逻辑运算、顺序控制、定时、计数和算术运算等操作的指令，并通过数字的、模拟的输入和输出，控制各种类型的机械或生产过程。可编程控制器及其有关设备，都应按易于与工业控制系统形成一个整体、易于扩充其功能的原则设计。

PLC具有通用性强、使用方便、适应面广、可靠性高、抗干扰能力强、编程简单等特点。在工业控制领域中，PLC控制技术的应用必将形成世界潮流。

PLC程序既有生产厂家的系统程序，又有用户自己开发的应用程序，系统程序提供运行平台；同时，还为PLC程序可靠运行及信息与信息转换进行必要的公共处理。用户程序由用户按控制要求设计。

1.3　PLC的一般结构

PLC采用了典型的计算机结构，主要包括中央处理器、存储器、电源、输入/输出(I/O)接口、外设接口、编程装置等。PLC分为箱体式和模块式两种，但它们的组成是相同的。箱体式PLC是将电源、CPU、存储器及I/O等各个功能部分集成在一个机壳内，通常称其为PLC主机或基本单元。模块式PLC是将构成PLC的各个部分按功能做成独立模块，如电源模块、CPU模块、I/O模块、各种功能模块等，然后安装在同一底板或框架上。无论哪种结构类型的PLC，都属于总线式开放型结构，其I/O能力可按用户需要进行扩展与组合。PLC逻辑结构示意图如图1-1所示。

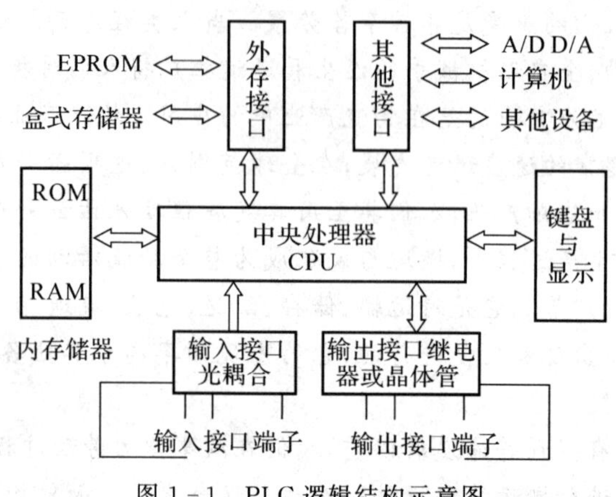

图1-1　PLC逻辑结构示意图

1. 中央处理器

与一般计算机一样，CPU是PLC控制器的核心，它通过3种总线(控制总线、地址总线和数据总线)与存储单元、输入输出电路进行连接。不同型号的PLC可能使用不同的CPU部件，并可以按照PLC中系统赋予的功能，接收编程器键入的用户程序和数据，使PLC有条不紊地工作。

CPU的主要功能：①从存储器中读取指令；②执行指令；③准备取下一条指令；④处理中断。

2. 存储器

可编程控制器的存储器是具有记忆功能的半导体电路，由只读存储器ROM、随机存储器RAM、可电擦写的存储器EEPROM三大部分构成，主要用来存储系统程序、用户程序和工作数据。

(1)只读存储器ROM。ROM中的内容是由PLC的制造厂家写入的系统程序并且永久驻留(PLC去电后再加电，存储在ROM中的内容不变，并且用户是不可改变的)。系统程序一般包括检查程序、翻译程序和监控程序。

(2)随机存储器RAM。RAM是可读可写存储器，用户程序和中间运算数据存放在RAM中，它存储的内容是易失的，掉电后内容丢失；刚写入的信息会消除原来的信息。

3. 电源部件

电源单元的作用是把外部电源(220V交流电源)转换成PLC的中央处理器、存储器等电子电路工作所需要的直流电源。电源的好坏会直接影响PLC的功能和可靠性，因此大部分PLC内部配有一个专用的开关式稳压电源，将交流/直流供电电源转换为PLC内部电路需要的工作电源(直流5V，±12V，24V)，并为外部输入元件(如接近开关)提供24V直流电源，而驱动PLC负载的电源由用户提供。电源按其输入类型不同分为交流电源(220V AC或110V

AC)和直流电源(常用的为 24V DC)。

4. 输入/输出接口电路

输入/输出接口电路是 PLC 与被控设备相连接的接口部件,它需要有良好的电隔离和滤波作用。在用户设备中需要输入 PLC 的各种控制信号,如生产过程中使用的限位开关、操作按钮、选择开关、行程开关以及传感器输出的开关量或模拟量(要通过数模变换进入机内)等输入器件,可以直接通过输入接口电路将它们转换成 CPU 能够接收和处理的信号。输出接口电路将 CPU 送出的弱电控制信号转换成现场需要的前强电信号输出,以驱动电机、接触器、电磁阀等被控设备的执行元件。

(1)输入接口电路。为了防止由于触点抖动或干扰脉冲引起错误的输入信号,输入接口电路基本上都是由微电脑输入电路与光电耦合电路构成的,使用这两种电路能让输入端具有很强的抗干扰能力。

(2)输出接口电路。PLC 的输出接口电路是由功率放大电路与微电脑输出电路构成,PLC 一般采用小型继电器输出形式,也有的采用大功率晶体管和双向晶闸管输出形式。特殊的情况是当在选择了脉冲控制的电机时必须选择后两者输出形式的 PLC。

除了上述的几个主要部分外,PLC 还具有各种外围设备接口,都是通过插座引出到外壳上,可配接编程器、盒式磁带机、打印机、监视器、智能 I/O 接口、存储器卡等外部设备,同时还配有串行通信接口,通过与通信电缆的连接来实现人-机或机-机之间的对话。

5. PLC 的外围设备

外围设备是 PLC 系统不可分割的一部分,它有以下四大类。

(1)编程设备:有简易编程器和智能图形编程器,用于编程、对系统作一些设定、监控 PLC 及 PLC 所控制的系统的工作状况。编程器是 PLC 开发应用、监测运行、检查维护不可缺少的器件,但它不直接参与现场控制运行。

(2)监控设备:有数据监视器和图形监视器,直接监视数据或通过画面监视数据。

(3)存储设备:有存储卡、存储磁带、软磁盘或只读存储器,用于永久性地存储用户数据,使用户程序不丢失,如 EPROM,EEPROM 写入器等。

(4)输入/输出设备:用于接收信号或输出信号,一般有条码读入器、输入模拟量的电位器、打印机等。

6. PLC 的通信联网

PLC 具有通信联网的功能,它使 PLC 与 PLC 之间、PLC 与上位计算机以及其他智能设备之间能够交换信息,形成一个统一的整体,实现分散集中控制。现在几乎所有的 PLC 新产品都有通信联网功能,它和计算机一样具有 RS－232 接口,通过双绞线、同轴电缆或光缆,可以在几公里甚至数 10km 的范围内交换信息。

当然,PLC 之间的通信网络是各厂家专用的,PLC 与计算机之间的通信,生产厂家多采用工业标准总线,并向标准通信协议靠拢,这将使不同机型的 PLC 之间、PLC 与计算机之间可以方便地进行通信与联网。

评价与分析

评价表见表-2。

表1-2　学习活动1评分表

评分项目	评价指标	标准分	评　分
任务复述	语言表达是否规范	20	
书面表达	工作页填写是否正确	20	
信息检索	是否能够有效检索	20	
人员分工	分工是否合理,任务是否明确	20	
团结协作	小组成员是否团结协作	20	

学习活动2　勘查施工现场

学习目标

(1)熟悉现场按钮、行程开关、电动机等电工材料的型号和参数。

(2)根据识读卷帘门工作的电路原理图,了解设备的工作原理,列举勘查项目和描述作业流程。

(3)提高勘查任务实施过程中语言表达及沟通的能力。

(4) 熟悉 PLC 工作软、硬件工作环境。

学习过程

根据现场勘查所做记录,结合设备电路原理图以及继电控制线路接线图,描述出本设备工作的特点及不足,填写工程的技术参数。

通过现场勘查以及阅读相关电路原理图,思考以下问题:

引导问题一:根据现场记录以及操作完工的具体要求,请简单概述使用 PLC 实现自动控制的安全操作规程有哪些?

引导问题二:该系统的执行机构有哪些?

引导问题三:简述该系统的工作原理。

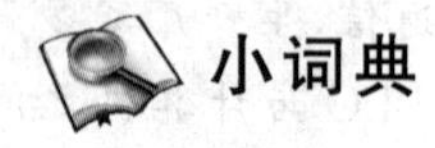

小词典

1.1　PLC 安全操作规程

PLC 是专门为工业生产服务的控制装置,通常不需要采取什么措施,就可以直接在工业环境中使用。但是,当应用环境过于恶劣,电磁干扰特别强烈,或安装使用不当时,都不能保证 PLC 的正常运行,因此在使用中应注意以下问题。

1. 工作环境

(1)温度。PLC要求环境温度在0～55℃,安装时不能放在发热量大的元件下面,四周通风散热的空间应足够大,基本单元和扩展单元之间要有30mm以上间隔;开关柜上、下部应有通风的百叶窗,防止太阳光直接照射;如果周围环境超过55℃,要安装电风扇强迫通风。

(2)湿度。为了保证PLC的绝缘性能,空气的相对湿度应小于85%(无凝露)。

(3)振动。应使PLC远离强烈的振动源,防止振动频率为10～55Hz的频繁或连续振动。当使用环境不可避免振动时,必须采取减震措施,如采用减振胶等。

(4)空气。避免有腐蚀和易燃的气体,例如氯化氢、硫化氢等。对于空气中有较多粉尘或腐蚀性气体的环境,可将PLC安装在封闭性较好的控制室或控制柜中,并安装空气净化装置。

(5)电源。PLC供电电源为50Hz,220×(1±10%)V的交流电,对于电源线来的干扰,PLC本身具有足够的抵制能力。对于可靠性要求很高的场合或电源干扰特别严重的环境,可以安装一台带屏蔽层的变比为1∶1的隔离变压器,以减少设备与地之间的干扰。还可以在电源输入端串接LC滤波电路。

2. 初始状态

(1)设备用电电源是否正常。

(2)设备选择在自动方式,即PLC控制方式。

(3)设备的保护、控制及信号是否复位。

在确定每台设备均满足初始状态后,由操作员下达启动命令,整个系统从初始状态出发进入启动过程。自检中任一台设备不满足启动的初始条件均不能进行启动操作。当一段应用工作完成后,由操作员操作或由停车条件自动发出停车命令,系统即进入停止过程,待最后一台设备停止完毕后,整个系统又回到了初始状态,等待下一周期。

3. 系统启动、停止流程

(1)启动过程

1)开机前有现场人员检查是否具备启动条件(包括现场是否有人员停留在危险区域,电气控制柜是否上电,是否将转换开关打至相应挡等)。

2)确定具备开机条件后,有现场人员通知中控室需要开启设备,即选择工况。

3)中控室选择完工况后,向现场操作人员确认选择的工况,通知现场人员中控室已经做好开机准备。

4)现场人员再次确认现场是否具备开机条件,确认无误后向中控室下达自动开机命令。

5)中控室值班人员接到现场确认开机命令后,在上位机上发出系统开机命令并确认或者直接在操作台上按下启动按钮。

6)中控室发出开机命令后,通知现场操作人员系统已经处于自动开机过程状态,并密切注意上位机上的信息提示是否正常。

7)系统启动完成后,中控室通知现场运行人员系统已启动完成。

(2)停止过程

1)现场操作人员在确认系统完全具备停机条件(卷帘门到达指定位置等)的情况下,通知中控室发出停机指令。

2)中控室值班人员接到现场停机请求后，再次与现场人员确认后方可发出停机指令。停机指令可以通过上位机或操作台来下达。

3)现场及中控室人员密切注意停机过程中是否存在异常。

4)停机过程结束后，中控室通知现场操作人员停机过程结束。

5)停机过程结束后，中控室值班人员将系统所有工况取消并将运行方式切换至单机控制方式。

(3)运行过程中异常情况的处理

1)启动过程中如果发现未启动的设备不具备启动条件，可现场拉下拉绳开关或者通知中控室发出停止指令。待具备开机条件后再次通知中控室人员发出开机指令，完成开机过程。

2)启动过程中任何设备的故障，包括拉下拉绳开关的情况下上位机上都会显示设备故障(相应设备红黄闪烁)，现场故障排除后，须将系统故障复位方可再次启动。如果故障复位后仍然显示故障，则现场或控制柜端仍就存在硬件故障，中控室操作人员通知现场及相关人员确认现场拉绳开关或电气柜端是否存在故障。

3)停机过程中如果发现运行设备不具备停机条件，应迅速通知中控室人员发出停止停机指令。待条件具备后再次通知中控室人员发出停机指令，完成停机过程。

4)运行过程中发现存在威胁到人员人身安全及对设备造成重大损坏的情况时，如能现场停止造成威胁的设备应立即将其停止，如果不能现场停止威胁设备应立即通知中控室人员发出紧急停机指令。考虑到上位机上操作的延时，紧急停机指令的发出建议由按下操作台上的紧急停机按钮来完成。威胁消除后请将紧急停机按钮旋转复位。

1.2　通过与企业技术人员交流，查阅相关资料，了解卷帘门的结构

卷帘门的安装图如图1-2所示。

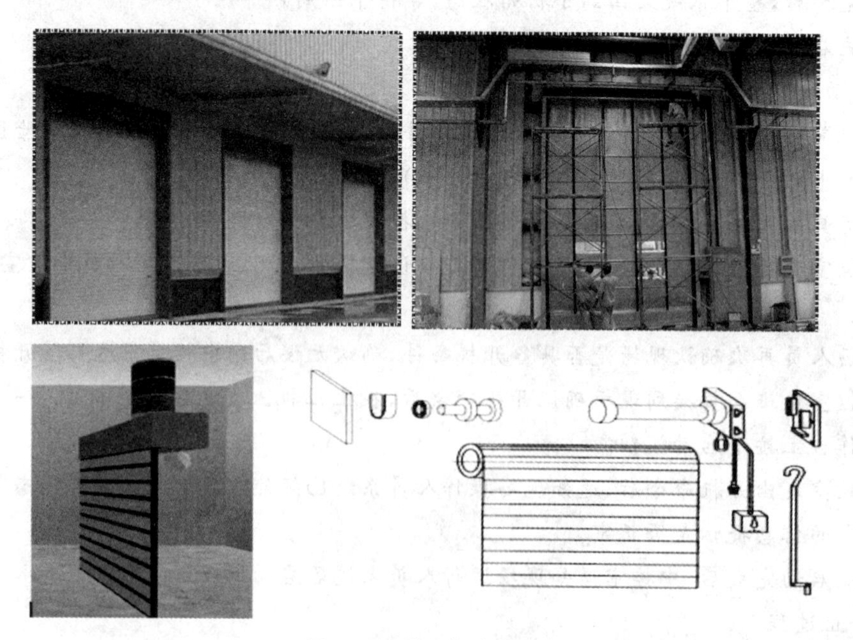

图1-2　卷帘门安装图

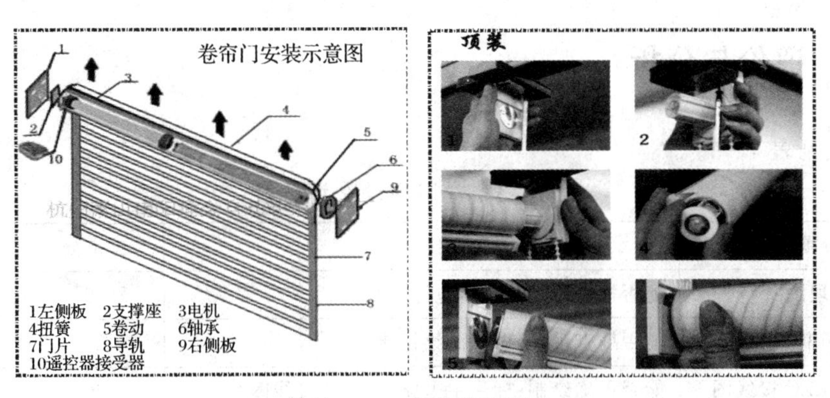

续图 1-2　卷帘门安装图

1.3　通过了解卷帘门的结构与安装,熟知卷帘门的工作过程

卷帘门电路原理图及工作原理:

自动卷帘门的“开门”动作是一个典型的电动机单向连续运行动作,其继电-接触器电气原理图如图 1-3 所示。

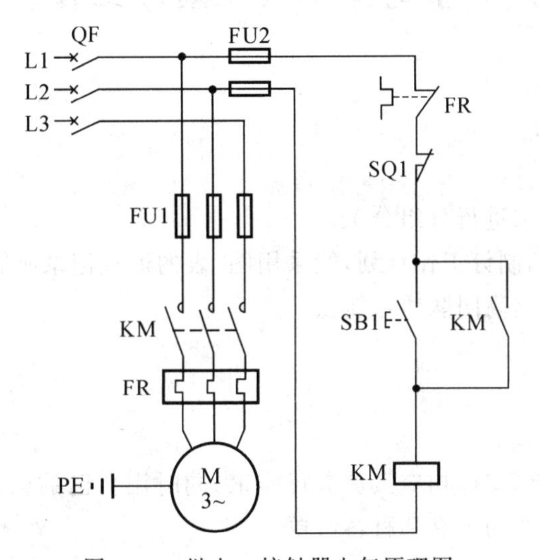

图 1-3　继电一接触器电气原理图

启动按钮为“开门”按钮 SB1,停止按钮为行程开关 SQ1。工作原理如图 1-4 所示。

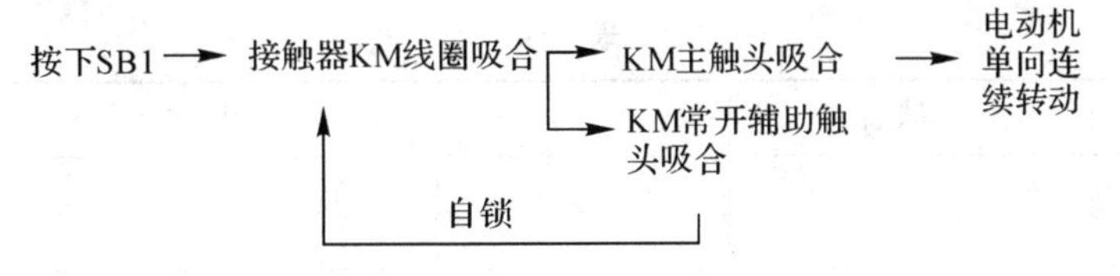

图 1-4　自动卷帘门继电一接触器工作过程

评价与分析

评分表见表1-3。

表1-3　学习活动2评分表

评分项目	评价指标	标准分	评　分
原理图	能否根据原理图分析电路的功能	20	
现场勘查	能否勘查现场，做好测绘记录	20	
主电路及PLC接线图	能否正确绘制、标注主电路及PLC接线图	20	
查阅资料	能否根据实际查阅PLC相关资料	20	
团结协作	小组成员是否团结协作	20	

学习活动3　制订工作计划

学习目标

(1)能根据任务单要求进行分组分工。

(2)能根据施工图纸，制订工作计划，能采用图、表的形式记录所需工具以及材料清单。

(3)能通过分工合作提高团队协作能力。

学习过程

请根据现场施工要求，安排相应人员进行施工，同时用自己的语言描述具体的工作内容，制订工作计划，列出所需要的工具和材料清单。

一、团队组合

每个团队由5名成员组成，自选组长，自定队名和队语，并填入表1-4中。

表　1-4

序　号	小队名	组　长	组　员	队　语
1				
2				
3				
4				
5				
6				

引导问题一：请列写出各组员的具体工作内容有哪些？

引导问题二：应如何编写这项改造工程的施工计划及时间安排？

二、时间安排

根据任务的要求安排时间，并填入表 1－5 中。

表　1－5

任　务	计划完成时间	实际完成时间	备　注
施工前准备			
元件安装固定			
板前配线			
线路调试			

引导问题三：请列举所要用的工具、材料清单。

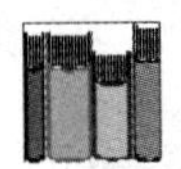

知识拓展

施工组织是施工管理工作中一项很重要的工作，也是决定施工任务完成好坏的关键。编制过程中必须采用科学的方法，对较复杂的建设项目，要组织有关人员多次讨论、反复修改，最终达到施工组织设计优化的目的。在编制施工组织设计过程中，为了方便使用，直观、明了，应尽量减少文字叙述，多采用图表。下面是某单位施工计划的范文，请参照编写自己的施工计划。

封面　　　　　　　　　　××工程施工计划

编制：　　　　　　　审核：　　　　　批准：

××公司　年　月　日

目录

一、概述

1. 工程名称及地点

2. 工程简介

二、施工总体布置

1. 施工组织机构图

2. 施工进度计划

3. 主要施工人员计划表

4. 主要施工机具计划表

5. 施工材料计划表

三、电气安装施工方案

四、现场材料、设备管理办法

五、质量管理程序

六、现场安全管理细则

七、交工资料内容

正文

一、概述

1. 工程名称及地点

1.1 工程名称

1.2 工程地点

2. 工程简介

2.1 工程范围

(1)6 条传送带传输线的 PLC 改造。

(2)PLC 及相关器材的采购、安装。

2.2 编制依据

电气装置安装工程母线装置施工及验收规范(GBJ149—90)。

电气装置安装工程电气设备交接试验标准(GB50150—2006)。

电气装置安装工程电缆线路施工及验收规范(GB50168—2006)。

电气装置安装工程接地装置施工及验收规范(GB50169—2006)。

电气装置安装工程低压电器施工及验收规范(GB50254—96)。

二、施工总体布置

1. 施工组织机构图：

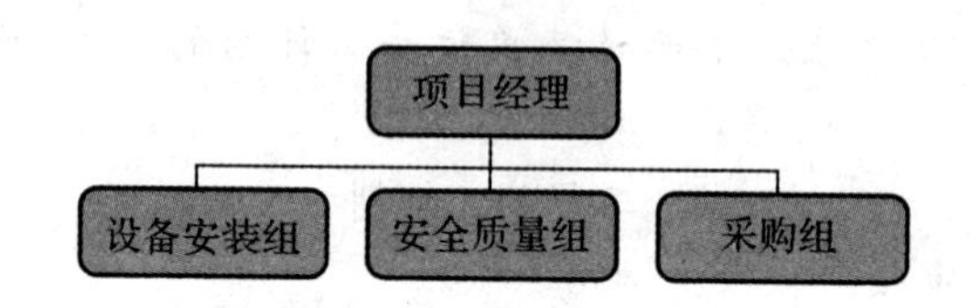

2. 施工进度计划表

时　间	完成进度	责任人	完成情况
2011.9.1	施工现场清理	李明	完成

3. 主要施工人员计划表

序　号	名　称	人　数	姓　名
1	项目负责人	1	
2	PLC 程序员	1	
3	电工	3	

4. 主要施工机具计划表：

序　号	施工设备	规格型号	单　位	数　量	备　注
1	切割机	CC-30	台	1	
2	接地电阻测试仪	ZC29B-1	台	1	
3	剥线钳		个	1	

5. 施工材料计划表：

序　号	名　称	型　号	单　位	数　量	备　注
1	PLC	S7-200 CPU226	台	1	
2					

三、电气安装施工方案

1. 施工程序

2. 施工方法

3. 设备安装

3.1 安装前，开箱检查其外形尺寸是否相符，有无变形、掉漆现象，仪器备件是否齐全。

3.2 控制屏、柜等，采用 M4，M12 螺栓固定在基础钢上，动力箱、插座等均采用暗装式安装。

四、现场材料、设备管理办法

1. 材料、设备接货。材料管理人员须全面负责并组织设备、材料的接货工作。

2. 材料、设备到货检查。

3. 材料、设备保管。

4. 材料、设备的发放。

五、质量管理程序

质量管理工作是保证工程质量的重要环节，是实现优良工程的主要手段，它包括工作质量程序、工作标准化程序、现场质量管理和检验申报、认证程序。

1. 工作质量程序

1.1 建立质量管理机构。

1.2 严格执行作业人员持证上岗。

2. 工作标准化程序

2.1 按合同、标书和图纸指明的标准规范、规程、要求以及业主或承包商的书面通知进行技术准备、施工操作和检验交工等工作。一切与质量相关的行为和因素均受此款的约束。

2.2 按与业主的合同确定质量目标、质量检验计划和质量检验报告。通常质量检验计划分月计划、周计划和日计划，并按规定时间分别提前一周、一日或三日呈送业主质量控制工程师。

2.3 质量责任者的处罚，凡是违反操作且已造成或尚未造成质量事故的责任者，均视其情节分别接受教育、停工直至退场的处罚。

六、现场安全管理细则

1. 全体工作人员必须佩戴铭牌，在指定入口外进入施工工地，遵守公路和工地警告标牌上的规定。

2. 每天下班前打扫现场卫生。

3. 工人应穿好工作服，戴好安全帽，穿工作鞋，穿戴好本工种的特殊个人防护用品进入施工现场。使用角向磨光机时应配防爆面罩。

4. 要在离地面 2m 以上的工作面上作业时，应系牢安全带。

七、交工资料内容

施工计划的编制内容可根据具体工程的要求进行更改，以达到指导施工的目的。

评价与分析

表 1－6　学习活动 3 评分表

评价表见表 1－6。

评分项目	评价指标	标准分	评　分
条理性	工作计划制订是否有条理	20	
完善性	工作计划是否全面、完善	20	
信息检索	信息检索是否全面	20	
工具与材料清单	是否完整	20	
团结协作	小组成员是否团结协作	20	

学习活动 4　施工前的准备

学习目标

(1)能根据任务清单搜集相关资料。

(2)了解 PLC 的组成与硬件结构。

(3)了解 CPU 的工作模式，PLC 的工作方式。

(4)熟悉 PLC 型号，能正确选用 PLC(主要技术参数，列举所用可编程控制器的 I/O 功能和点数)及鉴别使用外围设备。

(5)熟悉 S7－200 系列 PLC 的功能扩展模块。

(6)熟悉位触点、线圈指令，位逻辑操作指令。

(7)熟悉 PLC 编程语言(梯形图、语句表)与编程方法。

学习过程

认识 PLC 的基本结构

引导问题一:观察教师展示的可编程器实物或模型,结合图 1-5 的图片,将各部分结构的名称补充完整。

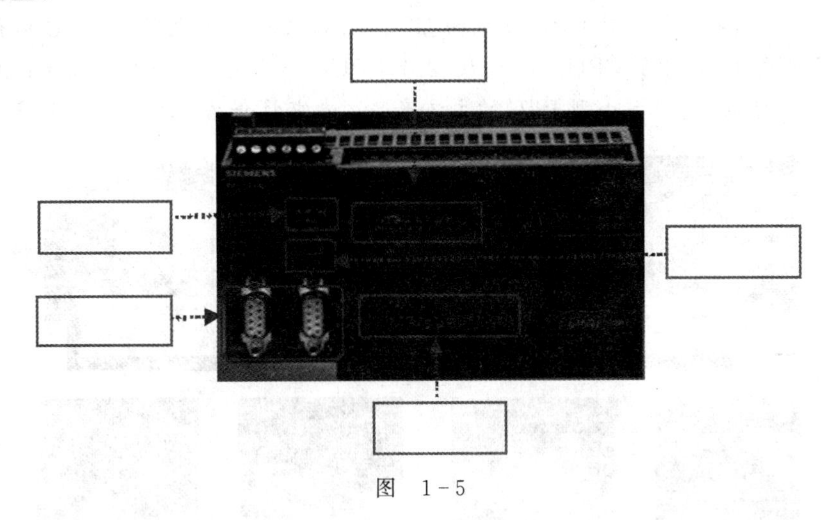

图　1-5

引导问题二:西门子 S7 系列 PLC 的发展分别经历了哪几代?现在市面上流行的是哪几种 PLC?

引导问题三:PLC 的主要参数是什么?

引导问题四:PLC 接口电路有几种类型?如何对 PLC 进行正确选型?

1.1　西门子 S7 系列 PLC 的型号说明

SIMATIC S7-200 系列可编程序控制器(PLC)是德国西门子公司 20 世纪 90 年代推出的整体式小型机,其结构紧凑、功能强,具有很高的性能价格比。S7-200 PLC 是 SIMATIC S7 家族中的小型可编程序控制器,家族中还有中型可编程序控制器 S7-300 系列以及大型可编程程序控制器 S7-400 系列。

(1)小型机,I/O 点数在 128 点以下,内存容量在几 KB,具有逻辑运算、定时、计数等功能,适用于开关量控制的场合。

(2)中型机,I/O 点数在 128 ~512 点,内存容量在数 10KB,除具有小型机的功能外,还增加了数据处理功能,并可配置模拟量输入/输出模块,适用于小规模控制系统。

(3)大型机,I/O 点数在 512~896 点,内存容量在数百 KB。

(4)超大型机,I/O 点数在 896 点以上,内存容量在 1 000 KB 以上。

S7-200 PLC 凭借其强大的组网能力、友好易用的编程软件、极高的性价比和不断的创新而成为市场上众多小型可编程序控制器的领跑者，它在机械、电力、化工、交通、轻工、建材、环保等行业应用十分广泛(见图 1-6)，深受中国用户的喜爱。

1.2 S7-200 PLC的结构与技术性能

(1)图 1-7 所示为 S7-200 CPU 的外形结构图。

(2)S7-200 CPU 的类型如图 1-8 所示。从 CPU 模块的功能来看，SIMATIC S7-200 系列小型 PLC 发展至今，大致经历了两代：第一代产品，其 CPU 模块为 CPU 21X，主机都可进行扩展，它具有 4 种不同配置的 CPU 单元：CPU 212，CPU 214，CPU 215 和 CPU 216，本书不介绍该产品。第二代产品，其 CPU 模块为 CPU 22X，主机都可进行扩展，它具有 5 种不同配置的 CPU 单元：CPU 221，CPU 222，CPU 224，CPU 226 和 CPU226XM，除 CPU 221 之外，其他都可加扩展模块，是目前小型 PLC 的主流产品。本书将介绍 CPU226 系列产品。

图 1-6 S7-200 系列 PLC 的应用领域

对于每个型号，西门子厂家都提供有产品货号，根据产品货号可以购买到指定类型的 PLC。

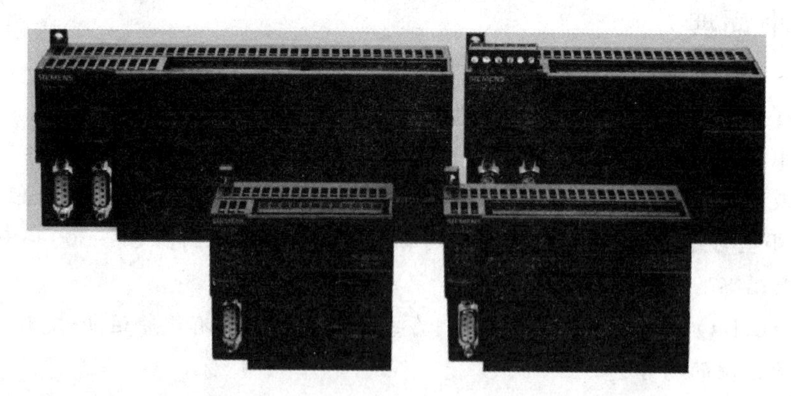

图 1-7 S7-200 系列 PLC 的外形图

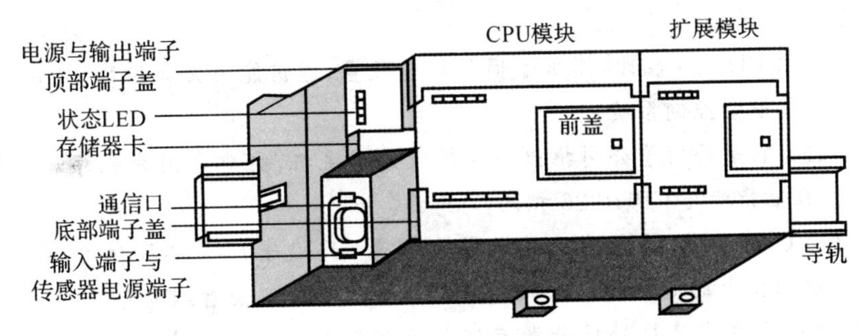

图 1-8　S7-200 CPU 结构

(3) S7-200 CPU 22X 系列技术性能。指标见表 1-7。

表 1-7　CPU 22X 系列的技术指标

项目名称	CPU 221	CPU 222	CPU 224	CPU 226	CPU 226XM
用户程序区	4KB	4KB	8KB	8KB	16KB
数据存储区	2KB	2KB	5KB	5KB	10KB
主机数字量输入/输出点数	6/4	8/6	14/10	24/16	24/16
模拟量输入/输出点数	无	16/16	32/32	32/32	32/32
扫描时间/1 条指令	0.37μs	0.37μs	0.37μs	0.37μs	0.37μs
最大输入/输出点数	256	256	256	256	256
位存储区	256	256	256	256	256
定时器	256	256	256	256	256
计数器	256	256	256	256	256
允许最大的扩展模块	无	2 模块	7 模块	7 模块	7 模块
允许最大的智能模块	无	2 模块	7 模块	7 模块	7 模块
时钟功能	可选	可选	内置	内置	内置
数字量输入滤波	标准	标准	标准	标准	标准
模拟量输入滤波	无	标准	标准	标准	标准
高速计数器	4 个 30kHz	4 个 30kHz	6 个 30kHz	6 个 30kHz	6 个 30kHz
脉冲输出	2 个 20kHz	2 个 20kHz	2 个 20kHz	2 个 20kHZ	2 个 20KHz
通信口	1×RS485	1×RS485	1×RS485	2×RS485	2×RS485

由表 1-7 可知,CPU 22X 系列具有不同的技术性能,使用于不同要求的控制系统:

CPU 221:用户程序和数据存储容量较小,有一定的高速计数处理能力,适合用于点数少的控制系统。

CPU 222:与 CPU 221 相比,它可以进行一定模拟量的控制,可以连接 2 个扩展模块,应用更为广泛。

CPU 224:与前两者相比,存储容量扩大了一倍,有内置时钟,它有更强的模拟量和高速计数的处理能力，使用很普遍。

CPU 226：与 CPU 224 相比，增加了通信口的数量，通信能力大大增强，可用于点数较多、要求较高的小型或中型控制系统。

CPU 226XM：它是西门子公司推出的一款增强型主机，主要在用户程序和数据存储容量上进行了扩展，其他指标与 CPU 226 相同。

(4)S7－200 CPU 22X 的电源。对于每个型号，西门子厂家都提供 24V DC 和 120V/240V AC 两种电源供电的 CPU 类型，可在主机模块外壳的侧面看到电源规格。

输入接口电路也分有连接外信号源直流和交流两种类型。输出接口电路主要有两种类型，即交流继电器输出型和直流晶体管输出型。CPU 22X 系列 PLC 可提供 5 个不同型号的 10 种基本单元 CPU 供用户选用，其类型及参数见表 1－8。

表 1－8　S7－200 系列 CPU 的电源

型　号	电源/输入/输出类型	主机 I/O 点数
CPU 221	DC/DC/DC	6 输入/4 输出
	AC/DC/继电器	
CPU 222	DC/DC/DC	8 输入/6 输出
	AC/DC/继电器	
CPU 224	DC/DC/DC	14 输入/10 输出
	AC/DC/继电器	
	AC/DC/继电器	
CPU 226	DC/DC/DC	24 输入/16 输出
	AC/DC/继电器	
CPU 226XM	DC/DC/DC	24 输入/16 输出
	AC/DC/继电器	

注：表 1－8 中的电源/输入/输出类型的含义，如为 DC/DC/DC，则表示电源、输入类型为 24V DC，输出类型为 24V DC 晶体管型。如为 AC/DC/继电器，则表示电源类型为 220V AC，输入类型为 24V DC，输出类型为继电器型。

CPU 22X 电源供电接线图如图 1－9 所示。

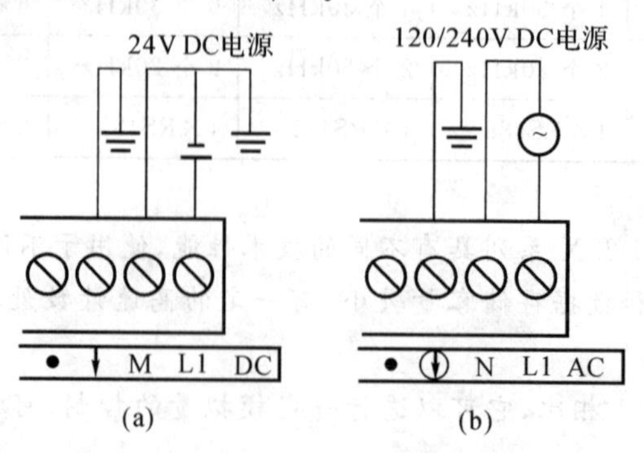

图 1－9　CPU 22X 电源供电接线图

(a)直流供电；　(b)交流供电

在安装和拆除 S7-200 之前，必须确认该设备的电源已断开，并遵守相应的安全防护规范。如果在带电情况下对 S7-200 及相关设备进行安装或接线，有可能导致电击和设备损坏。

(5) S7-200 的工作方式

1) S7-200 的工作过程。如图 1-10 所示，在西门子 PLC 投入运行时，其工作过程一般分为 3 个阶段，即输入采样、用户程序执行和输出刷新 3 个阶段。完成上述三个阶段称作一个扫描周期。在整个运行期间，西门子 PLC 的 CPU 以一定的扫描速度重复执行上述三个阶段。中央处理器是西门子 PLC 正常工作的神经中枢，当 PLC 投入运行时，首先它以扫描的方式接收现场各输入装置的状态和数据，并分别存入 I/O 映像区，然后从用户程序存储器中逐条读取用户程序，经过命令解释后按指令的规定将执行逻辑或算数运算的结果送入 I/O 映像区或数据寄存器内。等所有的用户程序执行完毕后，最后将 I/O 映像区的各输出状态或输出寄存器内的数据传送到相应的输出装置，如此循环运行，直到停止运行。S7-200 在扫描循环中完成一系列任务，任务循环执行一次称为一个扫描周期。在一个扫描周期中，S7-200 主要执行下列 5 个部分的操作：①读输入：S7-200 从输入单元读取输入状态，并存入输入映像寄存器中。②执行程序：CPU 根据这些输入信号控制相应逻辑，当程序执行时刷新相关数据。程序执行后，S7-200 将程序逻辑结果写到输出映像寄存器中。③处理通信请求：S7-200 执行通信处理。④执行 CPU 自诊断：S7-200 检查固件、程序存储器和扩展模块是否工作正常。⑤写输出：在程序结束时，S7-200 将数据从输出映像寄存器写入输出锁存器，最后复制到物理输出点，驱动外部负载。

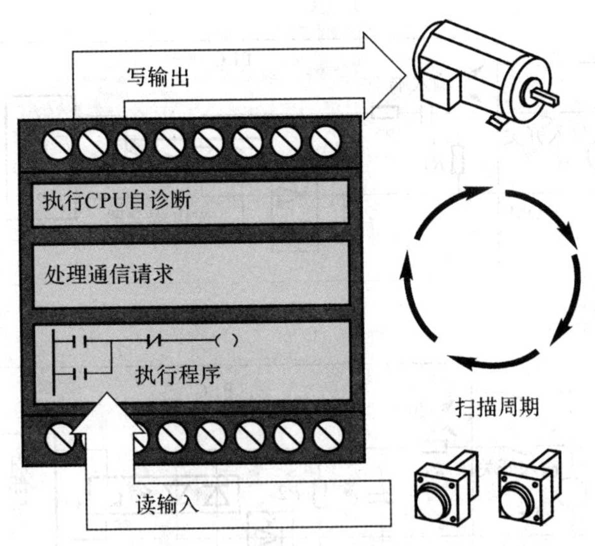

图 1-10　S7-200 的工作过程

2) S7-200 CPU 的工作模式。S7-200 有两种操作模式：停止模式和运行模式。CPU 面板上的 LED 状态灯可以显示当前的操作模式。

在停止模式下，S7-200 不执行程序，可以下载程序和 CPU 组态。在运行模式下，S7-200 将运行程序。

S7-200 提供一个方式开关来改变操作模式。可以用方式开关（位于 S7-200 前盖下面）手动选择操作模式：当方式开关拨在停止模式，停止程序执行；当方式开关拨在运行模式，启动程序的执行。也可以将方式开关拨在TERM(终端)(暂态)模式,允许通过编程软件来切换CPU的工作模式,即停止模式或运行模式。

如果方式开关打在STOP或者TERM模式,且电源状态发生变化,则当电源恢复时,CPU会自动进入STOP模式。如果方式开关打在RUN模式,且电源状态发生变化,则当电源恢复时,CPU会进入RUN模式。

1.3 S7-200 PLC的输入/输出接口电路

PLC提供了多种操作电平和驱动能力的I/O接口,有各种各样功能的I/O接口供用户选用。I/O接口的主要类型有数字量(开关量)输入、数字量(开关量)输出、模拟量输入、模拟量输出等。

(1)常用的开关量输入接口。按其使用的电源不同有3种类型:直流输入接口、交流输入接口和交/直流输入接口,其基本原理电路如图1-11所示。

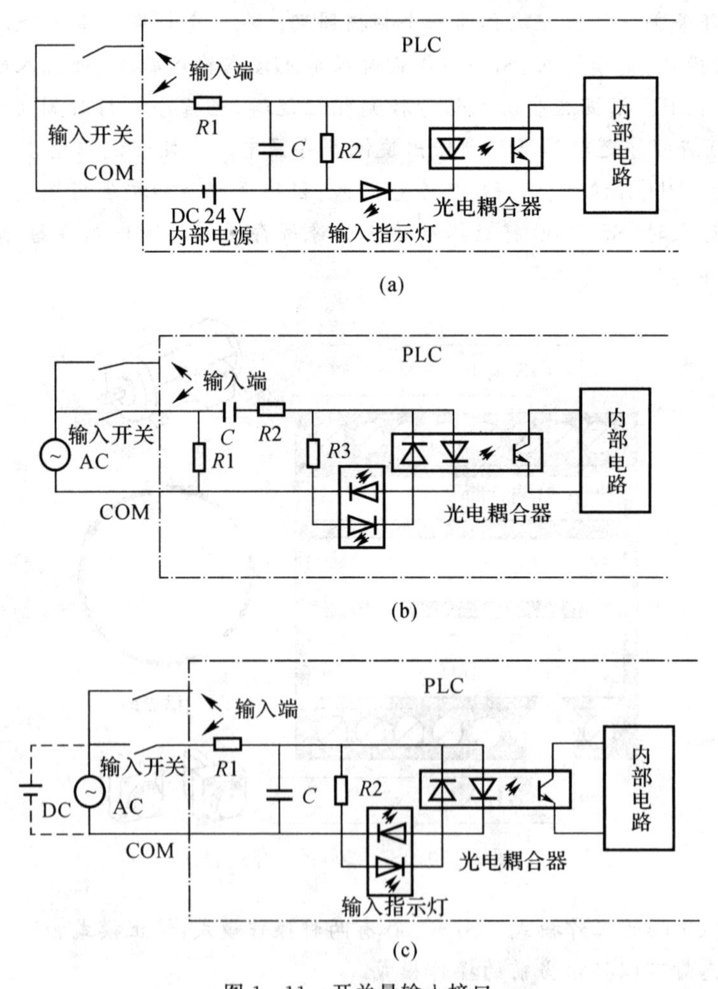

图1-11 开关量输入接口

(a)直流输入; (b)交流输入; (c)交/直流输入

(2)常用的开关量输出接口。按输出开关器件不同有3种类型:继电器输出、晶体管输出和双向晶闸管输出。继电器输出接口可驱动交流或直流负载,但其响应时间长,动作频率低;

而晶体管输出和双向晶闸管输出接口的响应速度快，动作频率高，但前者只能用于驱动直流负载，后者只能用于驱动交流负载。

1)继电器输出电路。该种输出电路形式外接电源既可以是直流，也可以是交流。PLC 继电器输出电路形式允许负载一般是 AC 250V/50V 以下，负载电流可达 2A，容量可达 80～100V・A(电压×电流)，因此，PLC 的输出一般不宜直接驱动大电流负载(一般通过一个小负载来驱动大负载，如 PLC 的输出可以接一个电流比较小的中间继电器，再由中间继电器触点驱动大负载，如接触器线圈等)。

PLC 继电器输出电路的形式。继电器触点的使用寿命也有限制，一般数 10 万次左右，根据负载而定，如连接感性负载时的寿命要小于阻性负载。此外，继电器输出的响应时间也比较慢(10ms 左右)，因此，在要求快速响应的场合不适合使用此种类型的电路输出形式(可以根据场合使用下面介绍的两种输出形式)。

当连接感性负载时，为了延长继电器触点的使用寿命，对于外接直流电源时的情况，通常应在负载两端加过电压抑制二极管；对于交流负载，应在负载两端加 RC 抑制器，如图 1-12 所示。

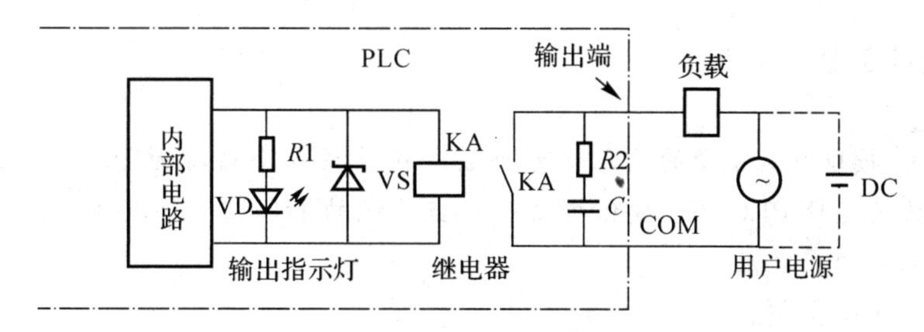

图 1-12　继电器输出

2)晶体管输出电路。晶体管输出电路形式相比于继电器输出响应快(一般在 0.2ms 以下)，适用于要求快速响应的场合；由于晶体管是无机械触点，因此比继电器输出电路形式的寿命长。晶体管输出型电路的外接电源只能是直接电源，这是其应用局限的一方面。另外，晶体管输出驱动能力要小于继电器输出，允许负载电压一般为 DC 5～30V，允许负载电流为 0.2～0.5A。这两点在使用晶体管输出电路形式时要注意，如图 1-13 所示。

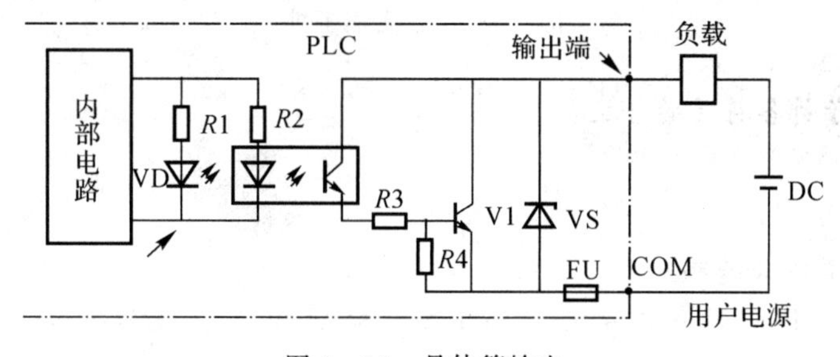

图 1-13　晶体管输出

3)双向晶闸管输出电路。双向晶闸管输出电路只能驱动交流负载，响应速度也比继电器输出电路形式要快，寿命要长。

双向晶闸管输出的驱动能力要比继电器输出的要小，允许负载电压一般为 AC 85～242V；单点输出电流为 0.2～0.5A，当多点共用公共端时，每点的输出电流应减小(如单点驱动能力为 0.3A 的双向晶闸管输出,在 4 点共用公共端时,最大允许输出为 0.8A/4 点)。注意:为了保护晶闸管,通常在 PLC 内部电路晶闸管的两端并接 RC 阻容吸收元件(一般为 0.015μF/22Ω 左右)和压敏电阻,因此在晶闸管关断时,PLC 的输出仍然有 1～2mA 的开路漏电流,这就可能导致一些小型继电器在 PLC 输出 OFF 时无法关断的情况,如图 1-14 所示。

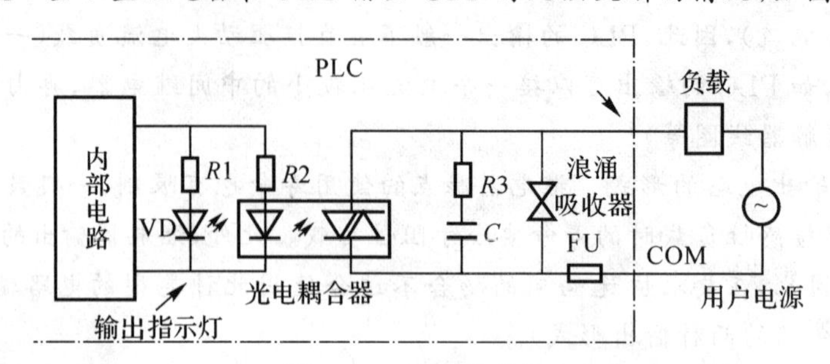

图 1-14　晶闸管输出

小贴士

PLC 的 I/O 接口所能接受的输入信号个数和输出信号个数称为 PLC 输入/输出(I/O)点数。I/O 点数是选择 PLC 的重要依据之一。当系统的 I/O 点数不够时,可通过 PLC 的 I/O 扩展接口对系统进行扩展。

PLC 输入/输出端子排

S7-200 PLC 外围输入/输出端子示意图如图 1-15、图 1-16 所示.

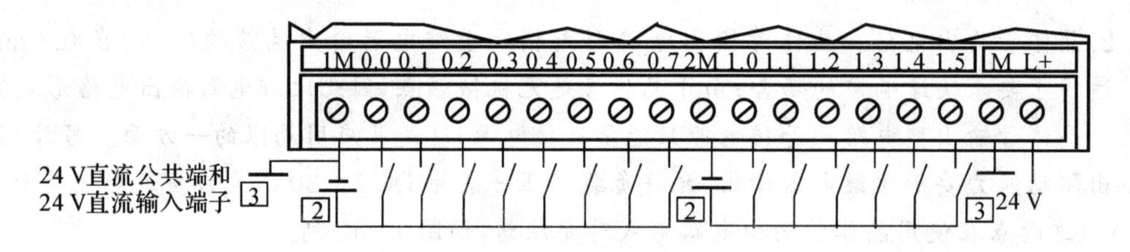

图 1-15　输入端子排

PLC 输入端子排各符号的含义:

L——输入 24V。

M——输入 0V。

1M——24V 直流公共端。

I0.0～I1.5——PLC 输入信号端子,当 I 端子和 M 短接时,视为接通(有信号输入)。

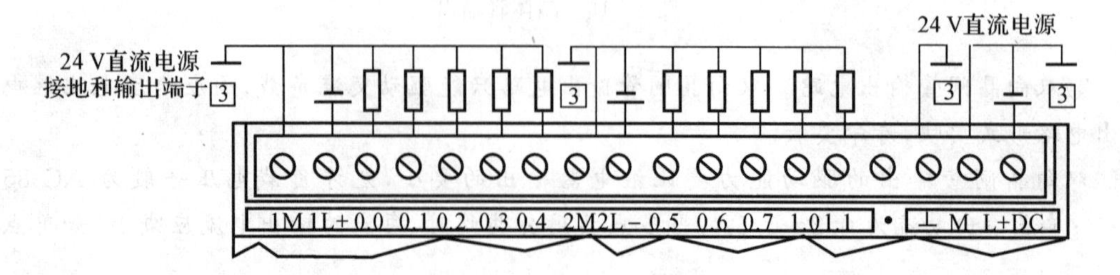

图 1-16　输出端子排

Q0.0～Q1.1——PLC输出信号端子。输出端子可以看作是一组开关，当某个输出点有输出时，相应的开关就会闭合，电路就会形成回路，从而驱动相应的负载(比如电磁阀、继电器等)。

知识拓展

S7-200系列PLC的功能扩展模块

S7-200扩展模块非常丰富，主要有数字量模块、模拟量模块、运动控制模块和通信模块。另外，CPU扩展卡插槽内可扩展存储卡、电池卡或时钟电池卡，如图1-17所示。

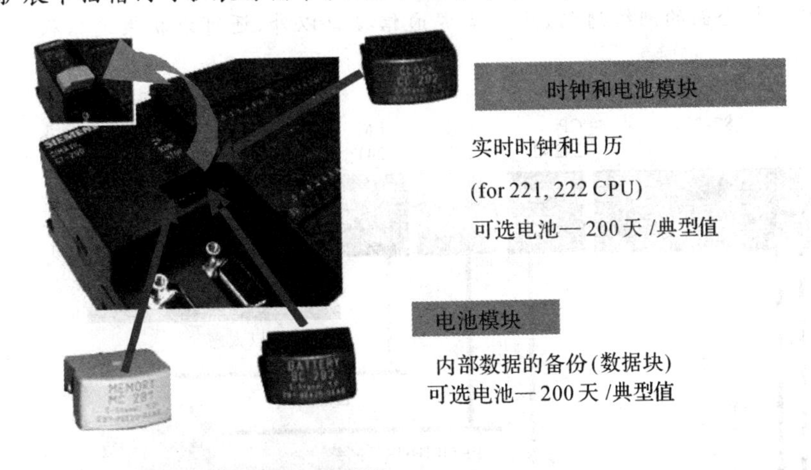

图1-17　扩展模块

1.数字量模块

数字量模块的分类见表1-9。

表　1-9

模　块	代　号	点　数
数字量输入	EM221	16
数字量输出	EM222	8
数字量输入/输出	EM223	32/32

其中，对于输入模块，分为24V DC输入和120/230V AC输入；输出模块分为晶体管输出、继电器输出和可控硅输出。在选型时，除了要计算数字量输入/输出点数以外，还要分清楚输入输出类型。

2.模拟量模块

模拟量模块的分类见表1-10。

表 1-10

模 块	代 号	点 数
模拟量输入	EM231	4
模拟量输出	EM232	2
模拟量输入/输出	EM235	4/1

按模拟量信号类型可分为电流、电压、热电阻(输入)和热电偶(输入),在选型时,除了要计算模拟量输入/输出点数以外,还要分清楚输入/输出类型。

3. 通信模块

S7-200 支持全面的网络通信,除了集成通信接口以外,还可以扩展通信模块,如图 1-18 所示。

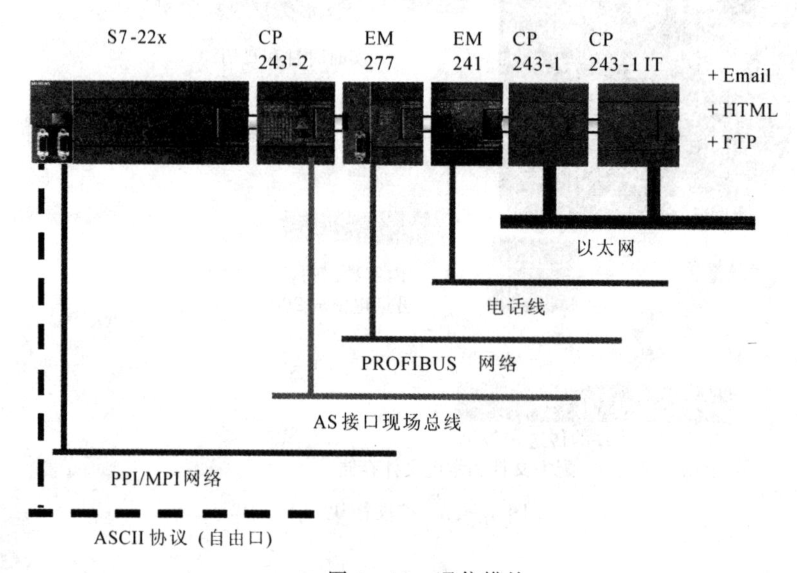

图 1-18 通信模块

4. 运动控制模块

晶体管输出类型的 S7-200 CPU 集成了两路高速脉冲输出,可以作运动控制。除此以外,还可以扩展专门的运动控制模块 EM253。EM253 是一个单轴的开环运动控制模块,输出最高频率达 200 kHz,支持绝对定位、相对定位、回参考点功能、集成急停、限位、参考点开关等 I/O。

评价与分析

表 1-11 学习活动 4 评分表

评分表见表 1-11。

评分项目	评价指标	标准分	评 分
指令学习	是否掌握新学指令的功能	30	
程序设计	能否正确设计出搅拌机程序	40	

续 表

评分项目	评价指标	标准分	评　分
学习态度	学习态度是否积极	10	
工具准备	能否按要求准备好工具	10	
团结协作	小组成员是否团结协作	10	

学习活动5　任务实施与验收

学习目标

(1)掌握位触点、线圈指令、位逻辑操作指令。

(2)掌握 PLC 编程语言(梯形图、语句表)与编程方法。

(3)掌握西门子 STEP7 - Micro/WIN 电脑编程软件的正确使用。

(4)掌握三相异步电动机基本线路程序的编译、下载及程序运行与调试的方法。

(5)能查阅资料设置工作现场必要的标识和隔离措施。

学习过程

一、根据勘查现场收集到的卷帘门作业流程完成下列问题

引导问题一：见表 1 - 12，在进行 PLC 编程中，主要有哪几种编程语言？它们分别如何表示？

表　1 - 12

编程语言	表现形式

引导问题二：PLC 控制与传统继电控制的区别有哪些？

小词典

1.1 PLC的基本编程语言

PLC的编程语言主要有梯形图(LAD)、指令表(STL)、功能块图(FBD)、顺序功能图(SFC)、结构化文本(SCL)等,其中以梯形图最为常用。

梯形图是PLC的基本编程语言,它是通过连线把PLC指令的梯形图符号连接在一起的连通图,用以表达所使用的PLC指令及其前后顺序。它与继电器电路很相似,具有直观易懂的特点,很容易被熟悉继电器控制的电气人员所掌握,特别适合于数字量逻辑控制。

它的连线有两种:一为母线,另一为内部横竖线。内部横竖线把一个个梯形图符号指令连成一个指令组,这个指令组一般总是从装载(LD)指令开始时,必要时再继以若干个输入指令(含LD指令),以建立逻辑条件。最后为输出类指令,实现输出控制,或为数据控制、流程控制、通信处理、监控工作等指令,以进行相应的工作。母线是用来连接指令组的。图1-19所示为西门子公司S7-200系列产品最简单的梯形图例。

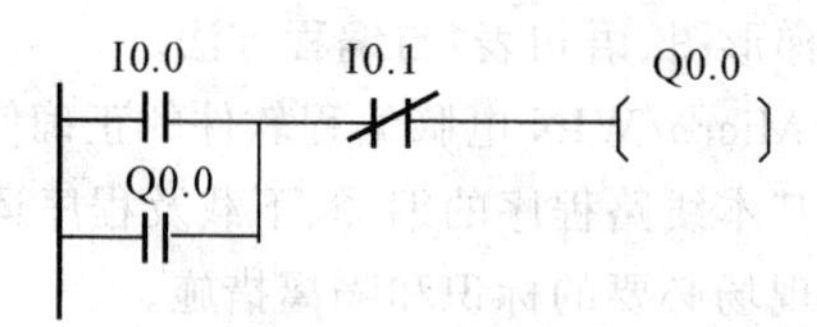

图1-19 自锁控制梯形图

它用以实现启动、自保持、停止控制。

梯形图由触点、线圈和用方框表示的指令构成。触点代表逻辑输入条件,线圈代表逻辑运算结果,常用来控制的指示灯、开关和内部的标志位等。指令框用来表示定时器、计数器或数学运算等附加指令。在程序中,最左边是主信号流,信号流总是从左向右流动的。梯形图不适合于编写大型控制程序。

1. 梯形图与助记符的对应关系

助记符指令与梯形图指令有严格的对应关系,而梯形图的连线又可把指令的顺序予以体现。一般讲,其顺序为先输入,后输出(含其他处理);先上,后下;先左,后右。有了梯形图就可将其翻译成助记符程序。图1-19所示的助记符程序,见图1-20。反之,根据助记符也可画出与其对应的梯形图。

```
LD    I0.0
O     Q0.0
AN    I0.1
=     Q0.0
```

图1-20 助记符程序图

2. 梯形图与电气原理图的关系

如果仅考虑逻辑控制,梯形图与电气原理图也可建立起一定的对应关系。如梯形图的输出(OUT)指令对应于继电器的线圈,而输入指令(如LD,AND,OR)对应于接点,互锁指令(IL,ILC)可看成总开关等。这样,原有的继电控制逻辑,经转换即可变成梯形图,再进一步转换，即可变成语句表程序。有了这个对应关系，用 PLC 程序代表继电逻辑是很容易的。这也是 PLC 技术对传统继电控制技术的继承。

3. PLC 控制与继电器控制的区别

(1)电动机启停控制的继电器控制线路如图 1－21 所示。其中，SB1 是启动按钮，SB2 是停止按钮，KM1 是继电器。其对应的梯形图如图 1－22 所示。

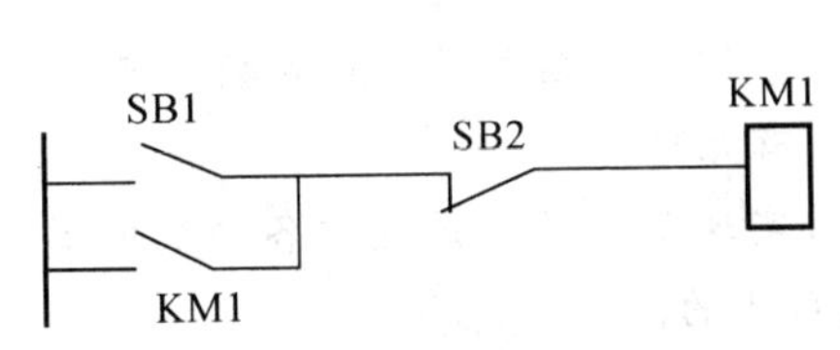

图 1－21　电动机启停控制的继电器控制线路图

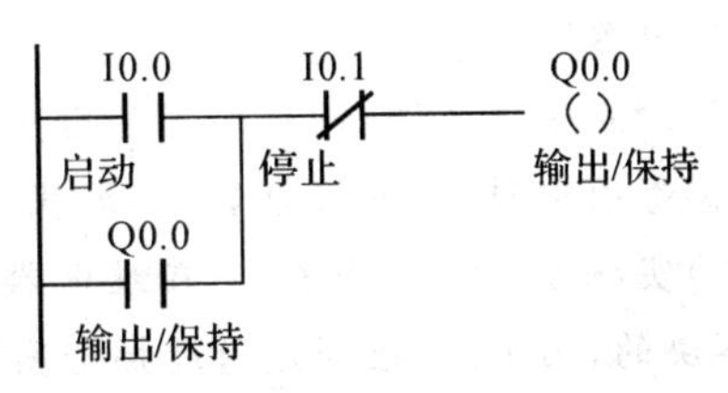

图 1－22　启停控制梯形图

(2)电动机正反转控制的继电器控制线路如图 1－23 所示，当按下 SB_F 按钮时，继电器 KM_F 线圈得电，其常开触点吸合，电动机正转。当按下 SB_R 按钮时，继电器 KM_R 线圈得电，其常开触点吸合，电动机反转。

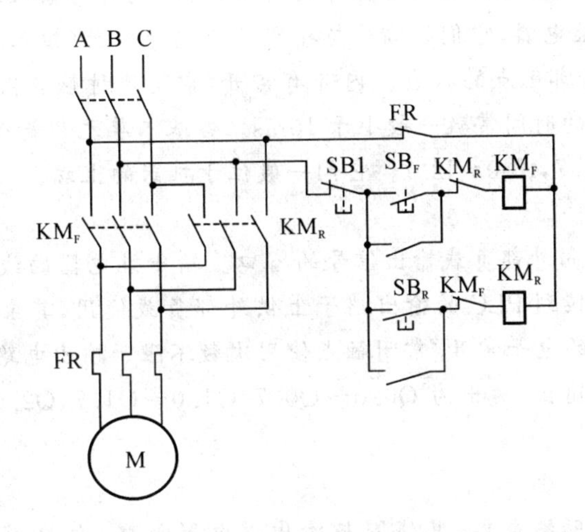

图 1－23　电动机正反转控制的继电器控制线路图

其对应的梯形图如图 1－24 所示，其中，I0.2 是 SB_F 按钮，I0.1 是 SB_R 按钮，I0.0 是 SB1 按钮。

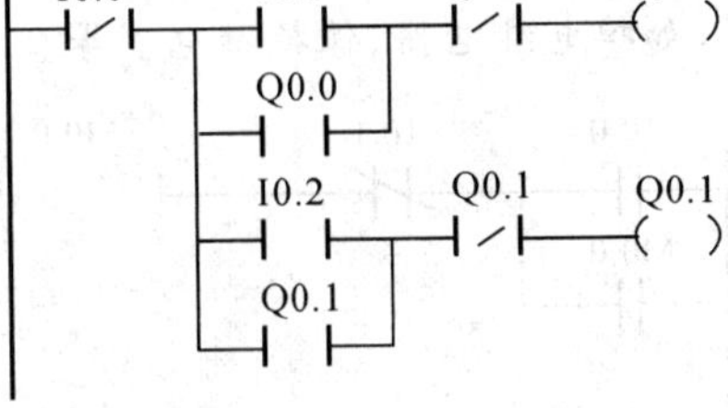

I0.0　I0.1　Q0.0　Q0.0
( )
Q0.0
I0.2　Q0.1　Q0.1
( )
Q0.1

图 1－24　电动机正反转控制的继电器控制梯形图

从以上继电器图与PLC梯形图可以看出，它们两者非常类似，除了触点、线圈符号不同，其他都很相似。值得提出的是，继电器接线与PLC接线的方法不同，PLC梯形图内的常开、常闭触点用法也不同。

综上所述，PLC控制与继电器控制的区别概述如下：

(1) 组成器件不同：继电器控制线路是许多真正的硬件继电器组成，而梯形图则由许多所谓"软继电器"组成。

(2)触点数量不同：硬继电器的触点数量有限，用于控制的继电器的触点数一般只有4～8对；而梯形图中每个"软继电器"供编程使用的触点数有无限对。

(3)实施控制的方法不同：在继电器控制线路中，实现某种控制是通过各种继电器之间硬接线解决的，而PLC控制是通过梯形图即软件编程解决的。

(4)工作方式不同：在继电器控制线路中，采用并行工作方式；而在梯形图的控制线路中，采用串行工作方式。

1.2 编程器件

1. 输入继电器(I)

PLC的输入端子是从外部开关接受信号的窗口，PLC内部与输入端子连接的输入继电器I是用光电隔离的电子继电器，它们的编号与接线端子编号一致(按八进制输入)，线圈的吸合或释放只取决于PLC外部触点的状态。内部有常开/常闭两种触点供编程时随时使用，且使用次数不限。输入电路的时间常数一般小于10ms。各基本单元都是八进制输入的地址，输入为I0.0～I0.7，I1.0～I1.7，I2.0～I2.7。它们一般位于机器的上端。

2. 输出继电器(Q)

PLC的输出端子是向外部负载输出信号的窗口。输出继电器的线圈由程序控制，输出继电器的外部输出主触点接到PLC的输出端子上供外部负载使用，其余常开/常闭触点供内部程序使用。输出继电器的电子常开/常闭触点使用次数不限。输出电路的时间常数是固定的。各基本单元都是八进制输出，输出为Q0.0～Q0.7，Q1.0～Q1.7，Q2.0～Q2.7。它们一般位于机器的下端。

3. 辅助继电器(M)

PLC内有很多的辅助继电器，其线圈与输出继电器一样，由PLC内各软元件的触点驱动。辅助继电器也称中间继电器，它没有向外的任何联系，只供内部编程使用。它的电子常开/常闭触点使用次数也不受限制。但是，这些触点不能直接驱动外部负载，外部负载的驱动必须通过输出继电器来实现。见图1-25中的M0.0，它只起到一个自锁的功能。在S7-200 PLC中普遍采用M0.0～M31.7，共256点辅助继电器，其地址号按八进制编号。辅助继电器中还有一些特殊的辅助继电器，如掉电继电器、保持继电器等。

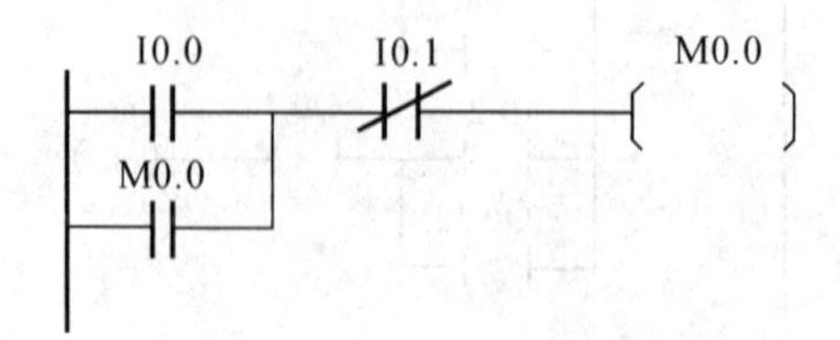

图1-25 辅助继电器用法图

1.3　S7－200系列的基本逻辑指令

基本逻辑指令是PLC中最基本的编程语言，掌握了它也就初步掌握了PLC的使用方法。各种型号PLC的基本逻辑指令都大同小异，下面以S7－200系列为例，逐条学习常用基本逻辑指令的功能和使用方法。

1. 输入/输出指令(LD/LDI/OUT)

LD/LDN/＝指令的功能、梯形图表示形式、操作元件见表1－13。

表　1－13

符号(名称)	功　能	梯形图表示	操作元件
LD(取)	常开触点与母线相连		I,Q,M,SM,T,V,C,S,L
LDN(取反)	常闭触点与母线相连		I,Q,M,SM,T,V,C,S,L
＝(输出)	线圈驱动	─(　)	Q,M,SM,V,S,L

表中指令的使用说明如下。

(1)LD是从左母线取常开触点指令，以常开触点开始逻辑运行的电路块也使用这一指令。

(2)LDN是从左母线取常闭触点指令，以常闭触点开始逻辑运行的电路块也使用这一指令。

(3)＝指令是从线圈输出的指令，＝指令可以连续使用多次，相当于电路中有多个线圈的并联形式。

LD与LDN指令用于与母线相连的接点，此外还可用于分支电路的起点。

＝指令是线圈的驱动指令，可用于输出继电器、辅助继电器、定时器、计数器、状态寄存器等，但不能用于输入继电器。输出指令用于并行输出，能连续使用多次。如图1－26所示为应用示例。

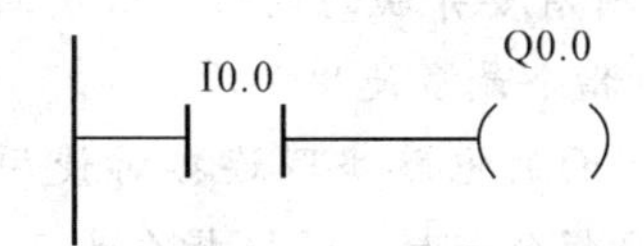

图1－26　输入/输出指令的应用示例

2. 触点串联指令(A/AN)、并联指令(O/OR)

A/AN,O/OR指令的功能、梯形图表示形式、操作元件见表1－14。

表　1－14

符号(名称)	功　能	梯形图表示	操作元件
A(与)	常开触点串联连接		I,Q,M,T,C,S
AN(与非)	常闭触点串联连接		I,Q,M,T,C,S
O(或)	常开触点并联连接		I,Q,M,T,C,S
OR(或非)	常闭触点并联连接		I,Q,M,T,C,S

A,AN 指令用于一个触点的串联,但串联触点的数量不限,这两个指令可连续使用。

O,OR 指令用于一个触点的并联。

如图 1-27 所示为应用示例。

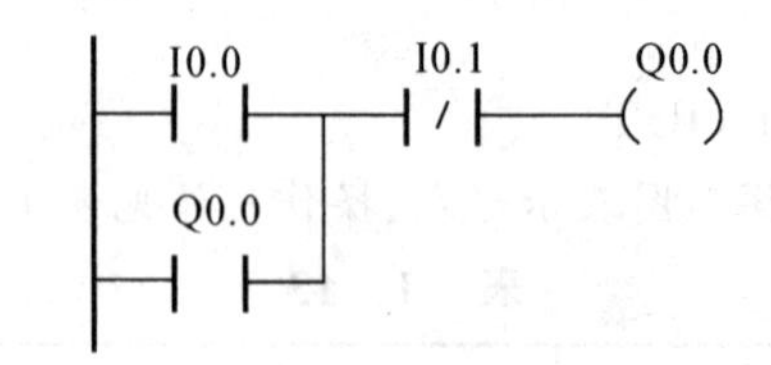

图 1-27　触点串、并联指令的应用示例

(a) 梯形图；(b)语句表

3. 电路块的并联和串联指令(OLD,ALD)

OLD,ALD 指令的功能、梯形图表示形式、操作元件见表 1-15。

表　1-15

符号(名称)	功　能	梯形图表示	操作元件
OLD(块或)	电路块并联连接		无
ALD(块与)	电路块串联连接		无

含有两个以上触点串联连接的电路称为“串联电路块”。串联电路块并联连接时,支路的起点以 LD 或 LDN 指令开始,而支路的终点要用 OLD 指令。OLD 指令是一种独立指令,其后不带操作元件号,因此,OLD 指令不表示触点,可以看成电路块之间的一段连接线。如需要将多个电路块并联连接,应在每个并联电路块之后使用一个 OLD 指令,用这种方法编程时并联电路块的个数没有限制;也可将所有要并联的电路块依次写出,然后在这些电路块的末尾集中写出 OLD 的指令,但这时 OLD 指令最多使用 7 次。

将分支电路(并联电路块)与前面的电路串联连接时使用 ALD 指令,各并联电路块的起点,使用 LD 或 LDN 指令;与 OLD 指令一样,ALD 指令也不带操作元件号,如需要将多个电路块串联连接,应在每个串联电路块之后使用一个 ALD 指令,用这种方法编程时串联电路块的个数没有限制,若集中使用 ALD 指令,最多使用 7 次。

二、根据勘查现场收集到的传送带作业流程编写 I/O 分配表

引导问题一:编写 I/O 分配表需要哪些执行机构和行程开关的参数信息,搜集到了吗?

引导问题二:列出你的 I/O 分配表,见表 1-16。

表　1-16

输入			输出		
符号	地址	注释	符号	地址	注释

小贴士

利用梯形图编程，首先必须确定所使用的编程元件编号，PLC是按编号来区别操作元件的，使用时一定要明确，每个元件在同一时刻决不能担任几个角色。一般讲，配置好的PLC，其输入点数与控制对象的输入信号数总是相应的，输出点数与输出的控制回路数也是相应的（如果有模拟量，则模拟量的路数与实际的也要相当），故I/O的分配实际上是把PLC的输入、/输出点号分给实际的I/O电路，编程时按点号建立逻辑或控制关系，接线时按点号“对号入坐”进行接线，见表1-17。

表1-17　I/O分配

输入端(I)		输出端(Q)	
外接控制元件(符号)	输入地址	外接执行元件(符号)	输出地址
热继电器FR常闭触点	I0.0	接触器KM线圈	Q0.0
启动按钮SB1常开触点	I0.1		
限位开关SQ1常开触点	I0.2		

三、编写程序(梯形图)

引导问题一：根据你们自己课前准备的资料，简单阐述一下编写梯形图的规则是什么？

引导问题二：查阅相关资料，简单概述PLC编程的步骤，同时列举在编程中的注意事项。

引导问题三：你了解编写梯形图的规则吗？请简单叙述一下。

引导问题四：结合卷帘门工作流程分析与I/O分配表，编写卷帘门启动至顶端自动停止的梯形图，如图1-28所示。

图1-28　卷帘门启动-保持-停止梯形图

知识拓展

1.1 梯形图的编程规则

(1)每个继电器的线圈和它的触点均用同一编号,每个元件的触点使用时没有数量限制。

(2)梯形图每一行都是从左边开始,线圈接在最右边(线圈右边不允许再有接触点),如图1-29(a)所示是错的,图1-29(b)所示是正确的。

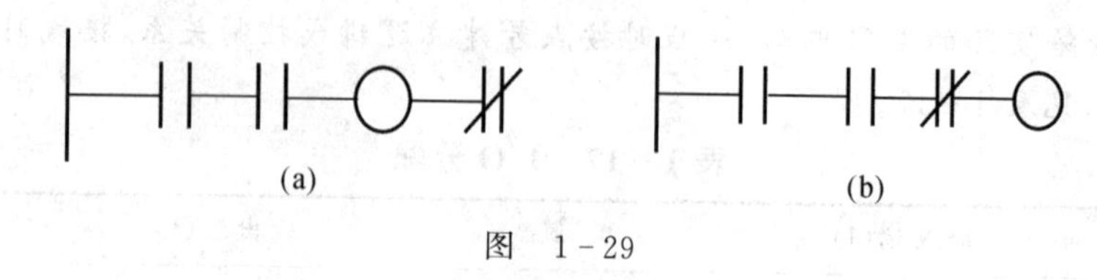

图 1-29

(a)错误; (b)正确

(3)线圈不能直接接在左边母线上。

(4)在一个程序中,同一编号的线圈如果使用两次,称为双线圈输出,它很容易引起误操作,应尽量避免。

(5)在梯形图中没有真实的电流流动,为了便于分析PLC的周期扫描原理和逻辑上的因果关系,假定在梯形图中有“电流”流动,这个“电流”只能在梯形图中单方向流动——即从左向右流动,层次的改变只能从上向下。

图1-30所示是一个错误的桥式电路梯形图。

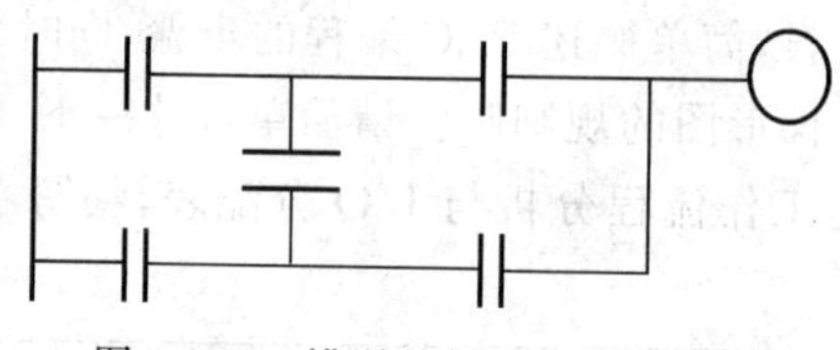

图1-30 错误的桥式电路梯形图

1.2 西门子S7-200的连接与STEP7-Micro/WIN电脑编程软件的设置

S7-200的编程软件经历了一个长期的发展过程,从STEP 7-Micro/DOS(DOS下运行)到STEP 7-Micro/WIN 16(运行于16位Windows下),一直到现在的STEP 7-Micro/WIN 32。STEP 7-Micro/WIN 32运行在32位Windows操作系统下,简称Micro/WIN。

目前常见的Micro/WIN版本有V4.0(见图1-31)和V3.2(最高版本是SP4)。再老的版本,如V2.1,除了用于转换老项目文件,已经没有继续应用的价值。

不同版本的Micro/WIN生成的项目文件不同。高版本的Micro/WIN能够向下兼容低版本软件生成的项目文件;低版本软件不能打开高版本保存的项目文件。目前最新的版本是STEP 7-Micro/WIN V4.0 SP9,已经支持Windows 7系统。

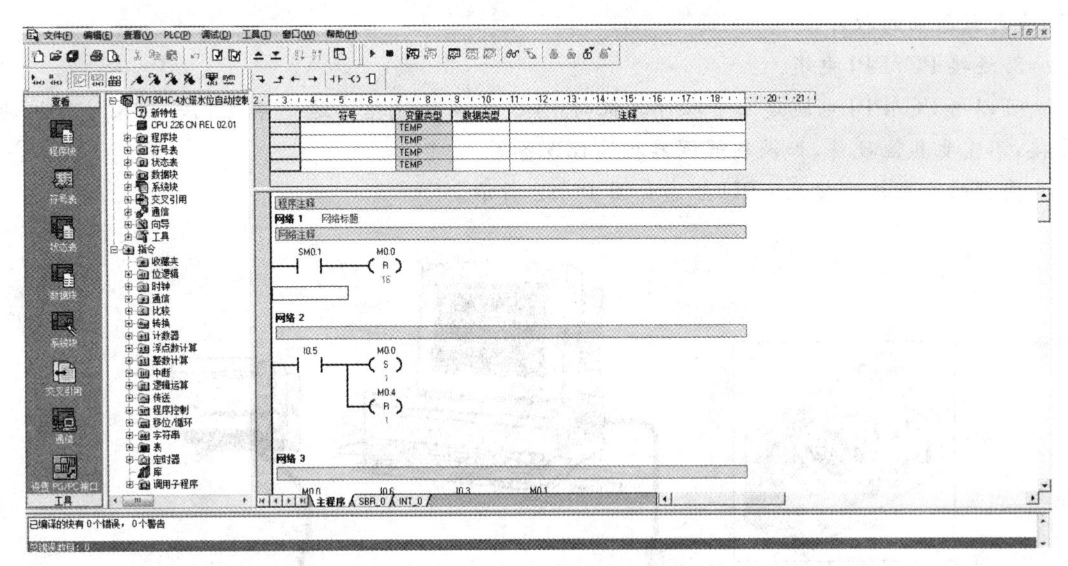

图 1-31　软件界面

1. 系统要求

操作系统：

- Windows 95/98
- Windows NT，versI/On 4.0，SP6
- Windows Me editI/On；
- Windows 2000，SP2；
- Windows XP Home（STEP7-Micro/Win32 SP3 以上版本）
- Windows XP ProfessI/Onal（STEP7-Micro/WIN32 SP3 以上版本）

硬件要求：

- 任何能够运行上述操作系统的 PC 或 PG（编程器）
- 100MB 硬盘空间；
- Windows 系统支持的鼠标；
- 推荐使用最小屏幕分辨率 1 024×768，小字体。

通信电缆：PC/PPI 电缆（或使用一个通信处理器卡），用来将计算机与 PLC 连接。

STEP7-Micro/WIN32 V3.2 可以在 Microsoft 公司出品的操作系统环境下安装。

2. 软件安装与卸载

STEP 7-Micro/WIN 32 编程软件在一张光盘上，用户安装时只需双击 SETUP 开始安装，可按以下步骤安装：

(1)将光盘插入光盘驱动器。

(2)系统自动进入安装向导，或单击“开始”按钮启动 Windows 菜单。

(3)单击“运行”菜单。

(4)按照安装向导完成软件的安装。

(5)在安装结束时，会出现是否重新启动计算机选项 。

软件安装过程中无需人为干预，只需点击几次“下一步”即可完成。对于软件更新，需按提示，先卸载原来的软件。

3. 连接PC/PPI电缆

可以用PC/PPI电缆建立个人计算机与PLC之间的通信。这是单主机与个人计算机的连接，不需要其他硬件，如调制解调器和编程设备等。

典型的单主机连接及CPU组态如图1-32所示。

图1-32　PC/PPI电缆连接计算机与PLC

(1)将PC/PPI电缆的PC端连接到计算机的RS-232通信口上(一般是串口COM1)。

(2)将PC/PPI电缆的PPI端连接到PLC的RS-485通信口上。

4. 参数设置

安装完软件并且设置连接好硬件之后，可以按下面的步骤核实默认的参数：

(1)在STEP 7-Micro/WIN 32运行时单击通信图标，或从菜单中选择View中选择选项Communications，则会出现一个通信对话框。

(2)在对话框中双击PC/PPI电缆的图标，将出现PG/PC接口的对话框。

(3)单击Properties按钮，将出现接口属性对话框。检查各参数的属性是否正确，其中通信速率默认值为9 600b/s。

5. STEP-Micro/Win32简介

STEP-Micro/Win32窗口元素如图1-33所示。

“浏览条”——显示编程特性的按钮控制群组。

“视图”——选择该类别，为程序块、符号表、状态图、数据块、系统块、交叉引用及通信显示按钮控制。

“工具”——选择该类别，显示指令向导、TD200向导、位置控制向导、EM 253控制面板和调制解调器扩充向导的按钮控制。

注释：当浏览条包含的对象因为当前窗口大小无法显示时，浏览条显示滚动按钮，能向上或向下移动至其他对象 。

“指令树”——提供所有项目对象和为当前程序编辑器(LAD，FBD或STL)提供的所有指令的树型视图。可以用滑鼠右键单击树中“项目”部分的文件夹，插入附加程序组织单元(POU)；可以用滑鼠右键单击单个POU，打开、删除、编辑其属性表，用密码保护或重新命名子例行程序及中断例行程序。可以用滑鼠右键单击树中“指令”部分的一个文件夹或单个指令，以便隐藏整个树。一旦打开指令文件夹，就可以拖放单个指令或双击，按照需要自动将所选指令插入程序编辑器窗口中的光标位置。可以将指令拖放在“偏好”文件夹中，排列经常使用的指令。

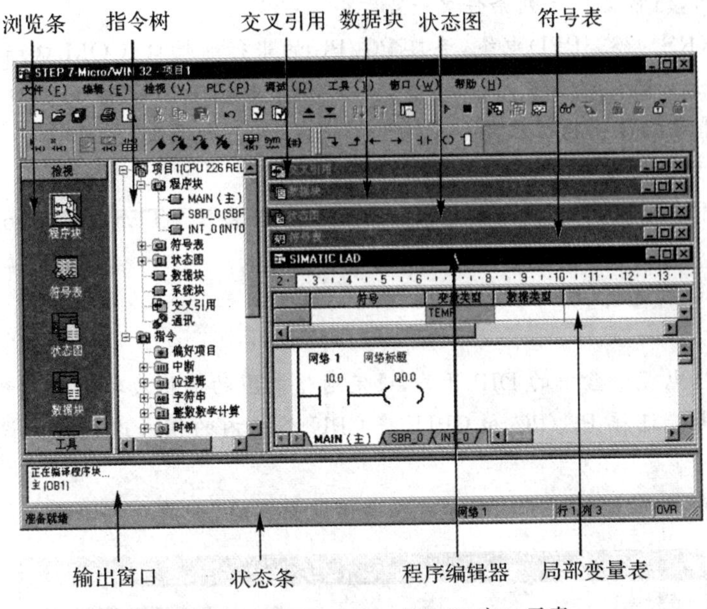

图 1－33　STEP－Micro/Win32 窗口元素

“交叉引用”——允许检视程序的交叉引用和组件使用信息。

“数据块”——允许显示和编辑数据块内容。

“状态图窗口”——允许将程序输入、输出或变量置入图表中，以便追踪其状态。可以建立多个状态图，以便从程序的不同部分检视组件。每个状态图在状态图窗口中有自己的标记。

“符号表/全局变量表窗口”——允许分配和编辑全局符号(即可在任何 POU 中使用的符号值，不只是建立符号的 POU)。可以建立多个符号表。可在项目中增加一个 S7－200 系统符号预定义表。

“输出窗口”——在编译程序时提供信息。当输出窗口列出程序错误时，可双击错误讯息，会在程序编辑器窗口中显示适当的网络。当编译程序或指令库时，提供讯息。当输出窗口列出程序错误时，可以双击错误信息，会在程序编辑器窗口中显示适当的网络。

“状态条”——提供您在 STEP 7－Micro/WIN 32 中操作时的操作状态信息。

“程序编辑器窗口”——包含用于该项目的编辑器(LAD，FBD 或 STL)的局部变量表和程序视图。如果需要，可以拖动分割条，扩充程序视图，并覆盖局部变量表。当在主程序一节(OB1)之外建立子例行程序或中断例行程序时，标记出现在程序编辑器窗口的底部。可单击该标记，在子例行程序、中断和 OB1 之间移动。

“局部变量表”——包含对局部变量所作的赋值(即子例行程序和中断例行程序使用的变量)。在局部变量表中建立的变量使用暂时内存；地址赋值由系统处理；变量的使用仅限于建立此变量的 POU。

“菜单条”——允许使用滑鼠或键击执行操作。可以定制“工具”菜单，在该菜单中增加自己的工具。

“工具条”——最常用的 STEP 7 - Micro/WIN 32 操作提供便利的滑鼠存取。可以定制每个工具条的内容和外观。

6. 编程计算机与 CPU 通信

与 CPU 通信，通常需要下列条件之一：

(1)PC/PPI(RS - 232/PPI)电缆，连接 PG/PC 的串行通信口(COM 口)和 CPU 通信口。

(2)PG/PC 上安装 CP(通信处理器)卡，通过 MPI 电缆连接 CPU 通信口(CP5611 卡配合台式 PC，CP5511 卡配合便携机使用)。

最简单的编程通信需要：

(1)带串行 RS - 232C 端口的 PG/PC，并已正确安装了 STEP7 - Micro/WIN32 的有效版本。

(2)PC/PPI 编程电缆(或 USB/PPI 电缆)。

7. 设置通信

设置 PC/PPI 电缆小盒中的 DIP 开关，设定通信电缆的通信波特率为 9.6kb/s。

用 PC/PPI 电缆连接 PG/PC 和 CPU，将 CPU 前盖内的模式选择开关设置为 STOP，给 CPU 上电。

用鼠标单击浏览条上的“通信”图标出现通信设置窗口，如图 1 - 34 所示。

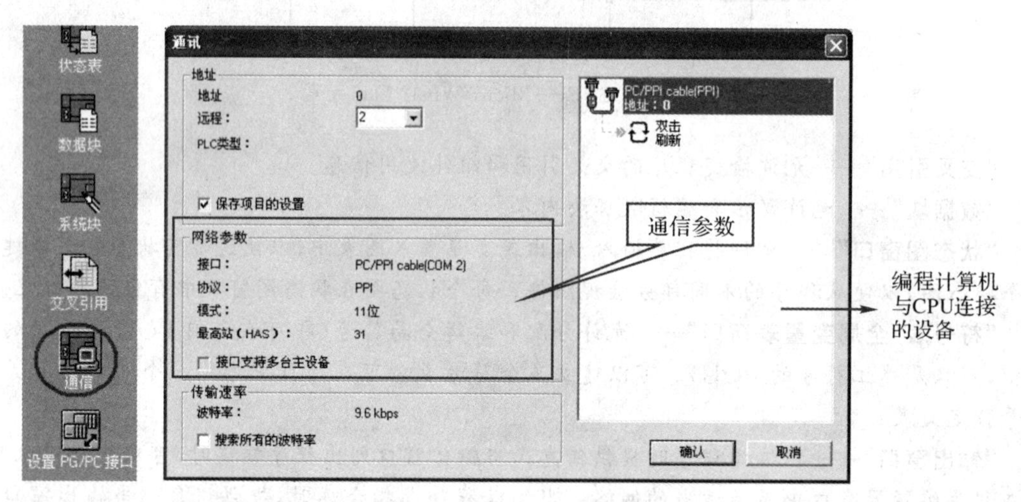

图 1 - 34　通信设置窗口

窗口右侧显示编程计算机将通过 PC/PPI 电缆尝试与 CPU 通信，并且本地编程计算机的网络通信地址是 0。

用鼠标双击 PC/PPI 电缆的图标，出现如图 1 - 35 所示窗口。

单击 PC/PPI 电缆旁边的 Properties(属性)控制，可以杳看 PC/PPI 电缆连接参数。

在 PPI 窗口中设置通信速度与 PC/PPI 电缆 DIP 开关的设置一致。CPU 出厂时通信速率的默认值为 9.6kb/s。

在 Local Connection 选项卡中，选择编程计算机 COM 口，其设置如图 1 - 36 所示。

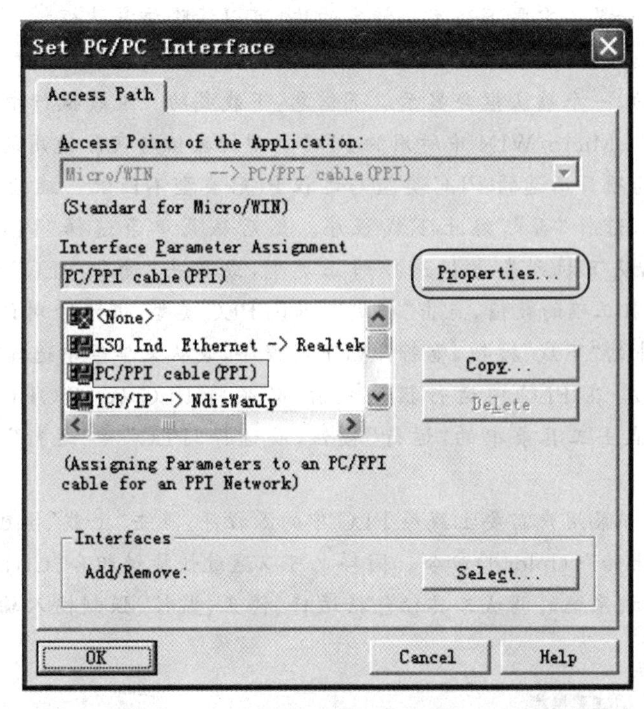

图 1-35　PC/PPI 电缆尝试与 CPU 通信

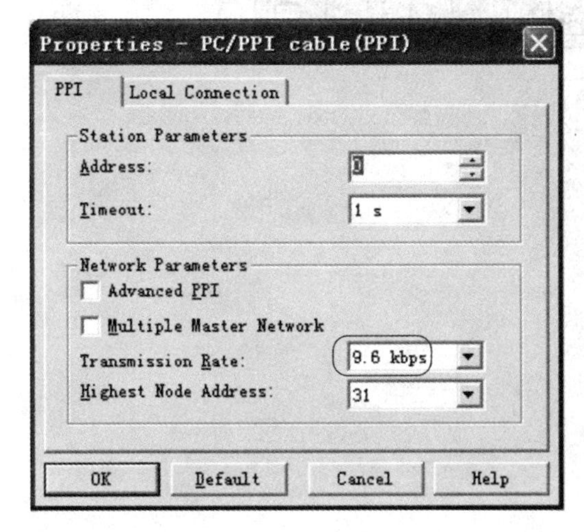

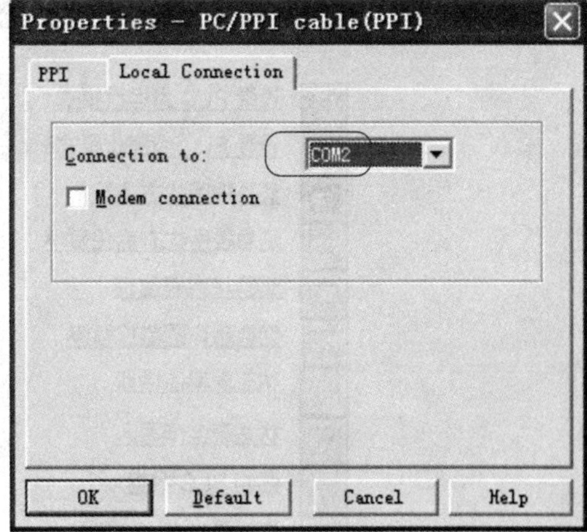

图 1-36　PC/PPI 通信设置端口

设置完毕后，回到通信窗口，双击“双击刷新”，系统就会自动找到相应的设备与之通信。

8．程序的上传与下载

(1)下载程序。当用户将程序块、数据块或系统块下载至 PLC 时，操作步骤如下：

1)下载至 PLC 之前，核实 PLC 位于“停止”模式。检查 PLC 上的模式指示灯。如果 PLC 未设为“停止”模式，点击工具条中的“停止”按钮，或选择 PLC→停止。

2)点击工具条中的“下载”按钮，或选择文件→下载，出现“下载”对话框。

3)根据默认值，在第一次使用下载命令时，“程序代码块”“数据块”和“CPU 配置”(系统块)复选框被选择。如果不需要下载某一特定的块,可以清除该复选框。

4)点击"确定",开始下载程序。

5)如果下载成功,一个确认框会显示以下信息:下载成功。继续执行步骤(12)。

6)如果 STEP 7 - Micro/WIN 中所用的 PLC 类型的数值与实际使用的 PLC 不匹配,会显示以下警告信息:"为项目所选的 PLC 类型与远程 PLC 类型不匹配。继续下载吗?"如果需要纠正 PLC 类型选项,选择"否",终止下载程序。然后从菜单条选择"PLC"→"类型",调出"PLC 类型"对话框,从下拉列表方框选择纠正类型,或单击"读取 PLC"按钮,由 STEP 7 - Micro/WIN 自动读取正确的数值,点击"确定",确认 PLC 类型,并清除对话框。

7)点击工具条中的"下载"按钮,重新开始下载程序,或从菜单条中选择"文件"→"下载"。

8)一旦下载成功,在 PLC 中运行程序之前,必须将 PLC 从 STOP(停止)模式转换回 RUN(运行)模式。点击工具条中的"运行"按钮,或选择"PLC"→"运行",转换回"RUN(运行)"模式。

(2)上载程序。如果用户需要上载原 PLC 中的源程序,点击"上载"按钮,或是选择菜单命令"文件"(File)→"上传"(Upload)命令。同样也可以通过快捷键组合"Ctrl+U"来完成。

(3)调试程序。该系统的调试工具栏包括运行、停止、监控、强制输入输出等工具,分布如图 1-37 所示。

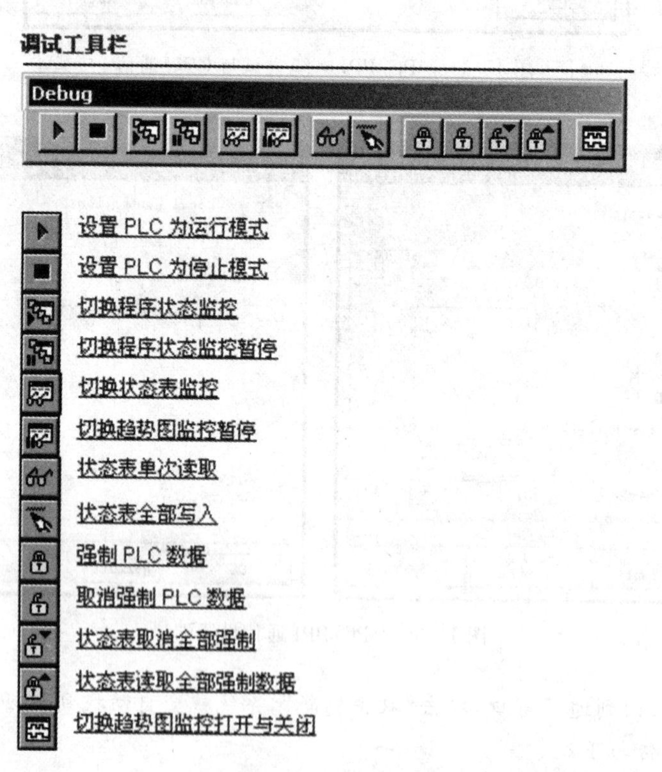

图 1-37

(4)监控程序。"状态监控"是指显示程序在 PLC 中执行时的有关 PLC 数据的当前值和能流状态的信息。用户可以使用状态表监控和程序状态监控窗口读取、写入和强制"PLC"的数据值。

在控制程序的执行过程中，PLC 数据的动态改变可用三种不同方式查看：状态表监控、趋势图显示和程序状态监控。

状态表监控：在一表格中显示状态数据。每行指定一个要监视的 PLC 数据。用户可以指定一个存储区地址、格式、当前值及新值(如果使用写入命令)。

趋势图显示：用随时间而变的 PLC 数据绘图跟踪状态数据：用户可以将现有的状态表在表格视图和趋势视图之间切换，新的趋势数据亦可在趋势视图中直接生成。

程序状态监控：在程序编辑器窗口中显示状态数据。当前 PLC 数据值会显示在引用该数据的 STL 语句或 LAD/FBD 图形旁边。LAD 图形也显示能流，由此可看出哪个图形分支在活动中。

操作方法：点击“切换程序状态监控”按钮，或选择菜单命令调试(Debug)→程序状态(program status)，在程序编辑器窗口中显示“PLC”数据状态。

四、绘制 PLC 外围设备接线图

引导问题：结合卷帘门电气控制线路图，绘制出 PLC 外部设备接线图，如图 1 - 38 所示。

图 1 - 38　卷帘门接线图

小贴士

S7 - 200 PLC 外部设备接线图继电输出接线图与晶体管输出接线图分别如图 1 - 39(a)(b)所示。

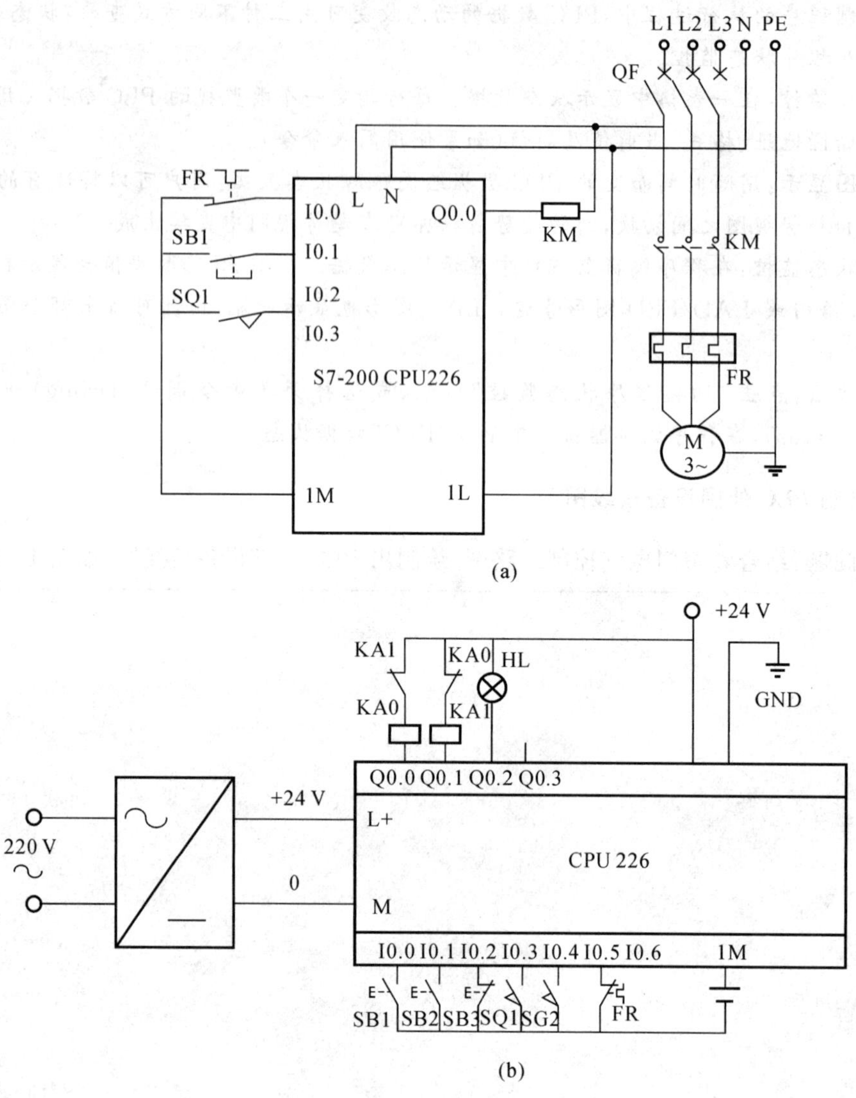

图　1-39

(a)继电输出接线图；（b)晶体管输出接线图

五、按施工计划施工

按照前面编好的施工计划逐步施工，注意施工安全、现场管理、施工工艺及检验验收标准，根据现场条件编写调试程序，思考并回答以下问题：

引导问题一：根据现场特点，应采取哪些安全、文明作业措施？

引导问题二：在这个工程中 PLC 的安装接线有哪些注意事项？

引导问题三：安装工具使用过程中应注意哪些问题？

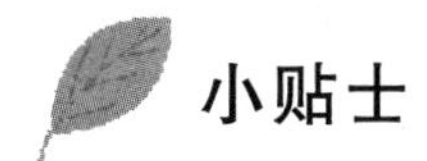

小贴士

PLC施工注意事项

1. 电气柜内线路走线布置

有屏蔽的模拟量输入信号线才能与数字量信号线装在同一线槽内，直流电压数字量信号线和模拟量信号线不能与交流电压线同在一线槽内。有屏蔽的220V电源线才能与信号线装在同一线槽内。电气柜电缆插头的屏蔽一定要可靠接地。

2. 电气柜外部走线安排

直流和交流电压的数字量信号线和模拟量信号线一定要各自用独立的电缆，且要用屏蔽电缆。信号线电缆可与电源电缆共同装在一线槽内。为改进抗噪性，建议保证间隔10cm以上。

开关量信号（如按钮、限位开关、接近开关等提供的信号）一般对信号电缆无严格的要求，可选用一般的电缆，信号传输距离较远时，可选用屏蔽电缆。模拟信号和高速信号线（如脉冲传感器、计数码盘等提供的信号）应选择屏蔽电缆。通信电缆要求可靠性高，有的通信电缆的信号频率很高，可达上兆赫兹，一般应选用PLC生产厂家提供的专用电缆，在要求不高或信号频率较低时，也可以选用带屏蔽的双绞线电缆。

PLC应远离强干扰源，如大功率可控硅装置、高频焊机和大型动力设备等。PLC不能与高压电器安装在同一个开关柜内，在柜内PLC应远离动力线（二者之间的距离应大于200mm）。与PLC装在同一个开关柜内的电感性元件，如继电器、接触器的线圈，应并联RC消弧电路。

PLC的I/O线与大功率线应分开走线，如必须要在同一线槽中布线，信号线应使用屏蔽电缆。交流线与直流线应分别使用不同的电缆，开关量、模拟量I/O线应分开敷设，后者应采用屏蔽线。不同类型的线应分别装入不同的电缆管或电缆槽中，并使其有尽可能大的空间距离。

如果模拟量输入/输出信号距离PLC较远，应采用4～20mA或0.10mA的电流传输方式，而不是易受干扰的电压传输方式。

传送模拟信号的屏蔽线，其屏蔽层应一端接地，为了泄放高频干扰，数字信号线的屏蔽层应并联电位均衡线，其电阻应小于屏蔽层电阻的1/10，并将屏蔽层两端接地。如果无法设置电位均衡线，或只考虑抑制低频干扰时，也可以一端接地。不同的信号线最好不用同一个插接件转接，如必须用同一个插接件，要用备用端子或地线端子将它们分隔开，以减少相互干扰。

六、输入程序进行调试，通电试车进行检验

将编写好的程序下载至PLC中，实行外围设备安装之后，进行通电试车运行。在此项工作之前先回答以下几个简单的问题：

引导问题一：调试应该注意哪些要求？

引导问题二：简明扼要地概述出调试步骤。

知识拓展

PLC 程序的调试可以分为模拟调试和现场调试两个调试过程,在此之前首先对 PLC 外部接线作仔细检查,这一个环节很重要。外部接线一定要准确无误。也可以用事先编写好的试验程序对外部接线做扫描通电检查来查找接线故障。不过,为了安全考虑,最好将主电路断开。在确认接线无误后再连接主电路,将模拟调试好的程序送入用户存储器进行调试,直到各部分的功能都正常,并能协调一致地完成整体的控制功能为止。

1. 程序的模拟调试

将设计好的程序写入 PLC 后,首先逐条仔细检查,并改正写入时出现的错误。用户程序一般先在实验室模拟调试,实际的输入信号可以用钮子开关和按钮来模拟,各输出量的通/断状态用 PLC 上有关的发光二极管来显示,一般不用接 PLC 实际的负载(如接触器、电磁阀等)。可以根据功能表图,在适当的时候用开关或按钮来模拟实际的反馈信号,如限位开关触点的接通和断开。对于顺序控制程序,调试程序的主要任务是检查程序的运行是否符合功能表图的规定,即在某一转换条件实现时,是否发生步的活动状态的正确变化,即该转换所有的前级步是否变为不活动步,所有的后续步是否变为活动步,以及各步被驱动的负载是否发生相应的变化。

在调试时应充分考虑各种可能的情况,对系统各种不同的工作方式、有选择序列的功能表图中的每一条支路、各种可能的进展路线,都应逐一检查,不能遗漏。发现问题后应及时修改梯形图和 PLC 中的程序,直到在各种可能的情况下输入量与输出量之间的关系完全符合要求。

如果程序中某些定时器或计数器的设定值过大,为了缩短调试时间,可以在调试时将它们减小,模拟调试结束后再写入它们的实际设定值。

在设计和模拟调试程序的同时,可以设计、制作控制台或控制柜,PLC 之外的其他硬件的安装、接线工作也可以同时进行。

2. 程序的现场调试

完成上述的工作后,将 PLC 安装在控制现场进行联机总调试,在调试过程中将暴露出系统中可能存在的传感器、执行器和硬接线等方面的问题,以及 PLC 的外部接线图和梯形图程序设计中的问题,应对出现的问题及时加以解决。如果调试达不到指标要求,则对相应硬件和软件部分作适当调整,通常只需要修改程序就可能达到调整的目的。全部调试通过后,经过一段时间的考验,系统就可以投入实际的运行了。

PLC 程序现场调试指在工业现场,所有设备都安装好后,所有连接线都接好后的实际调试,也是 PLC 程序的最后调试。现场调试的目的是调试通过后,可交给用户使用,或试运行。现场调试参与的人员较多,要组织好,要有调试大纲,依大纲按部就班地一步步推进。开始调试时,设备可先不运转,甚至不要带电。可随着调试的进展逐步加电、开机、加载,直到按额定条件运转。具体有下述过程:

(1)要查接线、核对地址。要逐点进行,要确保正确无误。可不带电核对,那就是查线,较麻烦。也可带电查,加上信号后,看电控系统的动作情况是否符合设计的目的。

(2)检查模拟量输入/输出。看输入/输出模块是否正确,工作是否正常。必要时,还可用标准仪器检查输入/输出的精度。

(3)检查与测试指示灯。控制面板上如有指示灯,应先对应指示灯的显示进行检查。一方面,查看灯坏了没有,另一方面检查逻辑关系是否正确。指示灯是反映系统工作的一面镜子,先调好它,将对进一步调试提供方便。

(4)检查手动动作及手动控制逻辑关系。完成了以上调试,继而可进行手动动作及手动控制逻辑关系调试。要查看各个手动控制的输出点,是否有相应的输出以及与输出对应的动作,然后再看,各个手动控制是否能够实现。如有问题,立即解决。

(5)半自动工作。如系统可自动工作,那先调半自动工作能否实现。调试时可一步步推进,直至完成整个控制周期,哪个步骤或环节出现问题,就着手解决哪个步骤或环节的问题。

(6)自动工作。在完成半自动调试后,可进一步调试自动工作。要多观察几个工作循环,以确保系统能正确无误地连续工作。

(7)模拟量调试、参数确定。以上调试的都是逻辑控制的项目,这是系统调试时首先要调试的。这些调试基本完成后,可着手调试模拟量、脉冲量控制。最主要的是选定合适控制参数。一般讲,这个过程是比较长的,要耐心调,参数也要作多种选择,再从中选出最优者。有的PLC,它的PID参数可通过自整定获得,但这个自整定过程也是需要相当长的时间才能完成的。

(8)异常条件检查。完成上述所有调试,整个调试也就基本完成了。但是还要再进行一些异常条件检查,看看出现异常情况或一些难以避免的非法操作时,是否会停机保护或是报警提示。

七、工作施工验收

通过查阅与收集相关电气控制方面的知识,简答以下几个问题:

引导问题一:电气施工项目的验收标准是什么?

引导问题二:编写你的卷帘门PLC控制使用说明书。

引导问题三:小组同学分别扮演项目甲方、项目经理、检验员,完成验收过程,填写验收报告,见表1-18。

表1-18　××任务验收报告

项目名称:　　　　　　　　　　　施工方:　　　　　　　　　　　日期:

名　称	合　格	不合格	改进措施	备　注
正确选择PLC型号				
编写控制程序				
模拟调试				
通电试车				
……				

评价与分析

评分表见表1-19。

表 1－19　学习活动 5 评分表

评分项目	评价指标	标准分	评　分
接线工艺	接线是否符合工艺，布线是否合理	10	
系统自检	施工完毕能否正确进行自检	10	
程序调试	能否按要求调试并实现控制要求	40	
系统检修	出现问题能否用万用表检修系统并修改程序，直至满足控制要求	10	
安全施工	是否做到了安全施工	10	
现场清理	是否有清理现场	10	
团结协作	小组成员是否团结协作	10	

学习活动 6　总结与评价

学习目标

(1)能正确规范撰写总结。
(2)能采用多种形式进行成果展示。
(3)能有效进行工作反馈与经验交流。

学习过程

一、请根据工程完工情况，用自己的语言描述具体的工作内容

引导问题一：你在这个项目的实施过程中学到了什么？请做一简单阐述。
引导问题二：在与其他同学的沟通交流中你学会哪些表达方式？
引导问题三：通过本次学习任务的完成情况，对小组以及个人作出总结。

评价与分析

评分表见表 1－20。

表 1－20　学习活动 6 评分表

评分项目	评价指标	标准分	评　分
自评	自评是否客观	20	
互评	互评是否公正	20	
演示方法	演示方法是否多样化	20	
语言表达	语言表达是否流畅	20	
团结协作	小组成员是否团结协作	20	

二、工作总结

以小组为单位，选择演示文稿、展板、海报、录像等形式中的一种或几种，向全班展示、汇报学习成果，通过每个小组成员对任务实施过程中所遇到的问题和自身感受，进行互动交流，并将经验记录下来，见表1-21。

表1-21　经验交流记录表

业务实施过程	持续改进行动计划	学习与工作宝贵经验
提出人过程记录	提出人改进记录	经验记录

三、综合评价

(1)学生完成任务后，对学生的作品按自我评价、小组评价、教师评价进行评价，评价标准见表1-22。

表1-22　评价表

评价项目	评价内容	评价标准	评价方式		
			自我评价	小组评价	教师评价
职业素养	安全意识、责任意识	A作风严谨、自觉遵章守纪、出色完成工作任务 B能够遵守规章制度、较好完成工作任务 C遵守规章制度、没完成工作任务或完成工作任务但忽视规章制度 D不遵守规章制度、没完成工作任务			
	学习态度主动	A积极参与教学活动，全勤 B缺勤达本任务总学时的10% C缺勤达本任务总学时的20% D缺勤达本任务总学时的30%			
	团队合作意识	A与同学协作融洽、团队合作意识强 B与同学能沟通、协同工作能力较强 C与同学能沟通、协同工作能力一般 D与同学沟通困难、协同工作能力较差			

续 表

<table>
<tr><td rowspan="2">评价项目</td><td rowspan="2">评价内容</td><td rowspan="2">评价标准</td><td colspan="3">评价方式</td></tr>
<tr><td>自我评价</td><td>小组评价</td><td>教师评价</td></tr>
<tr><td rowspan="5">专业能力</td><td>学习活动 1
接收工作任务</td><td>A 按时、完整地完成工作页，问题回答正确，能够有效检索相关内容
B 按时、完整地工作页，问题回答基本正确，检索了一部分内容
C 未能按时完成工作页，或内容遗漏、错误较多
D 未完成工作页</td><td></td><td></td><td></td></tr>
<tr><td>学习活动 2
勘查施工现场</td><td>A 能根据原理分析电路功能，并勘查了现场，做了详细的测绘记录
B 能根据原理分析电路功能，并勘查了现场，但未做记录
C 不能根据原理分析电路功能，但勘查了现场
D 未完成勘查活动</td><td></td><td></td><td></td></tr>
<tr><td>学习活动 3
制订工作计划</td><td>A 工作计划制订有条理，信息检索全面、完善
B 工作计划制订较有条理，信息检索较全面
C 未制订工作计划，信息检索内容少
D 未完成施工准备</td><td></td><td></td><td></td></tr>
<tr><td>学习活动 4
施工前的准备</td><td>A 能根据任务单要求进行分组分工，能采用图、表的形式记录所需工具以及材料清单
B 能根据任务单要求进行分组分工，简单罗列所需工具以及材料清单
C 能根据任务单要求进行分组分工，不能采用图、表的形式记录所需工具以及材料清单
D 未完成分组、列清单活动</td><td></td><td></td><td></td></tr>
<tr><td>学习活动 5
任务实施与验收</td><td>A 学习活动评价成绩为 90～100 分
B 学习活动评价成绩为 75～89 分
C 学习活动评价成绩为 60～75 分
D 学习活动评价成绩为 0～60 分</td><td></td><td></td><td></td></tr>
<tr><td colspan="2">创新能力</td><td>学习过程中提出具有创新性、可行性的建议</td><td colspan="3">加分奖励：</td></tr>
</table>

班级		学号	
姓名		综合评价等级	
指导教师		日期	

(2)教师对本次任务的执行过程和完成情况进行综合评价。

____

____

____

任务二　十字路口交通信号灯控制系统编程及应用

学习目标

知识目标	·能阅读“十字路口交通信号灯控制系统编制及应用”工作任务单，明确工作任务和个人任务要求，服从工作安排。 ·了解交通信号灯控制系统功能、基本结构、工作原理。 ·掌握置位、复位指令按时序图设计梯形图的方法。 ·掌握跳变指令，定时器指令、计数器指令的编程应用。 ·掌握比较指令、数据传送指令 MOV－B 指令的应用。
技能目标	·能到现场采集十字路口交通灯控制的技术资料，根据交通灯控制的电气原理图和工艺要求绘制主电路及 PLC 接线图，编制 I/O 分配表。 ·能分析并绘制出交通信号时序图，能用时序图表示各个信号之间的时间关系。 ·能安装十字路口交通灯控制线路，编写程序，下载及程序运行与调试。
素养目标	·培养动手能力及分析、解决实际问题的能力。

情景描述

某交通队有部分交通信号灯由于年久失修，需进行设备维护，需要电工班人员根据原设备的原理、操作和特点，在规定期限内对其进行改造，交有关人员验收，并支付 X 元。

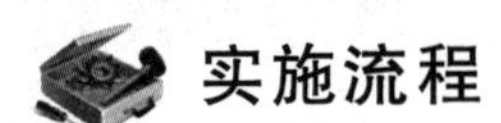

实施流程

实施流程

① 学习活动1：接收工作任务

② 学习活动2：勘查施工现场

③ 学习活动3：制订工作计划

④ 学习活动4：施工前的准备

⑤ 学习活动5：任务实施与验收

⑥ 学习活动6：总结与评价

学习活动1 接收工作任务

学习目标

能阅读“十字路口交通信号灯控制系统编制及应用”工作任务单，明确工作任务和个人任务要求，并在教师指导下进行人员分组，会查询设备及相关档案资料。

学习过程

请阅读工作任务单(见表2-1)，分析并描述具体的工作内容。

表2-1 工作任务单

2014年11月10日　　　　　　　　　　　　　　　　No. 0008

<table>
<tr><td rowspan="3">报修项目</td><td>维修地点</td><td>迎丰路交通路口</td><td>报修人</td><td>姚敦泽</td><td>联系电话</td><td>85776633</td></tr>
<tr><td colspan="6">报修事项：怀化三小所属位于迎风中路交通路口处的红绿灯系统近期频繁出现故障，为保障交通安全，请高电班于5日之内完成该系统维护工作，以便尽早投入使用。</td></tr>
<tr><td>报修时间</td><td>2014.11.10</td><td>要求完成时间</td><td>2014.11.16</td><td>派单人</td><td>吴志超</td></tr>
<tr><td rowspan="4">维修项目</td><td>接单人</td><td></td><td>维修开始时间</td><td></td><td>维修完成时间</td><td></td></tr>
<tr><td colspan="6">所需材料：</td></tr>
<tr><td>维修部位</td><td colspan="2"></td><td colspan="2">维修人员签字</td><td></td></tr>
<tr><td>维修结果</td><td colspan="2"></td><td colspan="2">班组长签字</td><td></td></tr>
<tr><td rowspan="2">验收项目</td><td colspan="6">维修人员工作态度是否端正：是□　否□
本次维修是否已解决问题：是□　否□
是否按时完成：是□　否□
客户评价：非常满意□　基本满意□　不满意□
客户意见或建议：</td></tr>
<tr><td colspan="2">客户签字</td><td>杨涛</td><td colspan="2"></td><td></td></tr>
</table>

引导问题一：你见过哪些类型的交通信号灯？请简单描述一下。

引导问题二：你知道交通信号灯的作用吗？你在路上行走通过路口时，是按交通信号灯的指示做吗？

引导问题三：对于身边经常所见的交通信号灯的知识你有兴趣了解，并通过努力尝试用可编程控制器来实现交通信号灯控制吗？写出你的实现小计划。

小词典

通过上网检索、到图书馆查阅资料等形式，查寻十字路口交通灯的交通秩序图以及各种交通灯的相关资料，如图 2-1～图 2-3 所示。

图 2-1　无交通灯控制

图 2-2　有交通灯控制

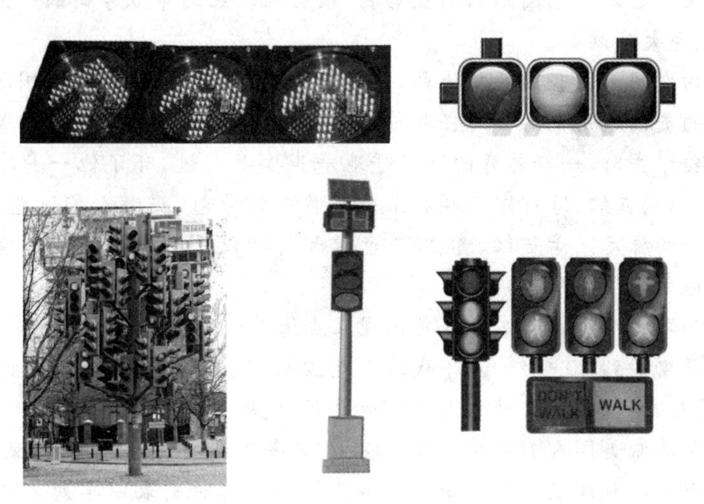

图 2-3　交通信号灯参考图片

交通信号灯的作用与由来

1.交通信号灯的作用

交通信号灯是由红、黄、绿3种颜色灯组成用来指挥交通的信号灯。绿灯亮时,准许车辆通行,黄灯亮时,已越过停止线的车辆可以继续通行,红灯亮时,禁止车辆通行。其实,用这三色来作交通信号与人的视觉机能结构和心理反应有关。

人们的视网膜含有杆状和3种锥状感光细胞,杆状细胞对黄色的光特别敏感,三种锥状细胞则分别对红光、绿光及蓝光最敏感。由于这种视觉结构,人最容易分辨红色与绿色。虽然黄色与蓝色也容易分辨,但因为眼球对蓝光敏感的感光细胞较少,所以分辨颜色,还是以红、绿色为佳。所以,交通灯用什么颜色也是有大学问的。

颜色也有活动 (activity)的含意,要表达热或剧烈的话,最强是红色,其次是黄色。绿色则有较冷及平静的含意。因此,人们常以红色代表危险,黄色代表警觉,绿色代表安全。

而且,由于红光的穿透力最强,其他颜色的光很容易被散射,在雾天里就不容易看见,而红光最不容易被散射,即使空气能见度比较低,也容易被看见,不会发生事故。所以我们用红色表示禁止。

2.交通信号灯的由来

19世纪初,在英国中部的约克城,红、绿装分别代表女性的不同身份。其中,着红装的女人表示我已结婚,而着绿装的女人则是未婚者。后来,英国伦敦议会大厦前经常发生马车轧人的事故,于是人们受到红绿装的启发。1868年12月10日,信号灯家族的第一个成员就在伦敦议会大厦的广场上诞生了,由当时英国机械师德·哈特设计、制造的灯柱高7米,身上挂着一盏红、绿两色的提灯——煤气交通信号灯,这是城市街道的第一盏信号灯。在灯的脚下,一名手持长杆的警察随心所欲地牵动皮带转换提灯的颜色。后来在信号灯的中心装上煤气灯罩,它的前面有两块红、绿玻璃交替遮挡。不幸的是,只面世23天的煤气灯突然爆炸自灭,使一位正在值勤的警察也因此断送了性命。

从此,城市的交通信号灯被取缔了。直到1914年,在美国的克利夫兰市才率先恢复了红绿灯,不过,这时已是“电气信号灯”。稍后又在纽约和芝加哥等城市,相继重新出现了交通信号灯。

随着各种交通工具的发展和交通指挥的需要,第一盏名副其实的三色灯(红、黄、绿3种标志)于1918年诞生。它是三色圆形四面投影器,被安装在纽约市五号街的一座高塔上,由于它的诞生,使城市交通大为改善。

黄色信号灯的发明者是我国的胡汝鼎,他怀着“科学救国”的抱负到美国深造,在大发明家爱迪生为董事长的美国通用电器公司任职员。一天,他站在繁华的十字路口等待绿灯信号,当他看到红灯而正要过去时,一辆转弯的汽车呼地一声擦身而过,吓了他一身冷汗。回到宿舍,他反复琢磨,终于想到在红、绿灯中间再加上一个黄色信号灯,提醒人们注意危险。他的建议立即得到有关方面的肯定。于是红、黄、绿三色信号灯即以一个完整的指挥信号家族,遍及全世界陆、海、空交通领域了。

中国最早的马路红绿灯,是于1928年出现在上海英租界的。

从最早的手牵皮带到20世纪50年代的电气控制,从采用计算机控制到现代化的电子定时监控,交通信号灯在科学化、自动化上不断地更新、发展和完善。

交通指挥灯是非裔美国人加莱特·摩根在1923年发明的。此前,铁路交通已经使用自动转换的灯光信号有一段时间了。但是由于火车是按固定的时刻表以单列方式运行的,而且火车要停下来不是很容易,因此铁路上使用的信号只有一种命令:通行。公路交通的红绿灯则不一样,它的职责在很大程度上是要告诉汽车司机把车辆停下来。

小贴士

在《中华人民共和国道路交通安全法实施条例》和《中华人民共和国道路交通安全法》中,涉及道路交通信号管理的相关规定如下:

(1)交通信号灯由红灯、绿灯、黄灯组成。红灯表示禁止通行,绿灯表示准许通行,黄灯表示警示。

(2)全国实行统一的道路交通信号。交通信号包括交通信号灯、交通标志、交通标线和交通警察的指挥。交通信号灯、交通标志、交通标线的设置应当符合道路交通安全、畅通的要求和国家标准,并保持清晰、醒目、准确、完好。根据通行需要,应当及时增设、调换、更新道路交通信号。增设、调换、更新限制性的道路交通信号,应当提前向社会公告,广泛进行宣传。

(3)任何单位和个人不得擅自设置、移动、占用、损毁交通信号灯、交通标志、交通标线。道路两侧及隔离带上种植的树木或者其他植物,设置的广告牌、管线等,应当与交通设施保持必要的距离,不得遮挡路灯、交通信号灯、交通标志,不得妨碍安全视距,不得影响通行。

(4)铁路与道路平面交叉的道口,应当设置警示灯、警示标志或者安全防护设施。无人看守的铁路道口,应当在距道口一定距离处设置警示标志。

(5)绿灯亮时,准许车辆通行,但转弯的车辆不得妨碍被放行的直行车辆、行人通行;黄灯亮时,已越过停止线的车辆可以继续通行;红灯亮时,禁止车辆通行。在未设置非机动车信号灯和人行横道信号灯的路口,非机动车和行人应当按照机动车信号灯的表示通行。红灯亮时,右转弯的车辆在不妨碍被放行的车辆、行人通行的情况下,可以通行。

(6)绿灯亮时,准许行人通过人行横道;红灯亮时,禁止行人进入人行横道,但是已经进入人行横道的,可以继续通过或者在道路中心线处停留等候。

(7)绿色箭头灯亮时,准许本车道车辆按指示方向通行;红色叉形灯或者箭头灯亮时,禁止本车道车辆通行。

(8)闪光警告信号灯为持续闪烁的黄灯,提示车辆、行人通行时注意瞭望,确认安全后通过。

评价与分析

评分表见表 2-2。

表 2-2　学习活动 1 评分表

评分项目	评价指标	标准分	评　分
任务复述	语言表达是否规范	20	
书面表达	工作页填写是否正确	20	
信息检索	是否能够有效检索	20	
人员分工	分工是否合理,任务是否明确	20	
团结协作	小组成员是否团结协作	20	

学习活动 2　勘查施工现场

学习目标

能到现场采集十字路口交通信号灯控制系统的技术资料，根据交通信号灯系统的电气原理图和工艺要求绘制主电路及 PLC 接线图。

学习过程

根据现场勘查所做记录，如图 2 - 4 所示结合设备示意图以及继电控制线路接线图，描述出本设备工作出现的问题，填写工程的技术参数。

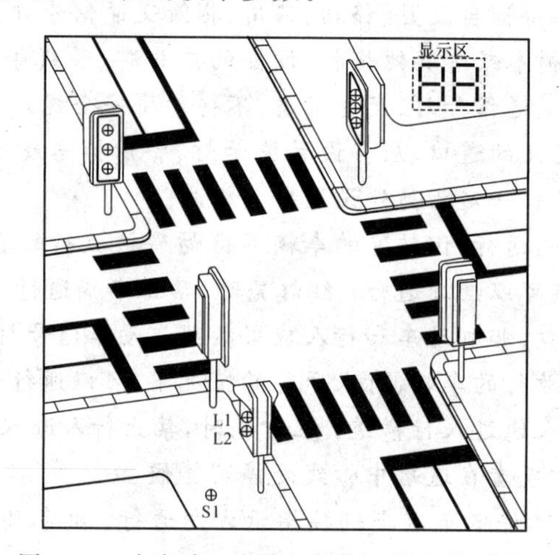

图 2 - 4　十字路口交通灯控制面板结构示意图

通过现场勘查以及阅读相关电路原理图，思考以下问题：

引导问题一：根据现场记录以及操作完工的具体要求，请简单概述交通灯信号控制系统的工作原理是什么？

引导问题二：该系统在实际工作过程中共结合了哪几个方向来实现？

引导问题三：从节约成本的角度考虑，可选用哪种系列的 PLC？

小词典

1.1　西门子 PLC 常见的型号介绍

常见的型号有 LOGO!，S7 - 200，S7 - 300，S7 - 300C，M7 - 300，C7 - 620，S7 - 400，M7 - 400 等。

其中 S7 系列具有的最大特点是：

(1)结构采用基板和背板总线方式，基板上有一个串行通信总线和一个并行 I/O 总线，

PLC分解为模块，可按积木式结构自由配置系统，不同功能模块可灵活组合，扩展十分方便。

(2)PLC的核心——中央处理器可升级为Intel 80486乃至Pentium处理器。

(3)在编程手段上是开放的，可用Windows平台下的STEP 7编制PLC程序，或作为网络节点运行联网软件。

SIMATIC S7系列PLC是西门子公司1996年推出的新产品，也是目前应用最多的PLC机型。其中，S7-200是微型PLC，S7-300/300C，M7-300和C7-620属于中小型PLC，S7-400和M7-400则是大型PLC。从某种意义上来说，S7代表了西门子公司自动化产品的未来发展，即S7系列PLC将逐渐取代S5系列PLC。

1. LOGO！系列

在小型自动化项目中，一种较为经济的配置是使用西门子LOGO！模块，如图2-5所示。LOGO！模块简单易用，常用在控制对象比较少的情况。西门子LOGO！在某种情况下，可以替代西门子S7-200系列PLC，为用户节约成本。随着西门子LOGO！功能越来越强大，它的通信功能也变得扩展性更强，为用户提供了小型自动化项目的解决方案。

图2-5　LOGO！系列

LOGO！体积虽小，但功能强大：

(1)主机集成8个数字量输入(包括2路AI在12/24V DC状态下)和4路数字量输出。

(2)信息文本、实际值和设定值显示，同样可以直接在显示器上修改参数(不可应用到经济型模块)，节省了单独显示单元需求。

(3)自动转换冬令时/夏令时，减少维护费用。

(4)具有密码保护功能，可保护用户的专有知识。

(5)集成了36个功能块，无需附加的设备，例如时间小时计数器。

(6)提供了130个用于建立线路程序的功能块存储容量，可实现更大的应用项目。

(7)集成了数据保持功能，可确保在设备突然掉电的情况下，数据被安全保存。

(8)具有灵活的扩展功能，最大配置可达到24DI，16DO，8AI，2AO；可实现更大的应用项目，保护原始投资。

2. S7-200系列

SIMATIC S7-200 Micro自成一体，特别紧凑，但是具有惊人的能力——特别是有关它的实时性能——它速度快，功能强大的通信方案，并且具有操作简便的硬件和软件。但是还有更多特点，SIMATIC S7-200 Micro PLC具有统一的模块化设计——目前不是很大，但是未来不可限量的定制解决方案。这一切都使得SIMATIC S7-200 Micro PLC在一个紧凑的性能范围内为自动化控制提供一个非常有效和经济的解决方案，如图2-6所示。

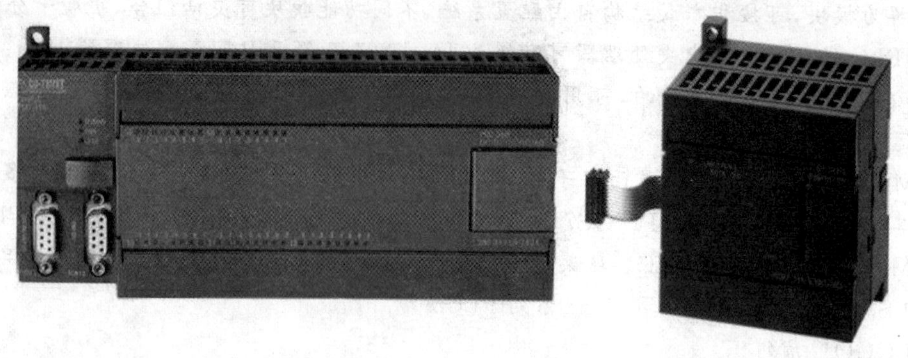

图 2-6　S7-200 系列

SIMATIC S7-200 发挥统一而经济的解决方案。整个系统的系列特点如下：

(1)强大的性能。

(2)最优模块化和开放式通信。

(3)结构紧凑小巧——狭小空间处任何应用的理想选择。

(4)在所有 CPU 型号中的基本和高级功能。

(5)大容量程序和数据存储器。

(6)杰出的实时响应——在任何时候均可对整个过程进行完全控制，从而提高了质量、效率和安全性。

(7)易于使用 STEP 7-Micro/WIN 工程软件——初学者和专家的理想选择。

(8)集成的 R-S 485 接口或者作为系统总线使用。

(9)极其快速和精确的操作顺序和过程控制。

3. S7-300 系列

S7-300 是德国西门子公司生产的可编程序控制器(PLC)系列产品之一。其模块化结构、易于实现分布式的配置以及性价比高、电磁兼容性强、抗振动冲击性能好，使其在广泛的工业控制领域中成为一种既经济又切合实际的解决方案。其外形如图 2-7 所示。

图 2-7　S7-300 系列

S7-300 系列 PLC 整个系统的系列特点如下：

(1)循环周期短、处理速度高。

(2)指令集功能强大(包含 350 多条指令)，可用于复杂功能。

(3)产品设计紧凑,可用于空间有限的场合。

(4)模块化结构,设计更加灵活。

(5)有不同性能档次的CPU模块可供选用。

(6)功能模块和I/O模块可选择。

(7)有可在露天恶劣条件下使用的模块类型。

4. S7-400系列

SIMATIC S7-400是用于中、高档性能范围的可编程序控制器。S7-400自动化系统采用模块化设计。它所具有的模板的扩展和配置功能使其能够按照每个不同的需求灵活组合。一个系统包括电源模板、中央处理单元(CPU)、各种信号模板(SM)、通信模板(CP)、功能模板(FM)、接口模板(IM)和SIMATIC S5模板,如图2-8所示。

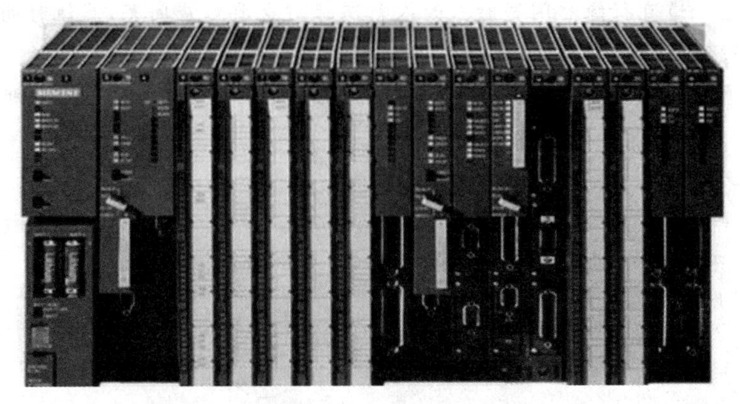

图2-8　S7-400系列

SIMATIC S7-400是功能强大的PLC,适用于中、高性能控制领域,解决方案满足最复杂的任务要求,功能分级的CPU以及种类齐全的模板,总能为其自动化任务找到最佳的解决方案,实现分布式系统和扩展通信能力都很简便,组成系统灵活自如,简单的设计系统使S7-400用途广泛、灵活、适用性强。其具有以下功能:

(1)高速指令处理。

(2)用户友好的参数设置。

(3)口令保护。

(4)系统功能。

(5)用户友好的操作员控制和监视功能(HMI)已集成在SIMATIC的操作系统中。

(6)CPU的诊断功能和自测试智能诊断系统连续地监视系统功能并记录错误和系统的特殊事件。

(7)模式选择开关。

1.2　交通灯信号控制系统

1. 十字路口交通灯控制实际情况

A. 南北主干道:直行绿25s、直行绿闪3s、左转绿10s、左转绿闪3s、黄2s、红45s。

B. 东西人行道:红45s、绿27s、绿闪3s、红60s。

C. 东西主干道:红45s、直行绿27s、直行绿闪3s、左转绿10s、左转绿闪3s、黄2s。

D. 南北人行道:绿27s、绿闪3s、红60s。

E. 循环控制方式。

F. 交通灯变化顺序表(单循环周期 90 s)。

(1)南北向(列)和东西向(行)主干道。南北向(列)和东西向(行)主干道均设有直行绿灯27s,直行绿灯闪亮 3s,左行绿灯 10s,左转绿闪 3s,黄灯 2s 和红灯 45s。当南北主干道红灯点亮时,东西主干道应依次点亮直行绿灯,直行绿灯闪,左转绿灯,左转绿灯闪亮和黄灯;反之,当东西主干道红灯点亮时,南北主干道依次点亮直行绿灯,直行绿灯闪,左转绿灯,左转绿灯闪亮和黄灯。

(2)南北向和东西向人行道。南北向和东西向人行道均设有通行绿灯和禁行红灯。南北人行道通行绿灯应在南北主干道直行绿灯点亮时点亮,当南北主干道直行绿灯闪亮时南北人行道绿灯也要对应闪亮,其他时间为红灯。东西人行道通行绿灯于东西主干道直行绿灯点亮时点亮,当东西主干道直行绿灯闪亮时东西人行道绿灯也要对应闪亮,其他时间为红灯。

2. 结合十字路口交通灯的路况模拟控制实验

在 PLC 交通灯模拟模块中,主干道东、西、南、北每面都有 3 个控制灯,分别为:

· 禁止通行灯　　　　(亮时为红色)

· 准备禁止通行灯　　(亮时为黄色)

· 直通灯　　　　　　(亮时为绿色)

另外行人道东、西、南、北每面都有 2 个控制灯,分别为:

· 禁止通行灯　　　　(亮时为红色)

· 直通灯　　　　　　(亮时为绿色)

评价与分析

评分表见表 2-3。

表 2-3　学习活动 2 评分表

评分项目	评价指标	标准分	评　分
原理图	能否根据原理图分析电路的功能	20	
现场勘查	能否勘查现场,做好测绘记录	20	
主电路及 PLC 接线图	能否正确绘制、标注主电路及 PLC 接线图	20	
查阅资料	能否根据实际查阅 PLC 相关资料	20	
团结协作	小组成员是否团结协作	20	

学习活动 3　制订工作计划

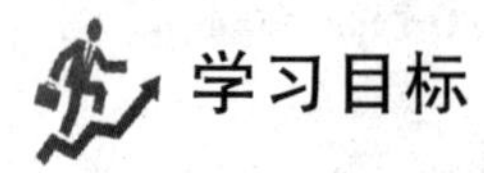

学习目标

(1)能根据施工图纸和现场情况,制订工作计划。

(2)能根据任务要求列举所需工具和材料清单,准备工具,领取材料。

(3)能按照作业规程应用必要的标识和隔离措施,准备现场工作环境。

(4)能通过分工合作提高团队协作能力。

学习过程

请根据现场施工要求,安排相应人员进行施工,同时用自己的语言描述具体的工作内容,制订工作计划,列出所需要的工具和材料清单。

引导问题一:请列写出 PLC 选用的基本原则有哪些?

引导问题二:应如何编写这项改造工程的施工计划及时间安排,并填入表 2-4 中?

表　2-4

任　务	计划完成时间	实际完成时间	备　注
施工前准备			
设备安装固定			
外部接线			
程序编写			
下载调试			
验收提交			

引导问题三:根据勘查十字路口交通灯系统的情况,制订小组的工作计划时,如何做到小组成员的合理分工?请列写出各组员的具体工作内容有哪些?

引导问题四::在制订十字路口交通灯施工工作计划时应注意什么问题?

引导问题五:请列举所要用的工具、材料清单。

小词典

PLC 的选用

随着 PLC 技术的发展,PLC 产品的种类越来越多,不同型号的 PLC,其结构形式、性能、容量、指令系统、编程方法、价格等各不相同,适用的场合也各有侧重。PLC 机型选择的基本原则是在满足功能要求及保证可靠、维护方便的前提下,力争最佳的性能价格比。选择时有以下六个因素需要考虑:控制系统的 I/O 数量和类型,系统复杂程度,通信要求,环境要求,功能要求,其他。

1.1　控制系统的 I/O 数量和类型

多数小型机为整体式。同一型号的整体式 PLC,除按点数分成许多档以外,还配以不同点数的 I/O 扩展单元,来满足对 I/O 点数的不同需求。I/O 模块按点数可分为 8 点、16 点、32 点、64 点等,因此可以根据需要的 I/O 点数选用 I/O 模块与主机灵活地组合使用。对于一个被控对象，所用的I/O点数不会轻易发生变化。但是考虑到工艺和设备的改动或I/O点的损坏、故障等，一般应保留15%～20%的备用量。因此，CPU所能带的I/O数量由下面五个因素决定。

1. CPU的输入/输出过程映像区大小

以CPU224为例，最大的数字量输入是128点，最大的数字量输出是128点，最大的模拟量输入是32点，最大的模拟量输出是32点。即最大的I/O数量，不能突破过程映像区的大小，见表2-5。

表2-5　I/O映像区

	CPU221	CPU222	CPU224	CPU224XP	CPU226
数字I/O映像区	256(128入/128出)				
模拟I/O映像区	无	32(16入/16出)	64(32入/32出)		

2. CPU本体集成I/O点数量

CPU本体集成I/O点数量见表2-6。

表2-6　I/O点数量

S7-200 CPU		订货号
CPU 221　DC/DC/DC	6输入/4输出	6ES7 211-0AA23-0XB0
CPU 221　AC/DC/继电器	6输入/4继电器输出	6ES7 211-0BA23-0XB0
CPU 222　DC/DC/DC	8输入/6输出	6ES7 212-1AB23-0XB0
CPU 222　AC/DC/继电器	8输入/6继电器输出	6ES7 212-1BB23-0XB0
CPU 224　DC/DC/DC	14输入/10输出	6ES7 214-1AD23-0XB0
CPU 224　AC/DC/继电器	14输入/10继电器输出	6ES7 214-1BD23-0XB0
CPU 224XP　DC/DC/DC	14输入/10输出	6ES7 214-2AD23-0XB0
CPU 224XP　AC/DC/继电器	14输入/10继电器输出	6ES7 214-2BD23-0XB0
CPU 226　DC/DC/DC	24输入/16输出	6ES7 216-2AD23-0XB0
CPU 226　AC/DC/继电器	24输入/16继电器输出	6ES7 216-2BD23-0XB0

3. CPU能带的扩展块数量

下面是各种型号PLC能带的最大扩展模块数量。另外对于智能扩展模块，见表2-7。

表2-7　智能扩展模块

CPU型号	特殊模块最大连接个数					
	EM241	EM253	EM277	EM243-1	EM243-2	SIWAREX MS
CPU221	—	—	—	—	—	—
CPU222	2	1	2	1	1	2
CPU224/224XP	7	3	4	1	2	4
CPU226	7	5	6	1	2	7

4. CPU 的 5V DC 电源供应能力和各个模块的消耗

一个原则就是各个扩展模块的充电源耗之和要小于 CPU 的供应。

对于 I/O 点数的类型，根据不同类型要注意：

(1)数字量输入：分为 24V DC 和 24V AC。直流类型输入抗干扰性较差；响应较快。一般用在环境较好，电磁干扰不大，对响应性要求高的场合。交流类型电压高较为可靠；输入电路中有限流、隔离和整流三个环节，因此，输入信号的延迟时间要比直流输入电路的要长。交流输入方式一般用于有油烟、粉尘等恶劣环境中，对响应性要求不高的场合。

(2)数字量输出：分为晶体管、继电器和可控硅输出。晶体管是电子开关，开关频率高，响应快，寿命长，点负载能力最大 5A，带直流负载。继电器是机械开关，带负载能力最大可达 10A，开关频率低(1Hz)，响应慢，寿命较短，噪声大，可带交流/直流负载。可控硅业是电子开关，开关频率较高(10Hz)，响应较快，寿命长，带负载能力 0.5A，带交流负载。

(3)模拟量输入：要注意输入信号的类型，分为电流、电压、热电阻和热电偶。

(4)模拟量输出：要注意输出信号的类型，分为电流和电压。一般模拟量输出模块都支持电流和电压类型的。

1.2　系统复杂程度

系统的复杂程度一般可以考虑下面参数能否满足：①程序存储器大小；②数据存储器大小；③定时器和计数器的数量；④CPU 的运算速度。

对于 S7－200 而言，除非系统非常特殊，一般情况下 I/O 数量能满足，S7－200 CPU 都能胜任控制要求。特殊的情况如要有大量数据要处理，大量算术运算器等，可以考虑使用 S7－300/400 了。

1.3　通信要求

表 2－8 列出了 S7－200 支持的各种网络，下面总结一些常见的情况。

表 2－8　网络通信明细

(1)对于多个 S7-200 CPU 通信,最好选用 PPI 网络。当然也可以是自由口通信,但不推荐。

(2)对于多个 S7-200 CPU 通信,也可以选用以太网,速度快,数据量大,但需要选用 CP243-1 模块,成本会增加。

(3)S7-200 与第三方设备通信,要使用自由口。

(4)S7-200 与 S7-300/400 通信,对于简单的数据不大的情况下,可选用 MPI 网络(集成的通信口支持);对于要求较高、数据量较大,选择 Profibus 网络(需要扩展 EM277 模块);也可以选用以太网(需模块 CP243-1 模块)。

(5)S7-200 与触摸屏通信,一般用 PPI 或 MPI 网络,集成的通信口支持。

(6)根据通信距离,站点数量等因素考虑是否增加中继器/交换机/光电转换。

(7)个别不同的协议类型,考虑通信口的数量。建议选用带有两个通信口的 CPU,这样方便调试使用和配置起来更灵活。

1.4 环境要求

(1)标准的 S7-200 CPU 工作环境有以下要求:①水平安装,0～55°。②垂直安装,0～45°。③相对湿度 95%,不结露。

(2)对于超出上述温度的环境,可以选用 SIPLUS 宽温型的 CPU:①工作温度－25～70°。②相对湿度在 55°时是 98%,70°时是 45%。③其他参数同标准的 S7-200 CPU。④不是所有的扩展模块都有宽温型号。

1.5 功能要求

对于一些功能如高速计数,高速脉冲输出,PID,配方和数据记录等,S7-200 都能有条件支持:

(1)高速计数器:4～6 个,频率 20～200 kHz。

(2)高速脉冲输出;集成 2 路,频率 20～100 kHz。

(3)PID:软件支持 8 路回路,并支持自整定。

(4)配方和数据记录:都要配合存储卡模块使用。

1.6 其他要求

主要实时时钟,数据掉电保持功能。这些功能都可以通过扩展时钟电池卡模块和电池卡模块实现。

小贴士

PLC 接线图的绘制:可使用绘图软件完成。常见的软件有 Protel 99SE 或 AutoCAD,使用都很方便,如图 2-9 所示。

接线图要注意以下几点事项。

1. 前期工作

设定好字体的大小及颜色,线径的粗细和颜色等。

(1)字高大小。一般,用 A3 的图纸时,字体大小和线径粗细如下:字体均采用仿宋字,元器件符号及其端子号、电缆代号字高为 3.5 mm,线号及其连接点的代号为 2.5mm。元器件的轮廓线和电缆主干线粗细为 0.5mm,一般的单箍连接线为 0.25mm。

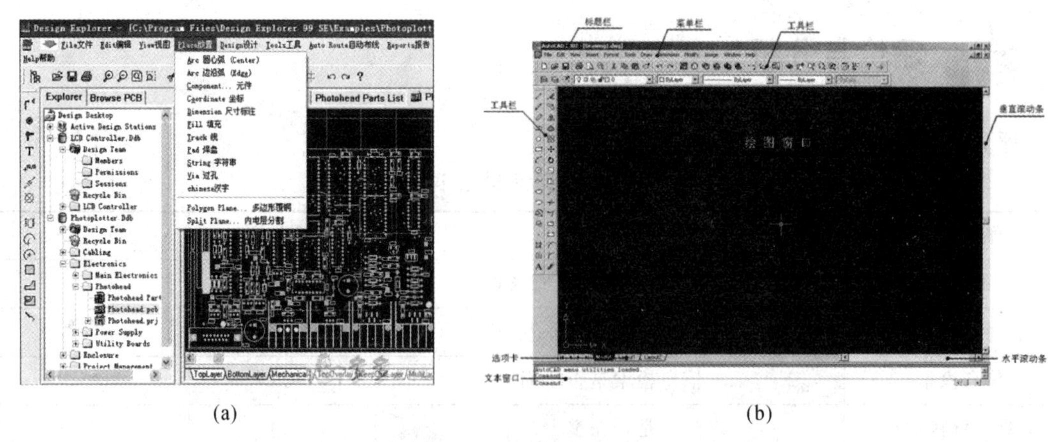

(a)　　　　(b)

图 2-9　绘图软件

(a)Protel 99SE 示意图；　(b)AutoCAD 示意图

(2)颜色。元器件轮廓线及电缆的主干线采用白色线，一般单箍线及电缆的分支采用绿色线。

元器件的代号及其端子和线号字体颜色均为黄色，单箍线和电缆连接点的字体采用绿色线，线的颜色标号用红色字体。

2.画接线图

画接线图时，一般应遵循以下几项原则。

(1)一般画接线图时的顺序：根据原理把元件分组→根据布局图设置元器件的放置位置→画元件简图(用圆形或方形图框表示)→标记元件的端子标号→画元件间的连接线→标记连接线的线号→合理安排接线图页面顺序→标记导线的连接点。

要注意的是，以上每做一步，都要保证上一步的正确，尤其是最后一步标记连接线的连接点时，如果标记完后，再改元件的位置或连接线，或图纸的顺序发生改变，那就必须也相应更改导线的连接点了，给工作带来不必要的麻烦。

页面顺序一般为：主电路接线→控制线路接线→端子接线。

(2)不同控制箱(板)间要通过端子连接(即其他控制箱、控制板或不在控制箱或控制板上的元器件进入本控制箱或控制板时，要先接到本控制箱或控制板的端子上，然后再由端子引线)。

(3)同一端子接线不允许超过两根。

(4)高电压和电源线使用 R 形端子，信号线使用 Y 形端子。

(5)元器件可以用简单的方形或圆形图形来表示，但其端子位置尽量和实际元器件位置相同或接近。

(6)接线图元器件的放置要和布局图的位置相同或相近，对于某一个元器件来说，标记的端子位置也要和布局图实际元器件的位置相同。

(7)要整个图面美观。因此，在画连接图时，要保持整个图面的紧凑和清晰，同时，要尽量使画面不要太过于稀疏。要尽量避免连接线的交叉，连接线尽量使用直线，连接线和元器件间的距离要尽量相同等。

评价与分析

评分表见表 2-9。

表 2-9 学习活动 3 评分表

评分项目	评价指标	标准分	评 分
条理性	工作计划制订是否有条理	20	
完善性	工作计划是否全面、完善	20	
信息检索	信息检索是否全面	20	
工具与材料清单	是否完整	20	
团结协作	小组成员是否团结协作	20	

学习活动 4 施工前的准备

学习目标

(1)掌握置位、复位指令按时序图设计梯形图的使用方法。
(2)掌握跳变指令、定时器指令、计数器指令的编程应用。
(3)掌握比较指令、数据传送指令 MOV－B 指令的应用。
(4)掌握时序图进行梯形图设计方法。
(5)能够进行十字路口交通信号灯的程序设计,并能根据梯形图编写语句指令表。

学习过程

请进行置位指令、复位指令、跳变指令、定时器指令、计数器指令学习,根据控制要求完成程序设计;领取施工工具和材料。

引导问题一:在学习完触点指令及输出指令以后,想要 PLC 程序完成自保持功能,除了线圈自锁以外还有其他办法可以实现吗?请列举出来。

引导问题二:根据你对交通信号灯工作过程的了解,请简要说明交通灯控制系统在实现计时过程中采用了何种元件来完成?你能说出这种元件的工作原理吗?

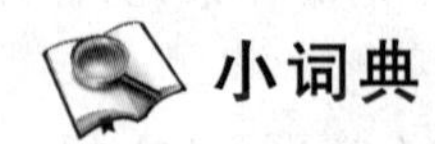

小词典

1.1 置位指令 S、复位指令 R

在程序设计中,常常需要对 I/O 或内部存储器的某些位进行置"1"或清"0"操作,S7－200 CPU 指令系统提供了置位与复位指令,从而可以很方便地对多个点进行置"1"或清"0",使

PLC 程序的编制更加灵活和便捷。下面对这两条指令的用法和编程应用进行介绍。

执行置位(置 1)和复位(置 0)指令时,从 bit 或 out 指令的地址参数开始的 N 个点都被置位或复位。

置位、复位的点数 N 可以是 1～255。当用复位指令时,如果 bit 或 out 指令的是 T 或 C 位,那么定时器或计数器被复位,同时计数器或定时器当前值被清零。

置位指令 S、复位指令 R 的梯形图符号、逻辑功能等指令属性见表 2－10。

表 2－10　置位/复位(S,R)指令

指令名称	梯形图	指令表	逻辑功能	操作数
置位指令		S　bit,N	从 bit 开始的 N 个元件置 1 并保持	Q,M,SM,T,C,V,SL
复位指令		R　bit,N	从 bit 开始的 N 个元件清 0 并保持	

1. S,置位指令

将位存储区的指定位(位 bit)开始的 N 个同类存储器位置位。

用法:S　bit,　N

例:当 I0.0 接通时,置位 Q0.0 和 Q0.1,补全表 2－11 中时序图。

表　2－11

梯形图	I0.0　Q0.0 (S) 2	时序图	
语句表	LD　I0.0 S　Q0.0、2		

2. R,复位指令

将位存储区的指定位(位 bit)开始的 N 个同类存储器位复位。当用复位指令时,如果是对定时器 T 位或计数器 C 位进行复位,则定时器位或计数器位被复位,同时,定时器或计数器的当前值被清零。

用法:Rbit,　N

例:当 I0.0 接通时,复位 Q0.0 和 Q0.1,补全表 2－12 中时序图。

表　2－12

梯形图	I0.0　Q0.0 (R) 2	时序图	
语句表	LD　I0.0 R　Q0.0、2		

3. 使用说明

置位指令与复位指令的使用说明如下:

(1)bit 表示位元件,N 表示常数,N 的范围为 1～255。

(2)被 S 指令置位的软元件只能使用 R 指令才能复位。

(3)R 指令也可以对定时器和计数器的当前值清 0。

4.举例

用置位复位指令编写具有自锁功能的程序,举例说明如图 2-10 所示。

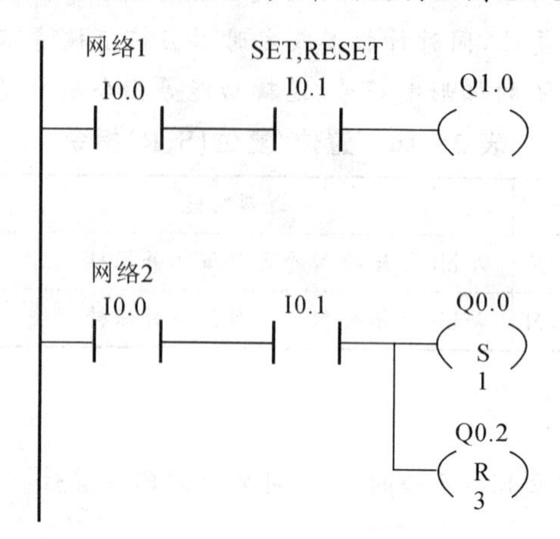

图 2-10 置位复位指令的用法

解 程序如图 2-10 所示。网络 1 中 I0.0 触点表示启动按钮,I0.1 触点表示停止按钮,Q1.0 触点表示输出继电器,在此网络中未使用置位复位指令编程的方法,因此,该网络中的功能不能实现自锁功能。在网络 2 中,当按下启动按钮时,I0.0 触点闭合,只有输出继电器 Q0.0置位,实现了自锁。而 Q0.2 被复位则表示从 Q0.2 开始,Q0.2,Q0.3,Q0.4 同时被复位。

该梯形图的时序图表示如图 2-11 所示。

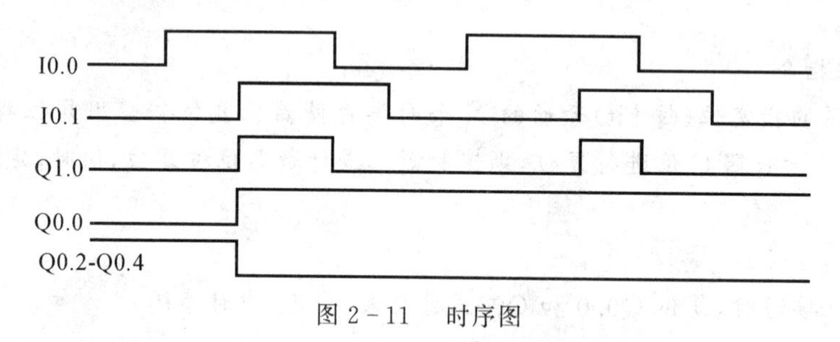

图 2-11 时序图

5.起保停电路与置位/复位电路梯形图的设计方法

(1)启动-保持-停止电路(简称起保停电路)是电气控制电路中最基本的控制单元,应用非常广泛。起保停电路的主要特点是具有"记忆功能"。现在以图 2-12(a)所示起保停电路为例,说明起保停电路梯形图的设计方法。

当按下启动按钮 I0.0(SB1)时,常开触点闭合,Q0.0(KM 线圈)"通电",它的常开触点闭合,实现自保持(自锁)。此时松开 I0.0(SB1)后输出 Q0.0(KM 线圈)照样"通电",这就是"记忆"功能。按下停止按钮 I0.1(SB2)时,Q0.0(KM 线圈)"断电",其常开触头断开,自保(自锁)解除。起保停电路的梯形如图 2-12(a)所示。

(2)置位/复位电路。起保停电路还可以用另外一种方法设计,即置位/复位梯形图,如图

2－12(b)所示。当按下 I0.0 时，置位指令把 Q0.0 置位“通电”。由于置位指令具有置位保持功能，即使 I0.0 断开，Q0.0 照样可以“通电”自保。当按下 I0.1 时，Q0.0 复位“断电”。

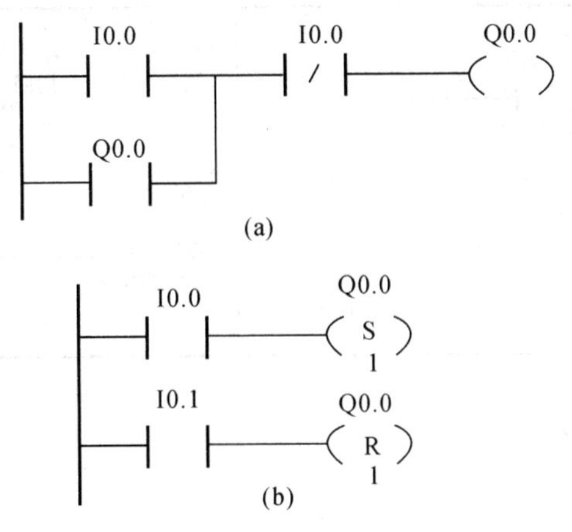

图 2－12　起保停电路与置位/复位电路梯形图设计

1.2　边沿脉冲指令

边沿脉冲指令又称跳变指令，包括正跳变指令和负跳变指令。使用跳变指令可以很好地对信号的正跳变和负跳变进行检测。下面对这两条指令的使用和编程应用进行介绍。

脉冲生成指令为 EU(Edge Up)，ED(Edge Down)。表 2－13 为脉冲生成指令使用说明。

表　2－13

指令名称	LAD	STL	功　能	说　明
上升沿脉冲	P	EU	在上升沿产生脉冲	无操作数
下降沿脉冲	N	ED	在下降沿产生脉冲	

1. 脉冲上升沿指令

EU 指令对其之前的逻辑运算结果的上升沿产生一个扫描周期的脉冲。

2. 脉冲下降沿指令

ED 指令对其之前的逻辑运算结果的下降沿产生一个扫描周期的脉冲。

3. 举例说明

(1)I0.0 的上升沿接通 Q0.0 见表 2－14。

表 2－14　上升沿

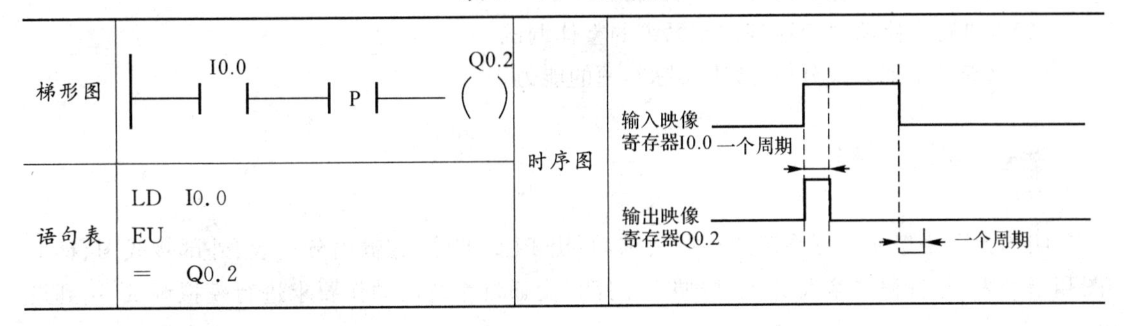

梯形图	I0.0 — P — Q0.2 ( )	时序图	输入映像寄存器I0.0 一个周期；输出映像寄存器Q0.2 一个周期
语句表	LD　I0.0 EU =　Q0.2		

(2)I0.0 的下降沿接通 Q0.1 见表 2－15。

表 2－15　下降沿

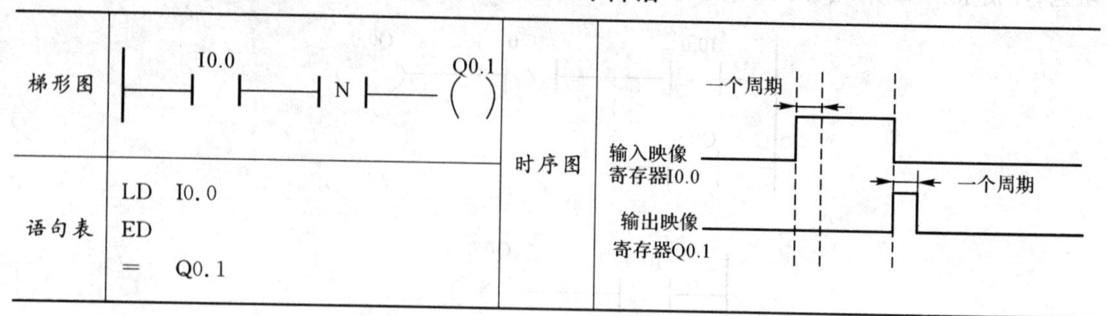

梯形图	─┤I0.0├─┤N├─(Q0.1)	时序图	输入映像寄存器I0.0；输出映像寄存器Q0.1；一个周期；一个周期
语句表	LD　I0.0 ED =　　Q0.1		

评价与分析

评分表见表 2－16。

表 2－16　学习活动 4 评分表

评分项目	评价指标	标准分	评分
指令学习	是否掌握新学置复位指令及跳变指令的功能	30	
程序设计	能否正确设计出交通灯程序	40	
学习态度	学习态度是否积极	10	
工具准备	能否按要求准备好工具	10	
团结协作	小组成员是否团结协作	10	

学习活动 5　任务实施与验收

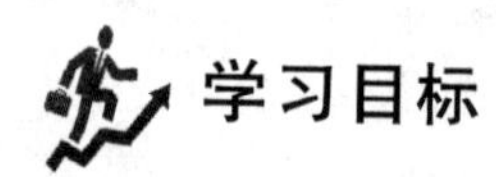

学习目标

(1)能用基本指令中的定时器指令、置位/复位指令、计数器指令等来进行交通灯电路程序的编写，并能熟练地输入、修改程序。

(2)能按图接线并检验接线是否正确。

(3)能进行十字路口交通灯控制系统的整体调试。

(4)培养动手能力及分析、解决实际问题的能力。

学习过程

明确十字路口交通灯系统的控制要求，写出 PLC 的输入/输出分配表、外部接线图、梯形图和指令表，并将程序输入 PLC，按照十字路口交通灯系统的动作要求进行模拟调试，达到设计要求。

一、十字路口交通灯的控制要求

引导问题一：十字路口交通灯的总体控制要求是什么？

引导问题二：十字路口交通灯控制时，东西方向的时间设定为多长？其中，绿灯、黄灯与红灯之间是如何分配的？

引导问题三：十字路口交通灯控制时，南北方向的时间设定与东西方向的时间设定必须是一致的吗？为什么？

小贴士

(1)十字路口交通灯总体控制要求为：信号灯的动作受开关总体控制，按一下启动按钮，信号灯系统开始工作，并周而复始地循环运行。按下停止按钮，所有信号灯都熄灭。

(2)十字路口交通灯具体控制要求见表 2-17。

表　2-17

<table>
<tr><td rowspan="2">东西</td><td>信号</td><td>绿灯亮</td><td>绿灯闪烁</td><td>黄灯亮</td><td colspan="3">红灯亮</td></tr>
<tr><td>时间</td><td>10s</td><td>2s</td><td>2s</td><td colspan="3">14s</td></tr>
<tr><td rowspan="2">南北</td><td>信号</td><td colspan="3">红灯亮</td><td>绿灯亮</td><td>绿灯闪烁</td><td>黄灯亮</td></tr>
<tr><td>时间</td><td colspan="3">14s</td><td>10s</td><td>2s</td><td>2s</td></tr>
</table>

二、十字路口交通灯系统的地址分配表和外部接线图

引导问题一：可编程控制器输入/输出元件地址分配表的作用是什么？

引导问题二：十字路口交通灯系统的输入/输出元件共用了几个点？其中输入元件用了几个点？其作用是什么？输出元件用了几个点？其作用是什么？

引导问题三：可编程控制器外部接线图的作用是什么？

引导问题四：十字路口交通灯控制系统的外部接线图中，输入端用了几个 M 点？输出端用了几个 M/L 点，其编号分别是什么？

引导问题五：请补充下列输入/输出分配表 2-18。

表 2-18　输入/输出分配表

输入端(I)		输出端(Q)	
外接控制元件(符号)	输入地址	外接执行元件(符号)	输出地址
启动按钮 SB1 常开触点	I0.0	东西方向绿灯	Q0.0
停止按钮 SB2 常闭触点	I0.1		
热继电器 FR 常闭触点限	I0.2		

引导问题六：请根据输入/输出分配表绘制出继电输出 PLC 接线图，如图 2－13 所示。

图 2－13　继电输出 PLC 接线图

引导问题七：请根据交通灯信号控制系统工作原理画出执行流程图，如图 2－14 所示。

东西主干道流程图	南北主干道流程图

图 2－14　交通灯信号控制系统执行流程图

小词典

1. 可编程控制器输入/输出元件地址分配表的作用

利用梯形图编程，首先必须确定所使用的编程元件编号。PLC 是按编号来区别操作元件的，使用时一定要明确，每个元件在同一时刻决不能担任几个角色。一般讲，配置好的 PLC，其输入点数与控制对象的输入信号数总是相应的，输出点数与输出的控制回路数也是相应的（如果有模拟量，则模拟量的路数与实际的也要相当），故 I/O 的分配实际上是把 PLC 的输入/输出点号分给实际的 I/O 电路，编程时按点号建立逻辑或控制关系，接线时按点号“对号入座”进行接线。见表 2－19。

表 2－19　交通灯实验面板输入/输出接口

输　入			输　出		
输入继电器	电路元件	作用	输出继电器	电路元件	作用
I0.0	SB1	启动按钮	Q0.0	信号灯	东西方向绿灯
I0.1	SB2	停止按钮	Q0.1	信号灯	东西方向黄灯
	C 公共端	接 24V 电源地(0V)	Q0.2	信号灯	东西方向红灯
			Q0.3	信号灯	南北方向绿灯
			Q0.4	信号灯	南北方向黄灯
			Q0.5	信号灯	南北方向红灯
			Q0.0	L1	
			Q0.3	L2	

2. 可编程控制器外部接线图的作用

PLC 只是个控制器，要控制外部器件的话，要通过 PLC 给出的开关信号和驱动信号来控制外部电气。PLC 自身只能控制，不能做开关。所谓外部接线图就是根据程序的设定通过 PLC 自身的控制点接到被控制电气上的电气连接图。

PLC 外部接线图是需要根据程序来设定的，比如 I0.0 之类的输入点是接什么开关或按钮的，这些连接都要画图。写 PLC 程序不是只写程序就可以的，还需要会画电气图。编写完 PLC 程序后，还需要按照国家电气制图标准（以 GB。开头的国家制图绘图标准）画图。还要懂电气功耗计算和硬件选型。学 PLC 的复杂点程序是一部分，到把图纸画出来，以及装配进电柜，以及安装到用户最终使用是有很长一段距离的。因此学会绘制并进行电气安装是很有必要的。

小贴士

(1)十字路口交通灯控制的外部接线图如图 2－15 所示。

(2)十字路口交通灯信号控制系统流程图如图 2－16 所示。

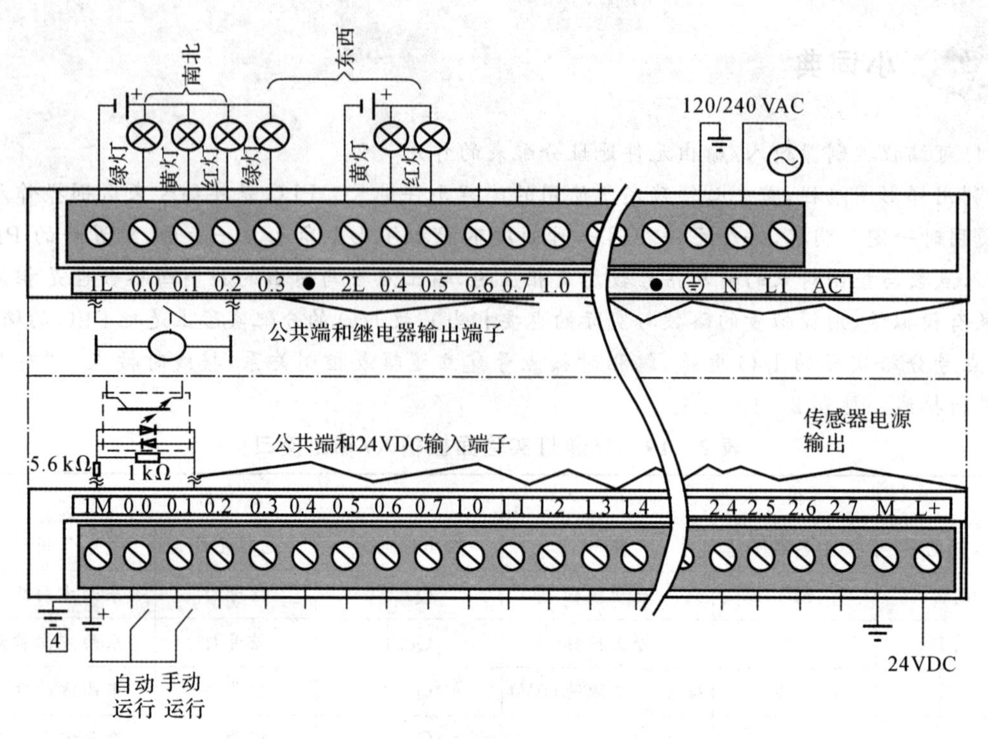

图 2-15　交通信号灯控制电路图

三、十字路口交通灯控制的梯形图和指令表

引导问题一: 十字路口交通灯控制梯形图中 M0.0 是什么元件？其作用是什么？

引导问题二: 可编程控制器中的定时器相当于继电系统中的哪种元件？它是如何分类的？

引导问题三: 可编程控制器中的定时器有无掉电保持功能？它是如何工作的？

引导问题四: 十字路口交通灯控制梯形图中共使用了几个定时器？其单位时间是多少？

小词典

基本指令的应用

1.1　定时器指令

1. 定时器指令

定时器是 PLC 中最常见的元件之一，用于时间的控制。S7-200 的定时器有 3 种：接通延时定时器(TON)、有记忆接通延时定时器(TONR)和断开延时定时器(TOF)。现在重点介绍前两种。

(1)接通延时定时器指令(TON)见表 2-20。

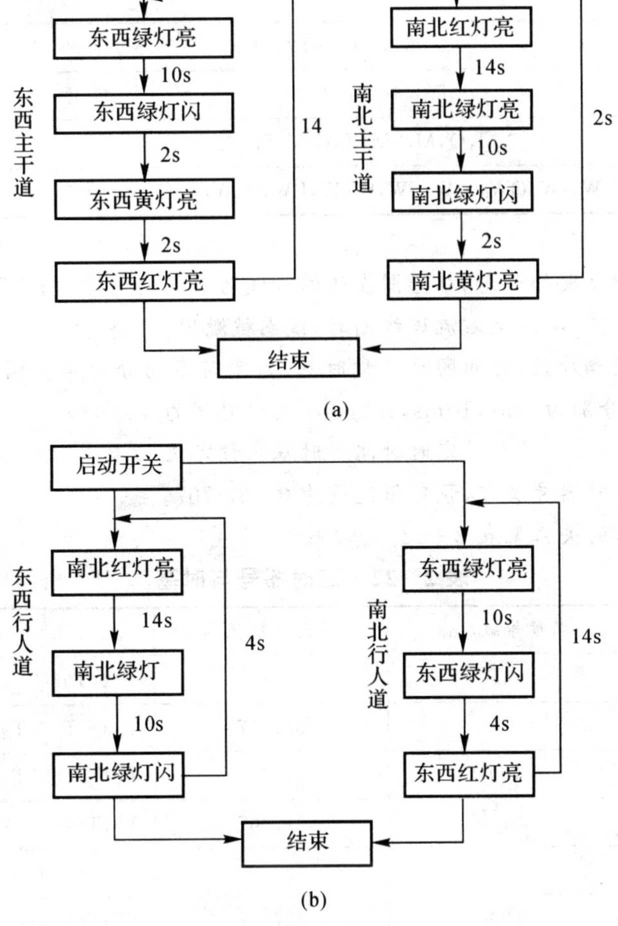

图 2-16　交通灯模拟控制系统流程图

(a)东西、南北主干道控制流程图；（b)东西、南北人行道控制流程图

表 2-20　通电延时定时器

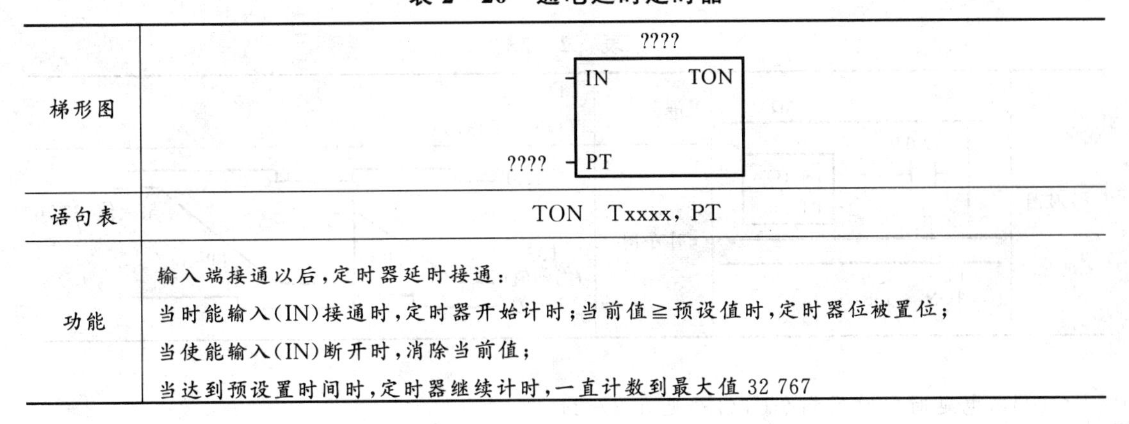

梯形图	???? IN　TON ???? PT
语句表	TON　Txxxx，PT
功能	输入端接通以后，定时器延时接通： 当时能输入(IN)接通时，定时器开始计时；当前值≥预设值时，定时器位被置位； 当使能输入(IN)断开时，消除当前值； 当达到预设置时间时，定时器继续计时，一直计数到最大值 32 767

该指令的输入/输出见表 2-21。

表 2-21　接通延时定时器指令的输入/输出

输入/输出	操作数	数据类型
Txxx	常数(T0-T255)	字
IN(LAD)	能流	布尔
IN(FBD)	I,Q,M,SM,T,C,V,SL,能流	布尔
PT	VW,IW,QW,MW,SW,SMW,LW,AIW,T,C,AC,常量	INT

能流是梯形图中重要的概念,梯形图左边的母线为假想的电源"相线",右边的母线为假想的电源"零线",当"能流"从左至右流过线圈时,线圈被激励。

定时器对时间间隔计数,时间间隔又称时基,为定时器的分辨率。S7-200PLC 提供了 3 种定时器的分辨率,分别为 1ms,10ms,100ms。定时时间为

定时时间=时基×预定值

时基由不同的定时器号决定,预定值范围为 0～32 767。

定时器号与时基的关系见表 2-22。

表 2-22　定时器号与时基

定时器类型	精度等级/ms	最大当前值/s	定时器号
TON TOF	1	32.767	T32,T96
	10	327.67	T33-T36,T97-T100
	100	3276.7	T37-T63,T101-T225
TONR	1	32.767	T0,T64
	10	327.67	T1—T4,T65-T68
	100	3276.7	T5-T31,T69-T95

举例如下:当 I0.0 接通时,T33 延时 0.5s 接通,见表 2-23。

表　2-23

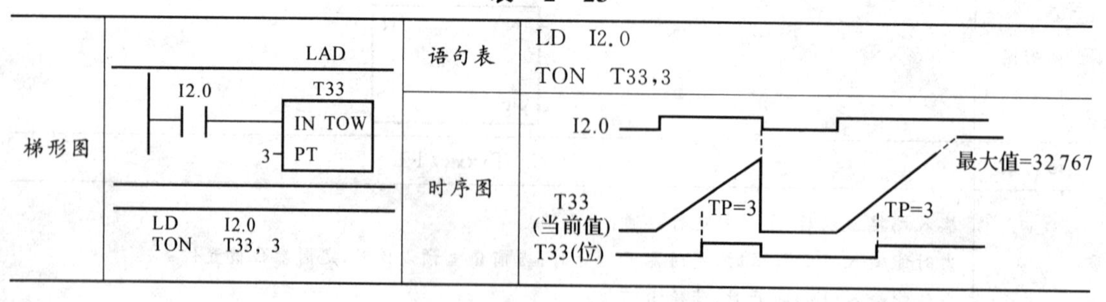

(2)断电延时定时器指令(TOF)见表 2-24。

表 2－24　断电延时定时器

梯形图	IN　TOF PT
语句表	TOF　Txxxx，PT
功能	输入端接通时输出端接通，输入端断开时，定时器延时关断； 当使能输入(IN)接通时，定时器立即接通，并把当前值设为 0； 当使能输入(IN)断开时，定时器开始定时，直到达到预设时间，定时器断开，并且停止计时； 当输入端断开的时间短于预设时间时，定时器位保持接通

该指令的输入/输出见表 2－25。

表　2－25

输入/输出	操作数	数据类型
Txxx	常数(T0－T255)	字
IN(LAD)	能流	布尔
PT	VW，IW，QW，MW，SW，SMW，LW，AIW，T，C，AC，常量	INT

举例如下：当 I0.0 断开时，T33 延时 0.5s 断开，见表 2－26。

表　2－26

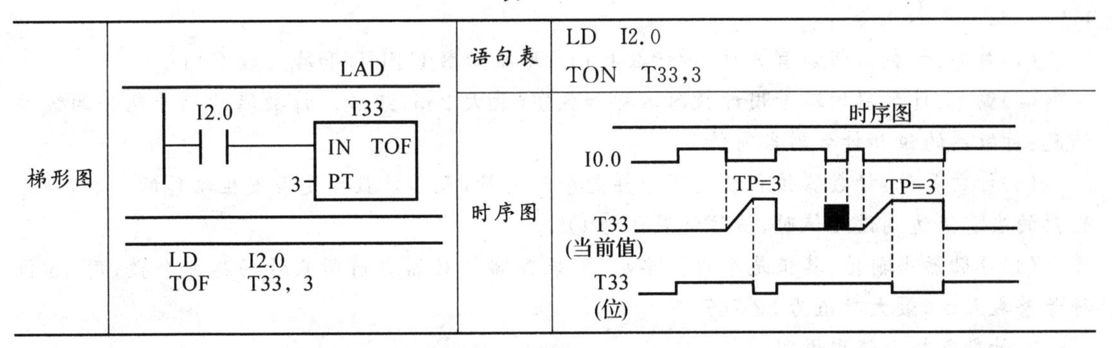

梯形图	LAD I2.0　T33 IN　TOF 3－PT LD　I2.0 TOF　T33，3	语句表	LD　I2.0 TON　T33，3
		时序图	时序图 I0.0 TP=3　TP=3 T33 (当前值) T33 (位)

（3）有记忆接通延时定时器指令（TONR）。有记忆接通延时定时器在计时中途输入端(IN)断开时，当前值寄存器中的数据仍然保持，当输入端重新接通时，当前值寄存器在原有的数据的基础上继续计时，直到累计时间达到设定值，定时器动作。有记忆接通延时定时器的当前值寄存器数据只能用复位指令清 0。

TONR 定时器指令的应用如图 2－17 所示。

当 I0.0 常开触点接通时，定时器 T5 开始对 100ms 脉冲周期进行累计计数。在当前值寄存器中的数据与设定值 100 相等(即定时时间 100ms×100＝10s)时，定时器 T5 常开触点接通，Q0.1 接通。

在计时中途，若 I0.0 断开，则 T5 的当前值寄存器保持数据不变。当 I0.0 重新接通时，T5

在保存数据的基础上继续计时。当I0.1常开触点接通时,复位指令使T5复位,T5常开触点断开,Q0.1断开。

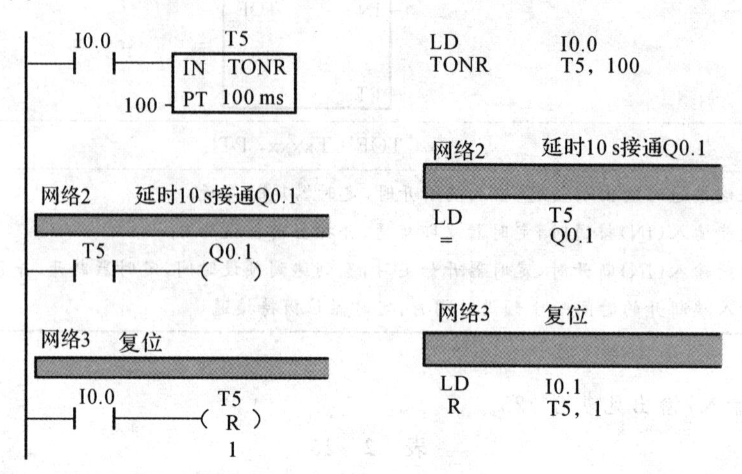

图2-17 TONR定时器的应用

1.2 计数器指令

在生产中需要计数的场合很多,例如对生产流水线上的工件进行定量计数,对线性产品进行定长计数。在PLC程序中,可以应用计数器来实现计数控制。

计数器用来累计输入脉冲的次数,在实际应用中用来对产品进行计数或完成复杂的逻辑控制任务。计数器指令的功能是对外部或由程序产生的计数脉冲进行计数,主要有增计数器指令(CTU)、减计数器指令(CTD)和增/减计数器指令(CTUD)。

1. 几个基本概念

(1)种类:计数器指令有3种:增计数CTU、增减计数CTUD和减计数CTD。

(2)编号:计数器的编号用计数器名称和数字(最大255)组成。计数器的编号包含两方面信息:计数器的位和计数器当前值。

(3)计数器位:计数器位和继电器一样是个开关量,表示计数器是否发生动作的状态,当计数器的当前值达到设定值时,该位被置位为ON。

(4)计数器当前值:其值是个存储单元,用来存储计数器当前所累计的脉冲个数,用16位符号整数表示,最大数值为32 767。

2. 计数器指令使用说明

(1)增计数器指令见表2-27。

表2-27 增计数器指令

梯形图		语句表	CTU Cxxx ,PV
梯形图	C50 CU CTU R 5 PV	功能	在每个CU输入的上升沿递增计数,直至计到最大值; 当前计数值(Cxxx)≥预设计数值(PV)时,该计数器位被置位; 当复位输入(R)置位时,计数器被复位

计数器的计数范围为0～32 767。计数器操作数有两种寻址类型：Word(字)和Bit(位)。

计数器号不能重复使用，它既可以用来访问计数器当前值，也可以用来表示计数器位的状态。

例如：I0.0接通5次，Q0.0接通，I0.1一接通就复位(采用C50)。用梯形图表示见图2－18。

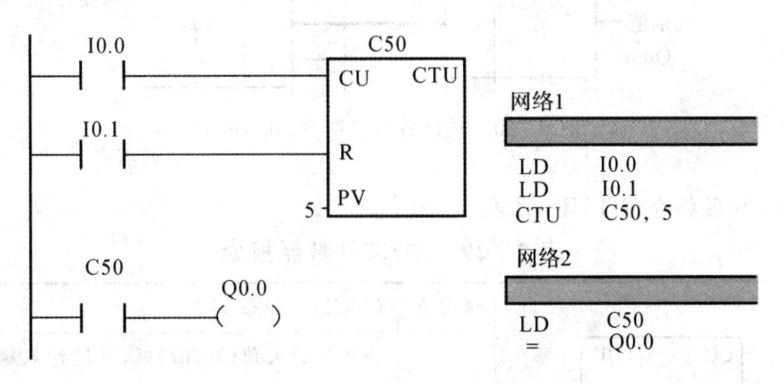

图2－18　增计数器应用举例

(2)减计数器指令见表2－28。

表2－28　减计数器指令

梯形图	C1 CD　CTD LD 6 PV	语句表	CTD　Cxxx ,PV
		功能	当时能输入接通时，计数器在每个CD输入的上升沿从预值开始递减计数； 当前计数值(Cxxx)＝0时，计数器位被置位； 当复位输入(LD)置位时，预设值(PV)装入当前值(CV)； 当计数值达到0时，停止计数。

例如：I0.0接通5次，Q0.0接通，I0.1一接通就复位(采用C50)。用梯形图表示见图2－19，时序图如图2－20所示。

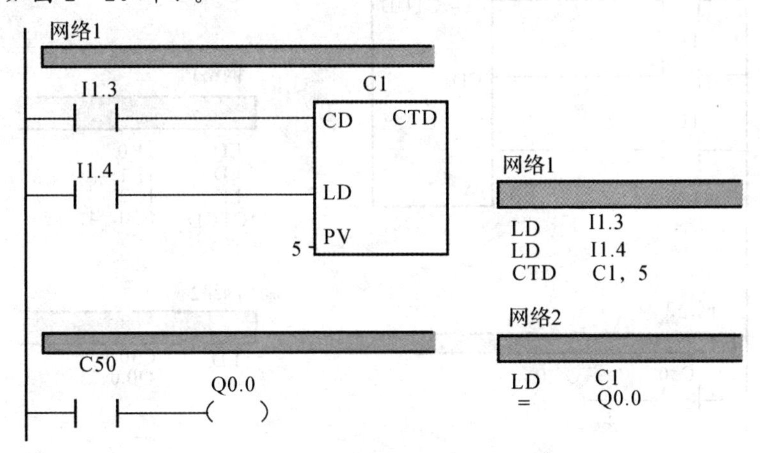

图2－19　减计数器应用举例

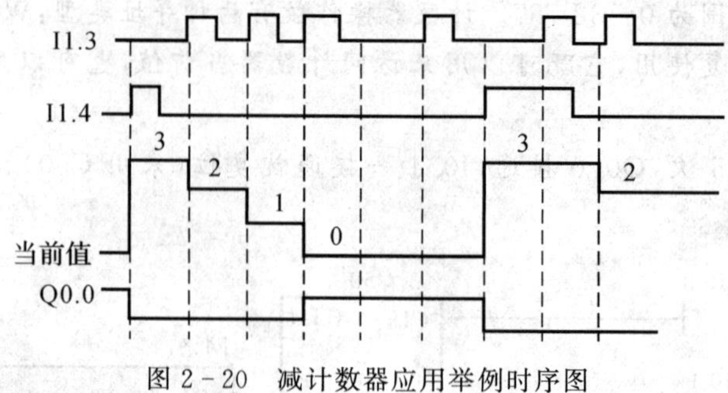

图 2-20　减计数器应用举例时序图

(3)增/减计数器指令(CTUD)见表 2-29。

表 2-29　增/减计数器指令

梯形图	C30 CU　CTUD CD R 4 - PV	语句表	CTUD　Cxxx ,PV
		功能	当达到最大值(32767)时,再增计数输入端的下一个上升沿将导致当前值变为最小值(−32 768); 当达到最小值(−32768)时,在减计数输入端的下一个上升沿将导致当前值变为最大值(32 767); 在当前计数值(Cxxx)≥设定值(PV)时,计数器位被置位; 当复位输入(R)接通或被置位时,计数器被复位,停止计数

CTUD,增减计数器指令。有两个脉冲输入端:CU 输入端用于递增计数,CD 输入端用于递减计数。

例如:I1.0 接通 4 次,Q0.0 接通;I1.1 接通 4 次,Q0.0 断开。I0.2 一接通就复位(采用 C30)。其梯形图表示如图 2-21 所示,时序图如图 2-22 所示。

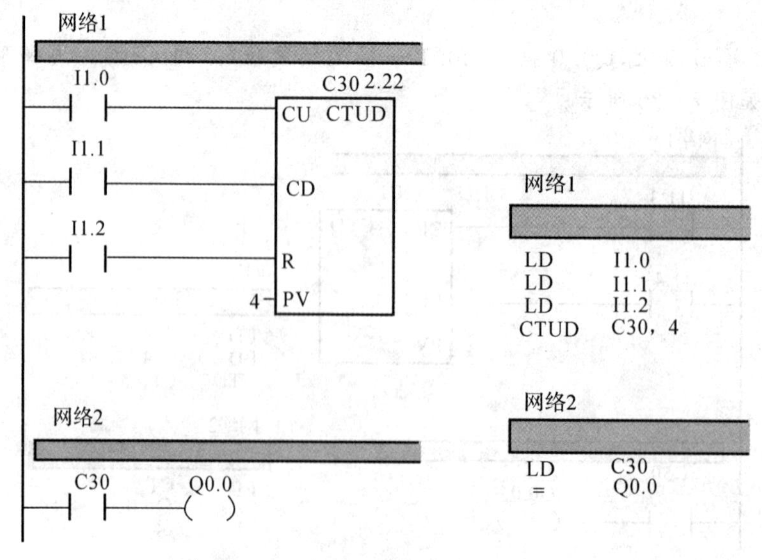

图 2-21　增/减计数器应用举例

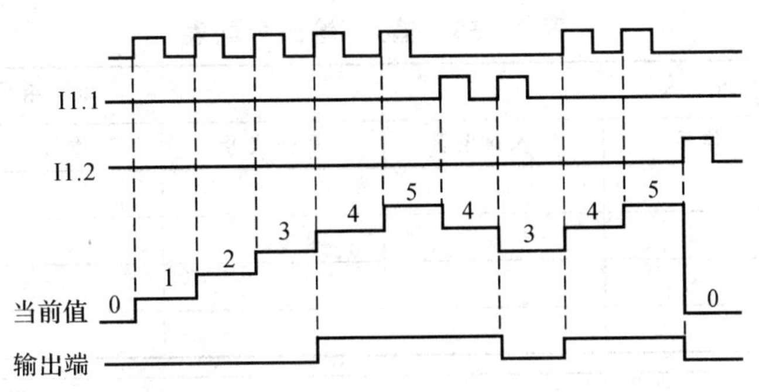

图 2-22　增/减计数器应用举例时序图

小贴士

定时器使用注意事项

(1)虽然 TON 和 TOF 的定时器编号范围相同,但一个定时器号不能同时用作 TON 和 TOF。例如,不能既有 TON T32 又有 TOF T32。

(2)定时器的分辨率(脉冲周期)有 3 种:1ms,10ms,100ms。定时器的分辨率由定时器号决定。

① 1ms 分辨率定时器。每隔 1ms 刷新一次,刷新定时器位和定时器当前值,在一个扫描周期中要刷新多次,而不和扫描周期同步。

② 10ms 分辨率定时器。10ms 分辨率定时器启动后,定时器对 10ms 时间间隔进行计时。程序执行时,在每次扫描周期的开始对 10ms 定时器刷新,在一个扫描周期内定时器位和定时器当前值保持不变。

③ 100ms 分辨率定时器。100ms 定时器启动后,定时器对 100ms 时间间隔进行计时。只有在定时器指令执行时,100ms 定时器的当前值才被刷新。

(3)定时器计时实际上是对脉冲周期进行计数,其计数值存放与当前值寄存器中(16 位,数值范围是 1～32767).

(4)定时器的延时时间为设定值(PT)乘以定时器的分辨率。

(5)定时器满足输入条件时开始计时。

(6)每个定时器都有一个位元件,定时时间到,位元件动作。

知识拓展

(1)编制一段可实现对三相异步电动机自锁控制的程序。写出 I/O 分配表、画出梯形图、写出指令语句表,见表 2-30 和图 2-23 所示。

表 2-30　输入/输出分配表

输　入			输　出		
元件代号	作用	输入继电器	元件代号	作用	输出继电器

图 2-23　梯形图及指令表

(2)有 3 台电动机,控制要求为:按 M1,M2,M3 的顺序启动,时间间隔为 20s;前级电动机不启动,后级电动机不能启动;前级电动机停止时,后级电动机也停止。试设计梯形图,I/O 分配表,并写出指令语句表,填入表 2-31 和图 2-24。

表 2-31　输入/输出分配表

输　入			输　出		
元件代号	作用	输入继电器	元件代号	作用	输出继电器

图 2－24　梯形图及指令表

(3)设计一个定时时间为 6h 的控制程序,要求定时时间到,指示灯亮。填写表 2－32 和图2－25.

表 2－32　输入/输出分配表

输　入			输　出		
元件代号	作用	输入继电器	元件代号	作用	输出继电器

图 2－25　梯形图及指令表

编程前要读懂控制要求

注意灯的闪烁次数，可由定时器、计数器结合完成控制功能，也可以利用定时器、比较指令相结合完成控制要求。

(1)根据控制要求利用定时器指令、计数器指令设计出梯形图，如图 2-26 所示。

图 2-26　定时器、计数器控制梯形图

(2)根据控制要求利用传送指令、比较指令设计出梯形图，如图 2-27 所示。

图 2-27　传送指令、比较指令控制梯形图

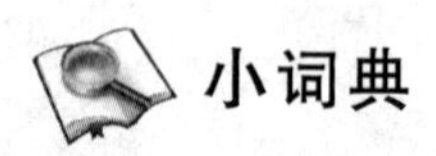

小词典

功能指令的应用

在以前的任务训练中，我们所学到的位逻辑指令、定时器与计数器指令是最基本的、最常用的指令。由于 PLC 是一种工业控制计算机，具有计算机系统特有的运算控制功能，实现这

种运算控制的指令称之为功能指令，又称作为应用指令，通常应用一复杂的控制程序。PLC的主要功能指令包括数据传送和比较、程序流程控制、算数运算与逻辑运算、数码显示及外部输入设备处理等。在本任务中所涉及的指令是传送指令与比较指令。

功能指令数量比较繁多，一般可分为两大类：

(1)第一类属于基本的数据操作，它包括数据和数据块的传送，数据的比较、移位、循环移位、数学运算和逻辑运算等。

(2)第二类属于子程序、中断、高速计数器、位置控制、闭环控制和通信等指令。

功能指令的使用涉及很多的细节问题，可在 STEP 7 Micro WIN 编程软件中选中该功能指令，按 F1 打开软件的帮助菜单，可更好地理解该指令。

1.1　传送指令

1. 数据传送指令 MOV

数据传送指令主要用来完成各存储单元之间数据的传送，同时具有位控功能。

数据传送指令包括字节传送、字传送、双字传送和实数传送，具体内容见表 2－33～表2－35。

(1)字节传送。

表 2－33　MOV－B 指令

梯形图	MOV_B EN　ENO IN　OUT
语句表	MOVB IN，OUT
功能	字节将从(IN)传送到(OUT)

MOV－B 指令的输入/输出见表 3－34，其他字传送指令、双字传送指令、实数传送指令与其类似，本文中不一一列出。

表 2－34　MOV－B 指令的输入/输出

输入/输出	操作数	数据类型
IN	VB,IB,QB,MB,SB,SMB,LB,AC,常量，* VD，* LD，* AC	字节
OUT	VB,IB,QB,MB,SB,SMB,LB,AC，* VD，* LD，* AC	字节

(2)字传送。

表 2－35　MOV－W 指令

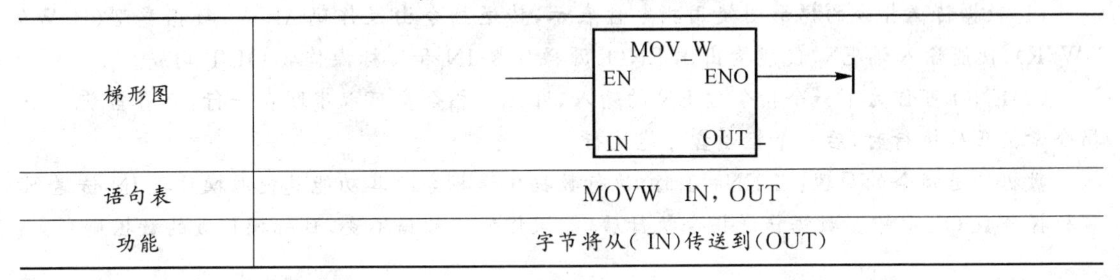

梯形图	MOV_W EN　ENO IN　OUT
语句表	MOVW　IN，OUT
功能	字节将从(IN)传送到(OUT)

(3)双字传送。

表 2-36　MOV-DW 指令

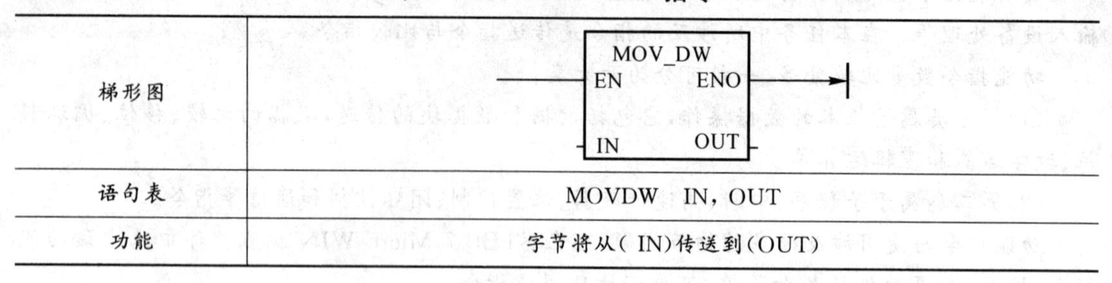

梯形图	MOV_DW EN　ENO IN　OUT
语句表	MOVDW　IN，OUT
功能	字节将从(IN)传送到(OUT)

(4)双字传送。

表 2-37　MOV-R 指令

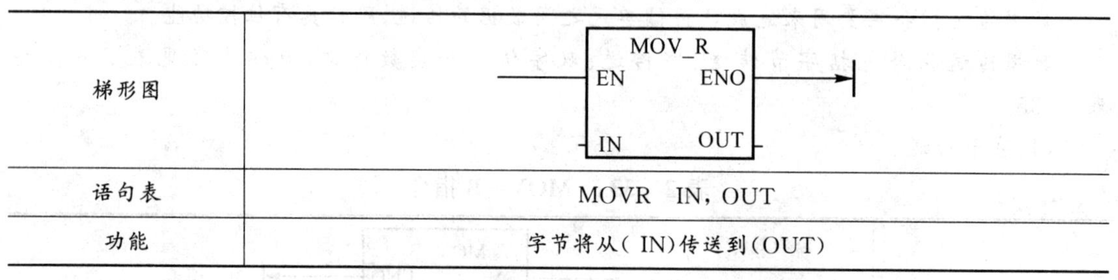

梯形图	MOV_R EN　ENO IN　OUT
语句表	MOVR　IN，OUT
功能	字节将从(IN)传送到(OUT)

现在以字节传送指令为例举例，在字节传送指令这种单字节的数据传送指令通常应用于控制系统程序的初始化。

【例 2-1】 在交通灯控制系统中，程序执行的开始端，我们需要对系统中的输出部分Q0.0～Q0.7进行清零，以便后面使用。

解 梯形图和语句表如图 2-28 所示。

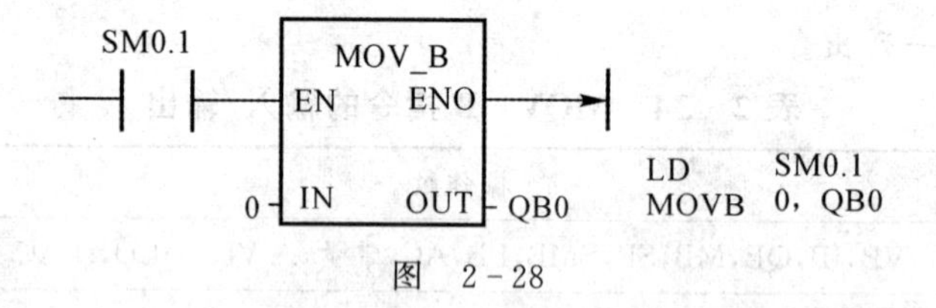

图　2-28

在编程过程中，梯形图中的功能指令大多数用方框图来表示。下面对数据传送指令进行简单的说明。

(1)数据传送指令的梯形图使用指令盒表示，传送指令由操作码 MOV，数据类型(B/W/DW/R)、使能输入端 EN、使能输出端 ENO、源操作数 IN 和目标操作数 OUT 构成。

(2)ENO 可作为下一个指令盒 EN 的输入，即几个指令盒可以串联在一行，只有当前一个指令盒被正确执行时，后一个指令盒才能执行。

数据传送指令的原理：当 EN=1 时，执行数据传送指令。其功能是把源操作数 IN 传送到目标操作数 OUT 中。数据传送指令执行后，源操作数的数据不变，目标操作数的数据刷新。

1.2　比较指令

比较指令用于比较两个数值，结果反映了比较表达式是否成立，所以比较指令实际上也是一种位指令。在实际应用中，比较指令多应用于上、下限控制及数值条件的判断。

字节比较用于比较两个字节型整数值 IN1 和 IN2 的大小，字节比较操作是无符号的；整数比较用于比较两个一个字长的整数值 IN1 和 IN2 的大小，整数比较是有符号的(最高位为符号位)，其范围是 16＃8000～16＃7FFF。例如，16＃7FFF＞16＃8000(后者为负数)。

比较指令的指令格式见表 2－38。

表 3－38　比较指令的指令格式

项目	方式			
	字节比较	整数比较	双整数比较	实数比较
LAD (以＝＝为例)	IN1 ==B IN2	IN1 ==I IN2	IN1 ==D IN2	IN1 ==R IN2
STL	LDB＝IN1,IN2 AB＝IN1,IN2 OB＝IN1,IN2	LDW＝IN1,IN2 AW＝IN1,IN2 OW＝IN1,IN2	LDD＝IN1,IN2 AD＝IN1,IN2 OD＝IN1,IN2	LDR＝IN1,IN2 AR＝IN1,IN2 OR＝IN1,IN2

数值比较指令的类型有字节比较、整数比较、双字整数比较和实数比较。

数值比较指令用来比较两个操作数 IN1 与 IN2 的大小关系，如大于、大于等于、等于、小于、小于等于及不等于(数值比较指令的运算符有＞，＞＝，＝＝，＜，＜＝和＜＞)，如图2－29所示。

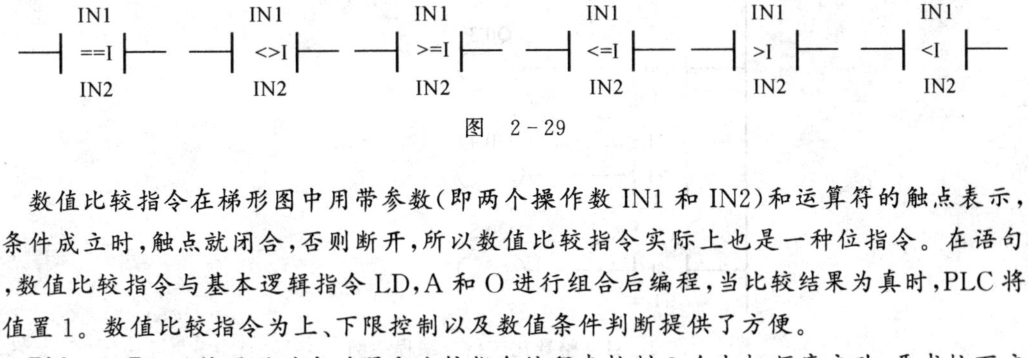

IN1 ==I IN2　IN1 <>I IN2　IN1 >=I IN2　IN1 <=I IN2　IN1 >I IN2　IN1 <I IN2

图　2－29

数值比较指令在梯形图中用带参数(即两个操作数 IN1 和 IN2)和运算符的触点表示，比较条件成立时，触点就闭合，否则断开，所以数值比较指令实际上也是一种位指令。在语句表中，数值比较指令与基本逻辑指令 LD,A 和 O 进行组合后编程，当比较结果为真时，PLC 将栈顶值置 1。数值比较指令为上、下限控制以及数值条件判断提供了方便。

【例 2－2】　用接通延时定时器和比较指令编程来控制 3 台电机顺序启动，要求按下启动开关，每台电机时隔 3s 启动。

解　控制程序如图 2－30 所示。按下启动按钮 I0.0 时，1M 电动机通电自锁，T37 开始延时，当 T37 的当前值等于或大于比较指令的设定值时，比较触点接通，各电动机一次启动。当按下停止按钮 I0.1 时，电动机都停止运行。

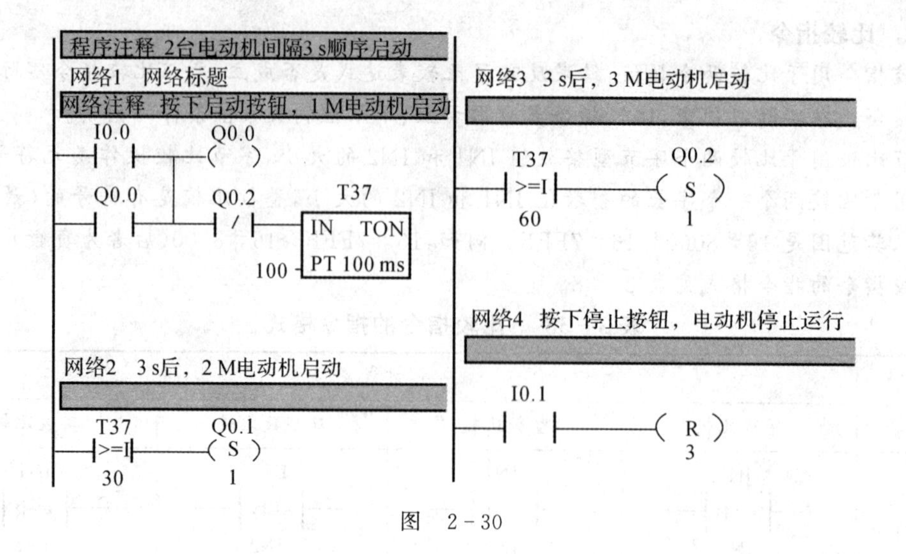

图 2-30

【例 2-3】 输入编程练习.将图 2-31 的整数比较指令编程举例输入下载到 PLC 中运行,观察并比较六种整数比较指令的运行结果所示。

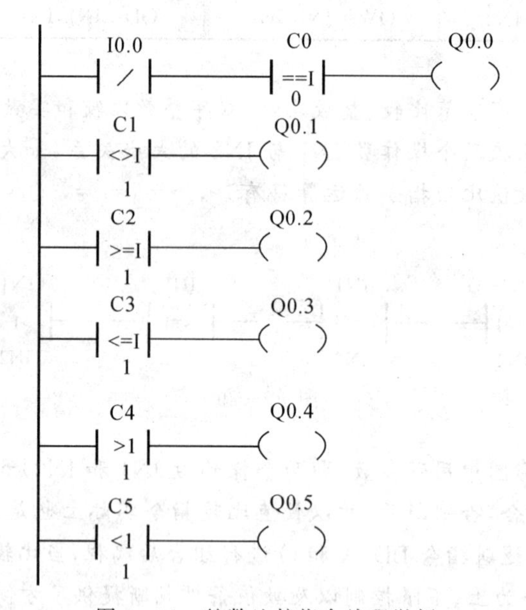

图 2-31 整数比较指令编程举例

知识拓展

根据上述所描述的内容,可以总结出 PLC 功能指令与基本指令的区别:基本指令的控制对象是位元件,功能指令的控制对象主要是字元件。由于字元件包含了多个位(最多 32 位)元件,所以程序编程效率高,控制功能强,可以实现较为复杂的控制任务。

现在介绍输入/输出继电器的表示格式,以便于能更好地掌握功能指令的使用。

1. 数据类型及范围

数据类型及范围见表 2－39。

表 2－39　基本数据类型及范围

基本数据类型	无符号整数		基本数据类型	有符号整数	
	十进制	十六进制		十进制	十六进制
字节 B(8 位)	0～255	0～FF	字节 B(8 位)	－128～127	80～7F
字 W(16 位)	0～65535	0～FFFF	整型(16 位)	－32768～32767	8000～7FFF
双字 D(32 位)	0～4294967295	0～FFFFFFFF	双整型(32 位)	－2147483648～2147483647	80000000～7FFFFFFF
布尔型(1 位)	0 或 1				
实数(32 位)	－1038～1038				

2. 常数

常数见表 2－40。

表 2－40　常数

进　制	使用格式	举　　例
十进制	十进制数值	20 047
十六进制	十六进制值	16＃4E4F
二进制	二进制值	2＃100 1110 0100 1111
ASCII 码	‘ASCII 码文本’	‘How are you?’
实数或浮点格式	ANSI/IEEE 754—1985	＋1.175495E－38(正数)
		－1.175495E－38(负数)

3. 数据存储区域

(1)输入继电器的表示格式(I 区)。输入继电器是 PLC 输入信号的通道，输入继电器既可以按位操作，也可以按字节、字或者双字操作，见表 2－41 所示。

表 2－41　输入继电器的表示格式

位	128 点	I0.0～I0.7 … I15.0～I15.7
字节	16 个(16×8)	IB0,IB1,...,IB7
字	8 个(8×16)	IW0,IW1,...,IW7
双字	4 个(4×32)	ID0,ID1,...,ID7

现在对数字量输入映像区(见图 2－32)有下述说明。

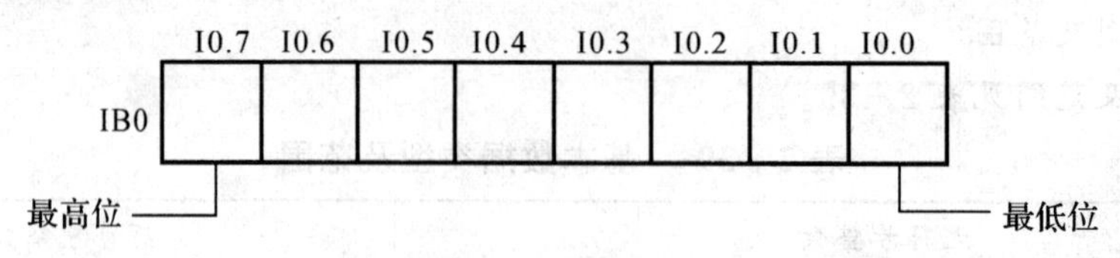

图 2-32　数字量输入的字节

1)位。位格式为 I[字节地址].[位地址]。如 I1.0 表示数字量输入映像区第 1 个字节的第 0 位。

2)字节(B)。字节格式为:IB[起始字节地址]。

3)字(W)。字格式为 IW[起始字节地址]。一个字包含两个字节,这两个字节的地址必须连续,其中低位字节是高 8 位,高位字节是低 8 位,如图 2-33 所示。

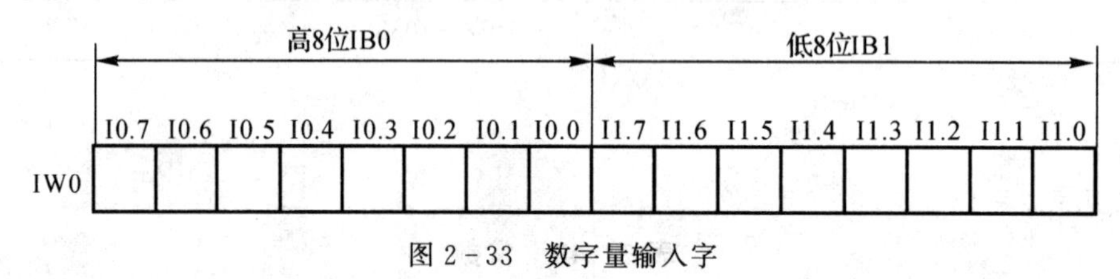

图 2-33　数字量输入字

4)双字(DW)。双字格式为 ID[起始字节地址]。一个双字含 4 个字节,这 4 个字节的地址必须连续,最低位字节在一个双字中是最高 8 位,如图 2-34 所示。

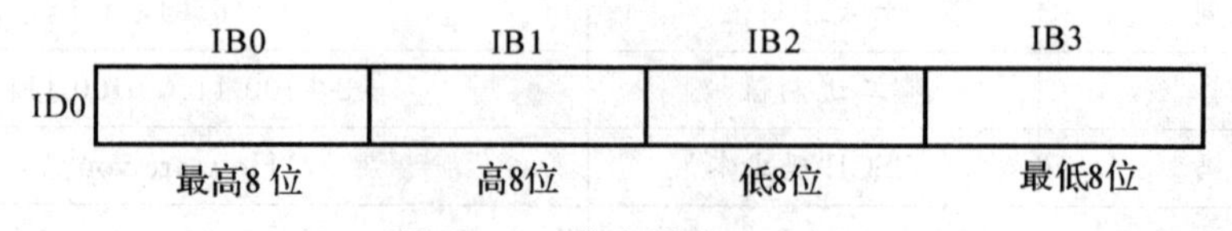

图 2-34　数字量输入双字

(2)输出继电器的表示格式(Q 区)。输出继电器是 PLC 对外部设备进行控制的通道,输出继电器既可以控制按位操作,也可以按字节、字或双字操作。其表示格式见表 2-42。

表 2-42　输出继电器的表示格式

位	128 点	Q0.0～Q0.7 … Q15.0～Q15.7
字节	16 个	QB0,QB1,…,QB15
字	8 个	QW0,QW2,…,QW14
双字	4 个	QD0,QD4,QW8,QD12

输出继电器格式除区域表示符(Q)与输入继电器的表示格式(I 区)不一样外,其他完全一致,在此不做进一步说明。

(3)变量存储器区(V 区)见表 2-43。

表 2-43　变量存储器区

位	65 536 点	V0.0～V0.7 … V8191.0～V8191.7
字节	8 192 个	VB0,VB1,…,VB8191
字	4 096 个	VW0,VW2,…,VW8190
双字	2 048 个	VD0,VD4,…,VD8188

变量存储器区格式除区域表示符(V)与数字量输入映像区(I 区)不一样外,其他完全一致,在此不做进一步说明。

(4)位存储器区(M 区)见表 2-44。

表 2-44　位存储器区

位	256 点	M0.0～M0.7 … M31.0～M31.7
字节	32 个	MB0,MB1,…,MB31
字	16 个	MW0,MW2,…,MW30
双字	8 个	MD0,MD4,…,MD28

位存储器区除区域表示符(Q)与输入继电器的表示格式(I 区)不一样外,其他完全一致,在此不做进一步说明。

四、十字路口交通灯系统的程序输入和系统调试

引导问题一:程序输入时运行模式的选择开关应拨到什么位置?

引导问题二:你能熟练地用菜单命令重新设置 PLC 的型号吗?

引导问题三:你能熟练地用菜单命令设置通信参数吗?

引导问题四:进行系统调试时,首先要做什么?

引导问题五:系统调试过程中,如何验证东西方向程序的正确性?

引导问题六:你能独立完成系统调试工作吗?遇到了哪些困难?如何解决?

小贴士

1.程序的输入

(1)在断电状态下,连接好 PC/PPI 电缆。

(2)打开 PLC 的前盖,将运行模式的选择开关拨到 STOP 位置,此时 PLC 处于停止状态,可以进行程序编写。

(3)在作为编程器的 PC 上,运行 MELSOFT 系列 CX-Developer 编程软件。

(4)用菜单命令[工程]→[创建新工程],生成一个新项目;或者用菜单命令[工程]—[打开工程],打开一个已有的项目。

(5)用菜单命令[工程]→[改变 PLC 类型],重新设置 PLC 的型号。

(6)用菜单命令[在线]→[传输设置],设置通信参数。

(7)编写十字路口交通信号灯控制程序。

2. 系统调试

(1)由教师现场监护进行通电调试,验证系统功能是否符合控制要求。

1)用菜单命令[在线]→[PLC 写入],下载程序文件到 PLC。

2)将 PLC 运行模式的选择开关拨到 RUN 位置,使 PLC 进入运行方式。

3)按下启动按钮 SB1,观察南北方向信号灯。此时应红灯亮,并且东西方向绿灯亮。25s 后,如果东西方向绿灯闪烁 3 次,然后东西方向黄灯亮 2s,则说明控制程序前半部分正确。

4)启动 30s 后,观察此时东西方向应由黄灯亮转为红灯亮,南北方向信号灯应由红灯亮转为绿灯亮。25s 后,如果南北方向绿灯闪烁 3 次,然后南北方向黄灯亮 2s,则说明控制程序后半部分正确。

5)随后程序如果周期性运行,则说明整个程序运行正确。

6)按下停止按钮 SB2,观察系统是否停止。若停止,则停止程序正确。

7)再次按下启动按钮 SB1,如果系统能够重新启动运行,并能在按下停止按钮后停车,则程序调试结束。

(2)如果出现故障,学生应独立检修。电路检修完毕并且梯形图修改完毕后应重新调试,直至系统能够正常工作。

五、按施工计划施工

按照前面编好的施工计划逐步施工,注意施工安全、现场管理、施工工艺及检验验收标准,根据现场条件编写调试程序,思考并回答以下问题:

引导问题一:根据现场特点,应采取哪些安全、文明作业措施?

引导问题二:在这个工程中 PLC 的安装接线有哪些注意事项?

引导问题三:安装工具在使用过程中应注意哪些问题?

小贴士

PLC 施工注意事项

1. 电气柜内线路走线布置

有屏蔽的模拟量输入信号线才能与数字量信号线装在同一线槽内,直流电压数字量信号线和模拟量信号线不能与交流电压线同在一线槽内。有屏蔽的 220V 电源线才能与信号线装在同一线槽内。电气柜电缆插头的屏蔽一定要可靠接地。

2. 电气柜外部走线安排

直流和交流电压的数字量信号线和模拟量信号线一定要各自用独立的电缆,且要用屏蔽电缆。信号线电缆可与电源电缆共同装在一线槽内,为改进抗噪性,建议保证间隔 10cm 以上。

开关量信号(如按钮、限位开关、接近开关等提供的信号)一般对信号电缆无严格的要求,可选用一般的电缆,信号传输距离较远时,可选用屏蔽电缆。模拟信号和高速信号线(如脉冲传感器、计数码盘等提供的信号)应选择屏蔽电缆。通信电缆要求可靠性高,有的通信电缆的信号频率很高,可达上兆赫兹,一般应选用PLC生产厂家提供的专用电缆,在要求不高或信号频率较低时,也可以选用带屏蔽的双绞线电缆。

PLC应远离强干扰源,如大功率可控硅装置、高频焊机和大型动力设备等。PLC不能与高压电器安装在同一个开关柜内,在柜内PLC应远离动力线(二者之间的距离应大于200mm)。与PLC装在同一个开关柜内的电感性元件,如继电器、接触器的线圈,应并联RC消弧电路。

PLC的I/O线与大功率线应分开走线,如必须要在同一线槽中布线,信号线应使用屏蔽电缆。交流线与直流线应分别使用不同的电缆,开关量、模拟量I/O线应分开敷设,后者应采用屏蔽线。不同类型的线应分别装入不同的电缆管或电缆槽中,并使其有尽可能大的空间距离。

如果模拟量输入/输出信号距离PLC较远,应采用4～20mA或0.10mA的电流传输方式,而不是易受干扰的电压传输方式。

传送模拟信号的屏蔽线,其屏蔽层应一端接地,为了泄放高频干扰,数字信号线的屏蔽层应并联电位均衡线,其电阻应小于屏蔽层电阻的1/10,并将屏蔽层两端接地。如果无法设置电位均衡线,或只考虑抑制低频干扰时,也可以一端接地。不同的信号线最好不用同一个插接件转接,如必须用同一个插接件,要用备用端子或地线端子将它们分隔开,以减少相互干扰。

六、工作施工验收

通过查阅与收集相关电气控制方面的知识,简答以下几个问题:

引导问题一:电气施工项目的验收标准是什么?

引导问题二:编写你的卷帘门PLC控制使用说明书。

引导问题三:小组同学分别扮演项目甲方、项目经理、检验员,完成验收过程,填写表2-45验收报告。

表2-45　××任务验收报告

项目名称:　　　　　　　　　　施工方:　　　　　　　　　　日期:

名　称	合　格	不合格	改进措施	备　注
正确选择PLC型号				
编写控制程序				
模拟调试				
通电试车				
……				

评价与分析

评分表见表 2 - 46。

表 2 - 46　学习活动 5 评分表

评分项目	评价指标	标准分	评　分
程序编制	能否正确运用指令编写多种程序，编制是否规范	30	
输入程序	程序输入是否正确	10	
系统自检	能否正确自检	20	
系统调试	系统能否实现控制要求	10	
安全施工	是否做到了安全施工	10	
现场清理	是否能清理现场	10	
团结协作	小组成员是否团结协作	10	

学习活动 6　总结与评价

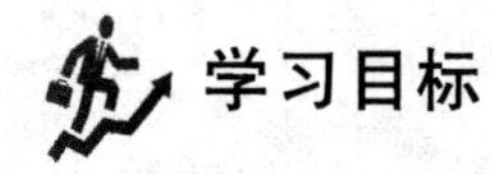

学习目标

(1)能正确规范撰写总结。
(2)能采用多种形式进行成果展示。
(3)能有效进行工作反馈与经验交流。
(4)能正确填写工作任务单的验收项目，并交付验收。

学习过程

一、请根据工程完工情况，用自己的语言描述具体的工作内容

引导问题一：你在这个项目的实施过程中学到了什么？请做简单阐述。

引导问题二：简述本次任务完成情况。

引导问题三：请各组派一名代表对完成的工作进行预验收，发现情况及时处理，并做好记录。

引导问题四：通过本次学习任务的完成情况，对小组以及个人作出评价。

二、工作总结

引导问题一：通过本次工作你感觉有何收获？哪些方面尚待提高？

引导问题二：工作中遇到问题时，你是如何解决的？

引导问题三：工作中小组内部是如何协调合作的？今后应如何加强协作？

引导问题四：你考虑如何展示你们的工作成果？

引导问题五：请全面总结本次工作。

评价与分析

评分表见表 2-47。

表 2-47　学习活动 6 评分表

评分项目	评价指标	标准分	评　分
自评	自评是否客观	20	
互评	互评是否公正	20	
演示方法	演示方法是否多样化	20	
语言表达	语言表达是否流畅	20	
团结协作	小组成员是否团结协作	20	

以小组为单位，选择演示文稿、展板、海报、录像等形式中的一种或几种，向全班展示、汇报学习成果，通过每个小组成员对任务实施过程中所遇到的问题和自身感受，进行互动交流，并将经验记录在表 2-48 中。

表 2-48　经验交流记录表

业务实施过程	持续改进行动计划	学习与工作宝贵经验
提出人过程记录	提出人改进记录	经验记录

三、综合评价

(1)学生完成任务后，对学生的作品按自我评价、小组评价、教师评价进行评价，评价标准见表 2-49。

表 2-49 评价表

评价项目	评价内容	评价标准	评价方式		
			自我评价	小组评价	教师评价
职业素养	安全意识、责任意识	A 作风严谨、自觉遵章守纪、出色完成工作任务 B 能够遵守规章制度、较好完成工作任务 C 遵守规章制度、没完成工作任务或完成工作任务但忽视规章制度 D 不遵守规章制度、没完成工作任务			
	学习态度主动	A 积极参与教学活动，全勤 B 缺勤达本任务总学时的 10% C 缺勤达本任务总学时的 20% D 缺勤达本任务总学时的 30%			
	团队合作意识	A 与同学协作融洽、团队合作意识强 B 与同学能沟通、协同工作能力较强 C 与同学能沟通、协同工作能力一般 D 与同学沟通困难、协同工作能力较差			
专业能力	学习活动 1 接收工作任务	A 按时、完整地完成工作页，问题回答正确，能够有效检索相关内容 B 按时、完整地完成工作页，问题回答基本正确，检索了一部分内容 C 未能按时完成工作页，或内容遗漏、错误较多 D 未完成工作页			
	学习活动 2 勘查施工现场	A 能根据原理分析电路功能，并勘查了现场，做了详细的测绘记录 B 能根据原理分析电路功能，并勘查了现场，但未做记录 C 不能根据原理分析电路功能，但勘查了现场 D 未完成勘查活动			
	学习活动 3 制订工作计划	A 工作计划制订有条理，信息检索全面、完善 B 工作计划制订较有条理，信息检索较全面 C 未制订工作计划，信息检索内容少 D 未完成施工准备			
	学习活动 4 施工前的准备	A 能根据任务单要求进行分组分工，能采用图、表的形式记录所需工具以及材料清单 B 能根据任务单要求进行分组分工，简单罗列所需工具以及材料清单 C 能根据任务单要求进行分组分工，不能采用图、表的形式记录所需工具以及材料清单 D 未完成分组、列清单活动			

续 表

<table>
<tr><td rowspan="2">评价项目</td><td rowspan="2">评价内容</td><td rowspan="2">评价标准</td><td colspan="3">评价方式</td></tr>
<tr><td>自我评价</td><td>小组评价</td><td>教师评价</td></tr>
<tr><td>专业能力</td><td>学习活动 5
任务实施与验收</td><td>A 学习活动评价成绩为 90～100 分
B 学习活动评价成绩为 75～89 分
C 学习活动评价成绩为 60～75 分
D 学习活动评价成绩为 0～60 分</td><td></td><td></td><td></td></tr>
<tr><td colspan="2">创新能力</td><td>学习过程中提出具有创新性、可行性的建议</td><td colspan="3">加分奖励：</td></tr>
</table>

班级		学号	
姓名		综合评价等级	
指导教师		日期	

(2)教师对本次任务的执行过程和完成情况进行综合评价。

____

____

____

任务三　天塔之光控制系统编程及应用

学习目标

知识目标	• 能阅读“天塔之光控制系统编程及应用”工作任务单，明确工作任务和个人任务要求，服从工作安排。 • 了解天塔之光控制系统功能、基本结构及应用场合。 • 掌握移位指令、循环移位指令按时序图设计梯形图的方法。 • 掌握 INC 字节递增指令、DEC 递减指令的编程应用。 • 掌握数据转换指令编程应用以及数码管结构、原理。
技能目标	• 能到现场采集天塔之光控制的技术资料，根据控制的电气原理图和工艺要求绘制主电路及 PLC 接线图，编制 I/O 分配表。 • 能分析并绘制出天塔之光控制时序图，能用时序图表示各个信号之间的时间关系。 • 能安装天塔之光控制线路，编写程序，下载及程序运行与调试。
素养目标	• 培养动手能力及分析、解决实际问题的能力。

情景描述

某市火车站广场有一个由 9 盏彩灯构成的天塔，正常工作时可以有五种花样出现，但在前段时间因某原因闪烁彩灯花样一、花样二、花样三都不能闪亮起来。

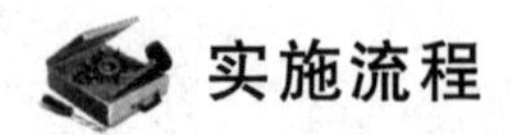

实施流程

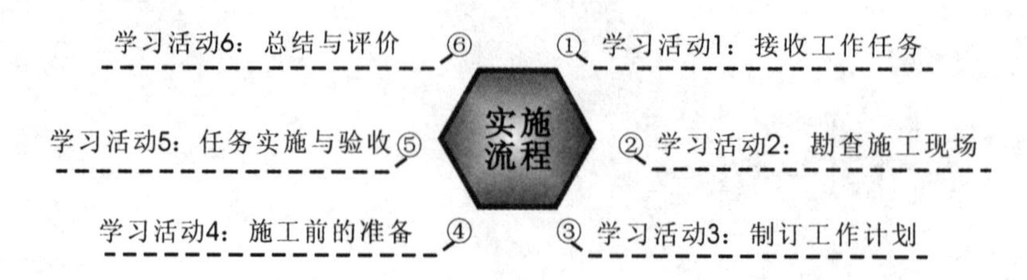

 学习活动 1　接收工作任务

学习目标

能阅读“天塔之光控制系统编制及应用”工作任务单，明确工作任务和个人任务要求，并在教师指导下进行人员分组，会查询设备及相关档案资料。

 学习过程

请阅读工作任务单(见表 3－1)，分析并描述具体的工作内容。

表 3－1　工作任务单

2014 年 01 月 10 日　　　　　　　　　　　　No. 0008

报修项目	维修地点	迎丰路交通路口	报修人	姚敦泽	联系电话	85776633
	报修事项：某市火车站广场有一个由 9 盏彩灯构成的天塔，在前段时间因某原因闪烁彩灯不能闪亮起来，火车站工作人员请高电班学生在 5 日之内完成该系统维护工作，以便天塔之光控制系统尽早投入使用。					
	申报时间	2014.11.10	要求完成时间	2014.11.16	派单人	吴志超
维修项目	接单人		维修完成时间		维修完成时间	
	所需材料：＿＿＿＿					
	维修部位			维修人员签字		
	维修结果			班组长签字		
验收项目	维修人员工作态度是否端正：是□　否□ 本次维修是否已解决问题：是□　否□ 是否按时完成：是□　否□ 客户评价：非常满意□　基本满意□　不满意□ 客户意见或建议：＿＿＿＿					
	客户签字	杨涛				

引导问题一： 在生活中，你在哪里见过哪些颜色的灯？请简单描述一下。

引导问题二： 你知道霓虹灯控制的过程吗？当你夜晚在比较繁华的街道路上行走时，是根据什么一眼识别各种场所的呢？

引导问题三： 对于身边常见的各种颜色的灯，你试着去了解这些彩灯的闪烁规律了吗？简单列举两个实例。

引导问题四：霓虹灯的种类有哪些？

引导问题五：小组人员如何进行分工，组长怎样安排？

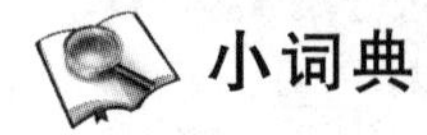

小词典

霓 虹 灯

通过上网检索、到图书馆查阅资料等形式，查寻天塔之光控制系统图片的相关资料，如图3-1、图3-2所示。

图3-1 塔式彩灯控制图

图3-2 霓虹灯控制图组

1.1 霓虹灯的由来

让电灯像天上彩虹一样，发出七彩的光来！

这个大胆而新鲜的想法，在英国著名化学家拉姆赛的脑子里酝酿了好长时日了。拉姆赛为此进行了不懈的研究和试验，直到1898年6月的一个晚上，奇迹终于发生了！在拉姆赛的试验室里，他和他的助手们在真空玻璃管里注进一种稀有的气体，然后把封闭在真空玻璃管中的两个金属电极，连接在高压电源上。这时，拉姆赛预想的奇迹出现了，真空玻璃管内的稀有气体不仅可以导电，最重要的是玻璃管呈现出迷人的红光。这就是全世界第一支霓虹灯。拉姆赛所注入玻璃管内的稀有气体，就是氖气。在当时，拉姆赛给它起了个名称叫“Neon”（即“新”的意思）。之后，拉姆赛发现氙气能发出白光，氩气能发出蓝光，氦气能发出黄光，氪气能发出深蓝光。由于这些灯光五颜六色，色泽纷呈，好似雨后天上的彩虹，又根据拉姆赛第一次为这种灯的气体命名的“Neon”读音，人们便把这种灯统称为“霓虹灯”了。

在1907年至1910年期间，科学家克洛德和林德发明了液态空气分馏。利用这一发明，在霓虹灯内充入一定的惰性气体，这样就明显减缓了气体在灯管内部的消耗速度，颜色也丰富了，可产生红、绿、蓝、黄等颜色。第二次世界大战前夕，光致发光的材料被研制出来了。这种材料不仅能发出各种颜色的光，而且发光效率也高，我们称之为荧光粉。荧光粉被应用在霓虹灯制作中后，霓虹灯的亮度不仅有了明显提高，而且灯管的颜色也更加鲜艳夺目，变化多端，同时也简化了制灯的工艺。故在第二世界大战结束后，霓虹灯得到了迅猛的发展。

霓虹灯按其玻璃管内壁所涂粉的不同，分为3种类型：第一种是玻璃内壁不涂任何荧光粉，直接采用无色透明的玻璃管，通常称为明管；第二种是在透明玻璃管内壁涂有荧光粉，称它为粉管；第三种是采用彩色玻璃管，且在玻璃管内壁均匀涂上荧光粉，称它为彩管。

最早的霓虹灯首先应用于军事，当时主要用来做信号灯，后来才被商人应用于广告和商店的装饰。我国自1930年以后才开始使用霓虹灯，美国商人首先在上海开办了丽安霓虹灯厂。

1.2　霓虹灯的主要特点

(1)高效率。霓虹灯是依靠灯光两端电极头在高压电场下将灯管内的惰性气体击燃，它不同于普通光源必须把钨丝烧到高温才能发光，造成大量的电能以热能的形式被消耗掉，因此，用同样多的电能，霓虹灯具有更高的亮度。

(2)温度低，使用不受气候限制。霓虹灯因其冷阴极特性，工作时灯管温度在60°C以下，所以能置于露天日晒雨淋或在水中工作。同样因其工作特性，霓虹灯光谱具有很强的穿透力，在雨天或雾天仍能保持较好的视觉效果。

(3)低能耗。在技术不断创新的时代，霓虹灯的制造技术及相关零部件的技术水平也在不断进步。新型电极、新型电子变压器的应用，使霓虹灯的耗电量大大降低，由过去的每米灯管耗电56W降到现在的每米灯管耗电12W。

(4)寿命长。霓虹灯在连续工作不断电的情况下，寿命达10 000h以上，这一优势是其他任何电光源都难以达到的。

(5)制作灵活，色彩多样。霓虹灯是由玻璃管制成的，经过烧制，玻璃管能弯曲成任意形状，具有极大的灵活性，通过选择不同类型的管子并充入不同的惰性气体，霓虹灯能得到五彩缤纷、多种颜色的光。

(6)动感强，效果佳，经济实用。霓虹灯画面由常亮的灯管及动态发光的扫描管组成，可设置为跳动式扫描、渐变式扫描、混色变色七种颜色扫描等。扫描管由装有微电脑芯片编程的扫描机控制，扫描管按编好的程序亮或灭，组成一幅幅流动的画面，似天上彩虹，像人间银河、更酷似一个梦幻世界，引人入胜，使人难以忘怀。因此，霓虹灯是一种投入较少、效果强烈、经济实用的广告形式。

霓虹灯是一种冷阴极辉光放电管，其辐射光谱具有极强的穿透大气的能力，色彩鲜艳绚丽、多姿，发光效率明显优于普通的白炽灯。它的线条结构表现力丰富，可以加工弯制成任何几何形状，满足设计要求，通过电子程序控制，可变幻色彩的图案和文字而受到人们的欢迎。

霓虹灯的亮、美、动特点，是目前任何电光源所不能替代的，在各类新型光源不断涌现和竞争中独领风骚。由于霓虹灯是冷阴极辉光放电，因此一只质量合格的霓虹灯，其寿命可达20 000～30 000h。

随着我国经济的飞速发展，霓虹灯的品种、规格也已基本系列化，可供各种用途的选择，其质量已逐步向国际水平靠拢，随着我国与国际水平的差距越来越小，在不久的将来必将赶超国际先进水平。但在目前市场竞争的条件下，也确有少数厂商缺乏诚信，在一些用户不懂霓虹灯的性能、质量的情况下，生产、制作低劣产品在市场上低价倾销，影响霓虹灯的声誉。

小贴士

建设部关于加强户外广告、霓虹灯设置管理的相关规定：

第一条　为加强市容管理，美化城市环境，促进经济繁荣，根据国务院发布的《城市市容和环境卫生管理条例》制定本规定。

第二条　在城市中设置的户外广告、霓虹灯、标语、电子显示牌、灯箱、画廊、橱窗等设施（以下统称广告、霓虹灯），位置设置应适当，布置形式应与街景协调、保持完好、整洁、美观。

第三条　广告、霓虹灯应内容健康，文字书写规范、字迹清晰。图案、光亮显示完整，醒目。

第四条　广告、霓虹灯的设置必须征得城市人民政府市容环境卫生行政主管部门同意后，按照有关规定办理审批手续。

第五条　经批准设置的广告、霓虹灯，应按照谁设置谁负责维修管理的原则，做好维护管理工作。设置在建筑物、构筑物或其他载体上的广告、霓虹灯的维护管理，由建筑物、构筑物或载体的使用单位负责；独立设置的，由设置单位负责；有设置协议的，由协议规定的维护管理单位负责。

第六条　广告、霓虹灯的维护管理责任单位应当加强维护，经常检查，发现图案、文字、灯光显示不全、污浊、腐蚀、损毁，应立即修饰。过期或失去使用价值的广告、霓虹灯，应及时更换或拆除。

第七条　城建监察人员，要加强监督管理，发现图案、文字、灯光显示不全、污浊、损毁、不整洁、影响市容观瞻的，根据实际情况，有权责令维护管理责任单位限期修饰直至拆除。

第八条　本规定由建设部负责解释。

第九条　本规定自发布之日起施行。

评价与分析

评分表见表 3－2。

表 3－2　学习活动 1 评分表

评分项目	评价指标	标准分	评　分
任务复述	语言表达是否规范	20	
书面表达	工作页填写是否正确	20	
信息检索	是否能够有效检索	20	
人员分工	分工是否合理，任务是否明确	20	
团结协作	小组成员是否团结协作	20	

学习活动2　勘查施工现场

学习目标

能到现场采集天塔之光控制系统的技术资料，根据天塔之光控制系统的电气原理图和工艺要求绘制主电路及PLC接线图，编制I/O分配表。

学习过程

根据现场勘查所做记录，结合设备示意图以及配电柜中继电控制线路接线图，描述出本设备工作出现的问题，填写工程的技术参数。

通过现场勘查以及阅读相关电路原理图，思考以下问题：

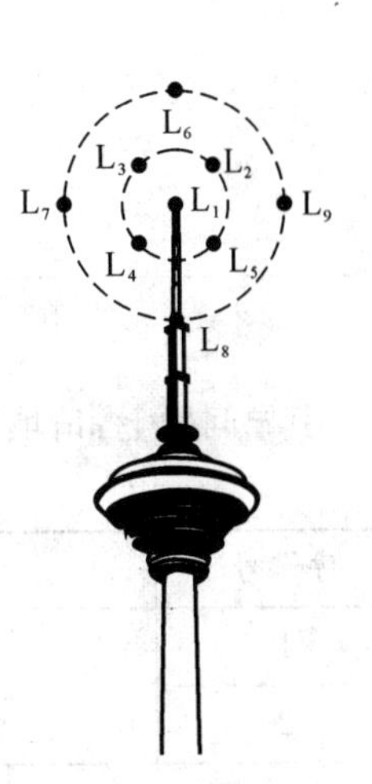

图3－3　天塔之光控制系统示意图

引导问题一：根据现场记录以及操作完工的具体要求，请简单概述天塔之光控制系统的工作过程。

引导问题二：该系统在实际工作时还可以设计出哪几种花样？请详细描述出来。

引导问题三：通过观察施工现场，你能判断出不能实现的那3种闪烁花样是什么原因造成的吗？

引导问题四：针对本项目出现的问题，在施工前应做哪些具体准备工作？

引导问题五：请填写输入/输出分配表(见表3－3)。

表3－3　输入/输出分配表

输　入			输　出		
元件代号	作用	输入继电器	元件代号	作用	输出继电器

引导问题六：请根据输入/输出分配表绘制出主电路及PLC接线图，如图3－4所示。

图 3-4 主电路及 PLC 接线图

引导问题七：请填写好电路组成及各元器件功能图(见表 3-4)。

表 3-4 各元器件功能

<table>
<tr><th>序 号</th><th colspan="2">电路名称</th><th>电路组成</th><th>元器件功能</th><th>备 注</th></tr>
<tr><td>1</td><td colspan="2" rowspan="2"></td><td>QF</td><td></td><td></td></tr>
<tr><td>2</td><td>FU</td><td></td><td></td></tr>
<tr><td>3</td><td rowspan="4">控制电路</td><td rowspan="2">PLC 输入电路</td><td></td><td></td><td></td></tr>
<tr><td>4</td><td></td><td></td><td></td></tr>
<tr><td>5</td><td>PLC 输出电路</td><td>HL1～HL9</td><td></td><td></td></tr>
<tr><td>6</td><td>主机</td><td>S7-200 CPU226</td><td></td><td></td></tr>
</table>

评价与分析

评分表见表 3-5。

表 3-5 学习活动 2 评分表

评分项目	评价指标	标准分	评 分
原理图	能否根据原理图分析电路的功能	20	
现场勘查	能否勘查现场，做好测绘记录	20	
主电路及 PLC 接线图	能否正确绘制、标注主电路及 PLC 接线图	20	
查阅资料	能否根据实际查阅 PLC 相关资料	20	
团结协作	小组成员是否团结协作	20	

学习活动3 制订工作计划

学习目标

(1)能根据施工图纸和现场情况,制订工作计划。

(2)能根据任务要求列举所需工具和材料清单,准备工具,领取材料。

(3)能按照作业规程应用必要的标识和隔离措施,准备现场工作环境。

(4)能通过分工合作提高团队协作能力。

学习过程

请根据现场施工要求,安排相应人员进行施工,同时用自己的语言描述具体的工作内容,制订工作计划,列出所需要的工具和材料清单。

引导问题一:根据任务要求和施工图纸,制订你的施工计划。

引导问题二:根据勘查天塔之光控制系统的情况,制订你小组的工作计划时,请列写出各组员的具体工作内容。

引导问题三:应如何编写这项改造工程的施工计划及时间安排?请填写表3-6。

表3-6 施工时间安排

任 务	计划完成时间	实际完成时间	备 注
施工前准备			
设备安装固定			
外部接线			
程序编写			
下载调试			
验收提交			

引导问题四:根据现场勘查,绘制出完成本任务的工作流程,请填写图3-5中的缺少项。

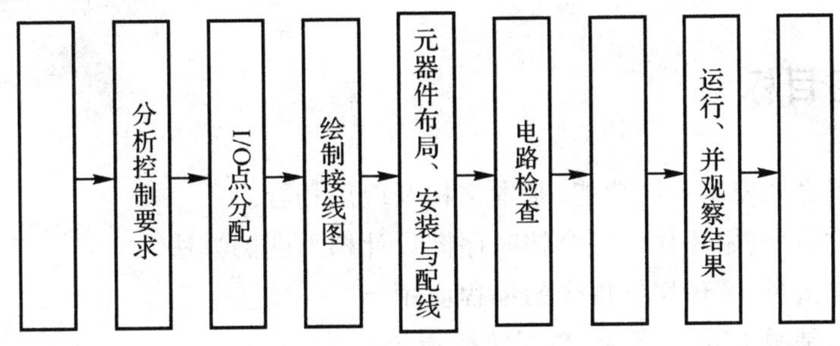

图3-5 任务流程图

引导问题五：项目运行所需要的工具、设备有哪些？完成表 3-7。

表 3-7 材料清单

序号	分类	名称	型号规格	数量	单位	备注
1	工具	常用电工工具		1	套	
2		万用表	M47		块	
3	设备	PLC	S7-200 CPU226		台	
4		熔断器	RT18-32		只	
5		熔体	2A		只	
6		按钮	2A		只	
7		彩灯灯座	普通螺口		只	
8		彩灯	25W		个	
9	耗材	导线	BVR 1.0mm		m	

评价与分析

评分表见表 3-8。

表 3-8 学习活动 3 评分表

评分项目	评价指标	标准分	评分
条理性	工作计划制订是否有条理	20	
完善性	工作计划是否全面、完善	20	
信息检索	信息检索是否全面	20	
工具与材料清单	是否完整	20	
团结协作	小组成员是否团结协作	20	

学习活动 4 施工前的准备

学习目标

(1)了解天塔之光控制系统功能、基本结构及应用场合。
(2)掌握移位指令、循环移位指令按时序图设计梯形图的方法。
(3)掌握移位指令、循环移位指令的编程应用。
(4)了解什么是增 1/减 1 指令、数据转换指令。

学习过程

请进行移位指令、循环指令、字节递增指令、字节递减指令、数据转换指令学习，同时掌握7段数码显示管的原理及结构，根据控制要求完成程序设计，领取施工工具和材料。

引导问题一：在学习了交通灯控制系统以后，接触了功能指令，如比较指令和数据传送指令之后，请举一个简单的实例来说明功能指令的作用。

引导问题二：在 S7-200 系列的 PLC 编程中，除了上述的两种功能指令之外，还有哪些功能指令呢？你能举两三个出来吗？

引导问题三：查阅资料，字节左循环指令与字节右循环指令的使用区别是什么？它们工作原理与之前哪门课程所学习的内容有直接的关系？

引导问题四：请写出下列算式的正确答案。

(1)二进制数 101.101 转换为十进制数结果为______________。

(2)十进制的 168 转换为二进制______________。

引导问题五：结合之前所学习过的交通灯控制系统知识，人们在过马路的时候除了看红绿灯以外，还需要观察时间的显示，那么，时间实现倒计时又是通过什么来实现的呢？需要用到什么元器件以及什么指令呢？请大家通过自己查阅书籍或网络资源简要回答。

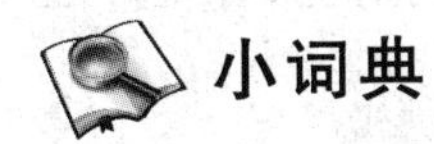

小词典

天塔之光控制系统

1. 天塔之光的应用简介

天塔之光控制系统主要应用在闪光灯或花样灯饰中，目前我国灯具市场的发展空间十分广阔。近年来，伴随我国人民生活水平逐年提高，城镇住宅建设以及室内装饰装修热度不减，人均住房面积的扩大，在促使一室一灯为一室多灯、增加局部照明的同时，所用灯具正逐步由低档产品向中高档产品发展，民用照明需求旺盛。按照城市小康家庭的消费标准，客厅、饭厅、卧室、厨房、浴室都应安装不同类别的灯饰，如台灯、落地灯、壁灯、天花灯、吊灯、壁柜灯、油烟机照明灯、镜前灯、夜间照明灯等等。从发展趋势上看，今后灯具除了其外观及内在质量要求越来越优秀、时尚、体现个性等，对其功能细化、科技含量、节能环保等方面的要求也越来越高。作为与人们日常生活密切相关的灯饰市场需求，更是以每年 15% 左右的幅度增长。今年我国灯饰市场的需求量已经预期达到 6 000 万台左右，在国际上已经名列前茅。

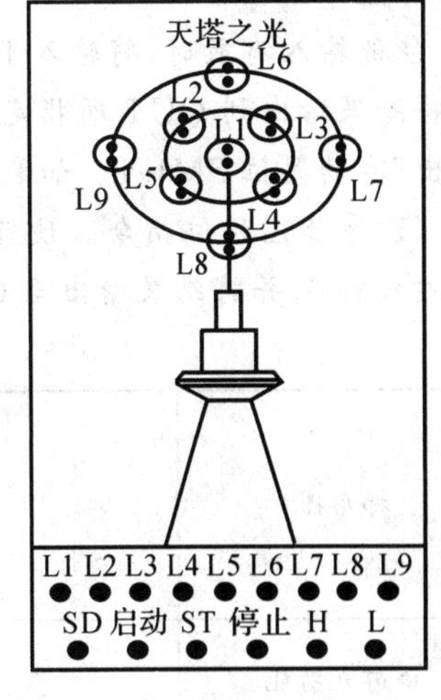

图 3-6　天塔之光控制面板

2. 天塔之光系统的总体介绍

天塔之光闪烁模式的改变见图 3-6。天塔之光控制面板图硬件介绍如下：

L1,L2,L3,L4,L5,L6,L7,L8,L9 九个指示灯因不同颜色，闪烁的时间不同，进而达到不同的效果。

功能说明：

1　I0.0 SD　启动 SD　　2　Q0.0 L1 指示灯 L1
3　Q0.1 L2 指示灯 L2　　4　Q0.2 L3 指示灯 L3
5　Q0.3 L4 指示灯 L4　　6　Q0.4 L5 指示灯 L5
7　Q0.5 L6 指示灯 L6　　8　Q0.6 L7 指示灯 L7
9　Q0.7 L8 指示灯 L8　　10　Q1.0 L9 指示灯 L9

3.系统控制要求

(1)依据实际生活中对天塔之光的运行控制要求，运用可编程控制器的强大功能，实现模拟控制。

(2)闪烁花样一，闭合“启动”开关，指示灯按以下规律循环显示：

L1→L2→L3→L4→L5→L6→L7→L8→L9→L8→L7→L6→L5→L4→L3→L2→L1…如此循环下去。

(3)花样三，L1→L2，L3，L4，L5→L6，L7，L8，L9→L1→L2，L3，L4，L5→L6，L7，L8，L9→L1，L2，L3，L4，L5，L6，L7，L8→L1。

(4)花样四，L6，L7，L8，L9 同时亮，延时 2s 后，L2，L3，L4，L5 同时亮，再延时 2s 后，L1 亮，再延时 2s ，L6，L7，L8，L9 同时亮……如此循环下去。

(5)花样五，L1 亮，延时 2s 后，L1，L2 同时亮，再延时 2s 后，L1，L3 同时亮，再延时 2s 后，L1，L4 同时亮，延时 2s，……，L1，L9 同时亮，继续循环下去。

(6)关闭“启动”开关，天塔之光控制系统停止运行。

移位指令与循环指令

移位指令分为左、右移位和循环左、右移位及寄存器移位指令三大类。前两类移位指令按移位数据的长度又分字节型、字型、双字型 3 种。

1.左移位指令(SHL)

使能输入有效时，将输入 IN 的无符号数字节、字或双字中的各位向左移 N 位后(右端补 0)，将结果输出到 OUT 所指定的存储单元中，如果移位次数大于 0，最后一次移出位保存在“溢出”存储器位 SM1.1。如果移位结果为 0，零标志位 SM1.0 置 1。

(1)字节左移位指令。使能端输入(EN)有效时，将输入的字节、字、双字左移 N 位(N≤8)，右端补 0，并将结果输出至 OUT 指定的存储器单元，见表 3-9。

表 3-9　字节左移位指令

梯形图	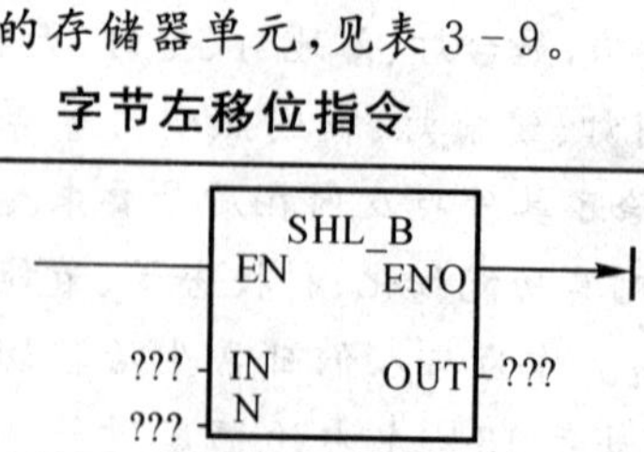 SHL_B EN　ENO ??? - IN　OUT - ??? ??? - N
语句表功能	SHL OUT，N 在输入字节(IN)向左移动 N 位，结果存入指定的输出(OUT)单元中

(2)字左移指令。使能端输入(EN)有效时，将输入的字节、字、双字左移 N 位(N≤16)，右端补 0，并将结果输出至 OUT 指定的存储器单元，见表 3-10。

表 3－10　字左移位指令

梯形图	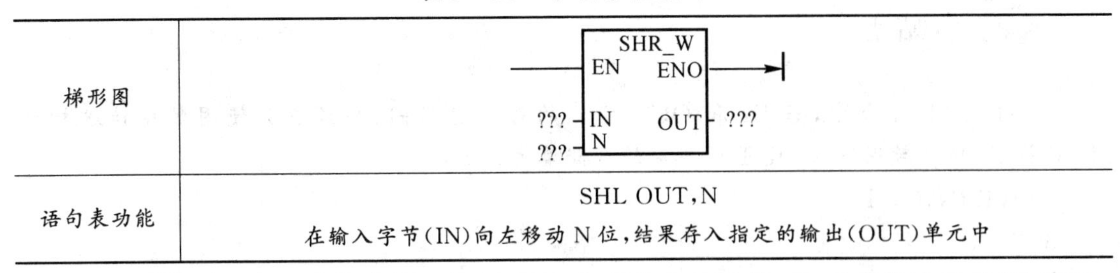
语句表功能	SHL OUT,N 在输入字节(IN)向左移动 N 位,结果存入指定的输出(OUT)单元中

(3)双字左移指令。使能端输入(EN)有效时,将输入的字节、字、双字左移 N 位(N≤32),右端补 0,并将结果输出至 OUT 指定的存储器单元,见表 3－11。

表 3－11　字左移位指令

梯形图	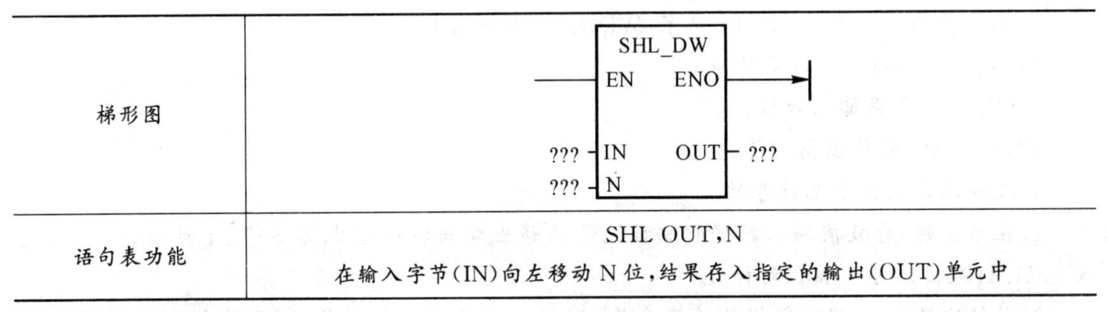
语句表功能	SHL OUT,N 在输入字节(IN)向左移动 N 位,结果存入指定的输出(OUT)单元中

2.右移位指令(SHR)

使能输入有效时,将输入 IN 的无符号数字节、字或双字中的各位向右移 N 位后,将结果输出到 OUT 所指定的存储单元中,移出位补 0,最后一移出位保存在 SM1.1。如果移位结果为 0,零标志位 SM1.0 置 1。移位指令格式见表 3－12。

表 3－12　右移位指令格式及功能

LAD	SHR_B EN　ENO ??? IN　OUT ??? ??? N	SHR_W EN　ENO ??? IN　OUT ??? ??? N	SHR_DW EN　ENO ??? IN　OUT ??? ??? N
STL	SRB　OUT,N	SRW　OUT,N	SRD　OUT,N
操作数及数据类型	IN:VB, IB, QB, MB, SB, SMB, LB, AC, 常量。 OUT:VB, IB, QB, MB, SB, SMB, LB, AC。 数据类型:字节	IN:VW, IW, QW, MW, SW, SMW, LW, T, C, AIW, AC, 常量。 OUT:VW, IW, QW, MW, SW, SMW, LW, T, C, AC。 数据类型:字	IN:VD, ID, QD, MD, SD, SMD, LD, AC, HC, 常量。 OUT:VD, ID, QD, MD, SD, SMD, LD, AC。 数据类型:双字
操作数及数据类型	N:VB, IB, QB, MB, SB, SMB, LB, AC, 常量;数据类型:字节;数据范围:N≤数据类型(B,W,D)对应的位数		
功能	SHR:字节、字、双字右移 N 位		

小贴士

(1) 在 STL 指令中，若 IN 和 OUT 指定的存储器不同，则须首先使用数据传送指令 MOV 将 IN 中的数据送入 OUT 所指定的存储单元。如：

MOVB IN,OUT

SLB OUT,N

(2)S7-200 的左、右移位指令的梯形图编程格式如上述表 3-8～表 3-12 中所示。梯形图中的 SHL B 为移位指令标记，其中：

1)SHL：SH 为移位标记，L 为左移(R 为右移)；

2)B：字节指令标记(W 为 16 位字，WD 为 32 位双字)；

3)IN：需要移位的存储器地址；

4)OUT：结果存储器地址。

(3)S7-200 的移位指令特点：

1)被移位的数据是无符号的。

2)在移位时，存放被移位数据的编程元件的移出端与特殊继电器 SM1.1 连接，移出位进入 SM1.1(溢出)，另一端自动补 0。

3)移位次数 N 与移位数据的长度有关，如 N 小于实际的数据长度，则执行 N 次移位。如 N 大于数据长度，则执行移位的次数等于实际数据长度的位数。

4)移位次数Ⅳ为字节型数据。

左移和右移指令影响的特殊继电器：SM1.0(零)，当移位操作结果为 0 时，SM1.0 自动置位；SM1.1(溢出)的状态由每次移出位的状态决定。

影响允许输出 EN0 正常工作的出错条件为：SM4.3(运行时间)，0006(间接寻址)。

3. 循环左、右移位指令

循环移位将移位数据存储单元的首尾相连，同时又与溢出标志 SM1.1 连接，SM1.1 用来存放被移出的位。指令格式见表 3-13。

(1)循环左移位指令(ROL)。使能输入有效时，将 IN 输入无符号数(字节、字或双字)循环左移 N 位后，将结果输出到 OUT 所指定的存储单元中，移出的最后一位的数值送溢出标志位 SM1.1。当需要移位的数值是零时，零标志位 SM1.0 为 1。

(2)循环右移位指令(ROR)。使能输入有效时，将 IN 输入无符号数(字节、字或双字)循环右移 N 位后，将结果输出到 OUT 所指定的存储单元中，移出的最后一位的数值送溢出标志位 SM1.1。当需要移位的数值是零时，零标志位 SM1.0 为 1。

(3)移位次数 N≥数据类型(B,W,D)时的移位位数的处理。如果操作数是字节，当移位次数 N≥8 时，则在执行循环移位前，先对 N 进行模 8 操作(N 除以 8 后取余数)，其结果 0～7 为实际移动位数。

如果操作数是字，当移位次数 N≥16 时，则在执行循环移位前，先对 N 进行模 16 操作(N 除以 16 后取余数)，其结果 0～15 为实际移动位数。

如果操作数是双字，当移位次数 N≥32 时，则在执行循环移位前，先对 N 进行模 32 操作(N 除以 32 后取余数)，其结果 0～31 为实际移动位数。

(4)使 ENO = 0 的错误条件:0006(间接寻址错误),SM4.3(运行时间)。

说明:在 STL 指令中,若 IN 和 OUT 指定的存储器不同,则须首先使用数据传送指令 MOV 将 IN 中的数据送入 OUT 所指定的存储单元。如:

MOVB　IN,OUT

SLB　OUT,N

表 3-13　循环左、右移位指令格式及功能

LAD	ROL_B (EN, ENO, IN, OUT, N) ROR_B (EN, ENO, IN, OUT, N)	ROL_W (EN, ENO, IN, OUT, N) ROR_W (EN, ENO, IN, OUT, N)	ROL_DW (EN, ENO, IN, OUT, N) ROR_DW (EN, ENO, IN, OUT, N)
STL	RLB　OUT,N RRB　OUT,N	RLW　OUT,N RRW　OUT,N	RLD　OUT,N RRD　OUT,N
操作数及数据类型	IN:VB, IB, QB, MB, SB, SMB, LB, AC,常量。 OUT:VB, IB, QB, MB, SB, SMB, LB, AC。 数据类型:字节	IN: VW, IW, QW, MW, SW, SMW, LW, T, C, AIW, AC,常量。 OUT: VW, IW, QW, MW, SW, SMW, LW, T, C, AC。 数据类型:字	IN:VD, ID, QD, MD, SD, SMD, LD, AC, HC,常量。 OUT:VD, ID, QD, MD, SD, SMD, LD, AC。 数据类型:双字
	N:VB, IB, QB, MB, SB, SMB, LB, AC,常量;数据类型:字节		
功能	ROL:字节、字、双字循环左移 N 位;ROR:字节、字、双字循环右移 N 位		

【例 3-1】 用 I0.0 控制接在 Q0.0~Q0.7 上的 8 个彩灯循环移位,从左到右以 0.5s 的速度依次点亮,保持任意时刻只有一个指示灯亮,到达最右端后,再从左到右依次点亮。

解　8 个彩灯循环移位控制,可以用字节的循环移位指令。根据控制要求,首先应置彩灯的初始状态为 QB0=1,即左边第一盏灯亮;接着灯从左到右以 0.5s 的速度依次点亮,即要求字节 QB0 中的"1"用循环左移位指令每 0.5s 移动一位,因此须在 ROL-B 指令的 EN 端接一个 0.5s 的移位脉冲(可用定时器指令实现)。梯形图程序和语句表程序如图 3-7 所示。

4. 移位寄存器指令(SHRB)

在梯形图中,移位寄存器以功能框的形式编程,指令名称为 SHRB。它有 3 个数据输入端:

(1)DATA 为移位寄存器的数据输入端;

(2)S_BIT 为组成移位寄存器的最低位;

(3)N 为移位寄存器的长度。

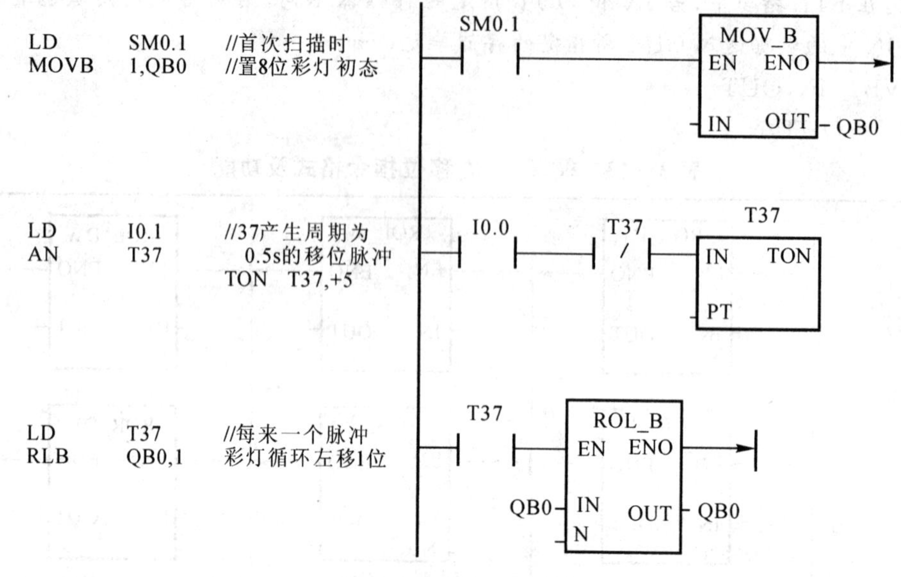

图 3－7　例 3－1 题图

其指令格式见表 3－14。

表 3－14　位移位寄存器指令

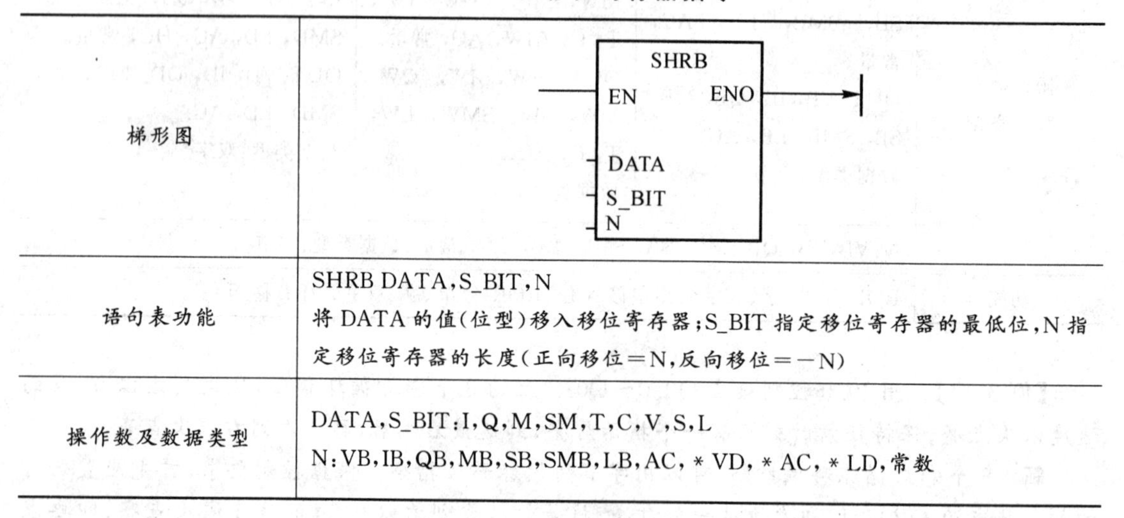

梯形图	
语句表功能	SHRB DATA,S_BIT,N 将 DATA 的值(位型)移入移位寄存器;S_BIT 指定移位寄存器的最低位,N 指定移位寄存器的长度(正向移位＝N,反向移位＝－N)
操作数及数据类型	DATA,S_BIT:I,Q,M,SM,T,C,V,S,L N:VB,IB,QB,MB,SB,SMB,LB,AC,＊VD,＊AC,＊LD,常数

小贴士

移位寄存器的特点

(1)移位寄存器的数据类型无字节型、字型、双字型之分,移位寄存器的长度 N(≤64)由程序指定。

(2)移位寄存器的组成：

1)最低位为 S_BIT；

2)最高位的计算方法为 MSB=(I | N | −1+(S BIT 的位号))/8；

3)最高位的字节号：MSB 的商+S_BIT 的字节号；

4)最高位的位号：MSB 的余数。

移位寄存器的组成：V33.4～V33.7，V34.0～V34.7，V35.0，V35.1，共 14 位。

(3)N>0 时，为正向移位，即从最低位向最高位移位。

(4)N<0 时，为反向移位，即从最高位向最低位移位。

(5)移位寄存器指令的功能是：当允许输入端 EN 有效时，如果 N>0，则在每个 EN 的前沿，将数据输入 DATA 的状态移入移位寄存器的最低位 S_BIT；如果 N<0，则在每个 EN 的前沿，将数据输入 DATA 的状态移入移位寄存器的最高位，移位寄存器的其他位按照Ⅳ指定的方向(正向或反向)，依次串行移位。

(6)移位寄存器的移出端与 SM1.1(溢出)连接。

1)移位寄存器指令影响的特殊继电器：SM1.0(零)，当移位操作结果为 0 时，SM1.0 自动置位；SM1.1(溢出)的状态由每次移出位的状态决定。

2)影响允许输出 EN0 正常工作的出错条件为：SM4.3(运行时间)，0006(间接寻址)，0091(操作数超界)，0092(计数区错误)。

评价与分析

评分表见表 3－15。

表 3－15　学习活动 4 评分表

评分项目	评价指标	标准分	评　分
指令学习	是否掌握新学置复位指令及跳变指令的功能	30	
程序设计	能否正确设计出交通灯程序	40	
学习态度	学习态度是否积极	10	
工具准备	能否按要求准备好工具	10	
团结协作	小组成员是否团结协作	10	

学习活动 5　任务实施与验收

学习目标

(1)能用功能指令中的移位指令、循环移位指令、递增指令、递减指令等来进行天塔之光控制电路程序的编写，并能熟练地输入、修改程序。

(2)能按图接线并检验接线是否正确。

(3)能进行天塔之光控制系统的整体调试。

(4)培养动手能力及分析、解决实际问题的能力。

学习过程

明确天塔之光控制系统的控制要求,写出 PLC 的输入/输出分配表、外部接线图,梯形图和指令表,并将程序输入 PLC,按照天塔之光系统的动作要求进行模拟调试,达到设计要求。

一、天塔之光的控制要求

引导问题一:天塔之光的总体控制要求是什么?请用流程图的形式表述出来,填入图 3-8 中。

花样一闪烁流程图	花样二闪烁流程图

图 3-8 天塔之光流程图

引导问题二:天塔之光系统运行时,各种花样闪烁是否有关联?可以借助哪些指令来完成?

引导问题三:请简单阐述左移位指令的特点。

二、天塔之光系统的地址分配表和外部接线图

引导问题一:请问在天塔之光控制系统中,你选用的是维护哪种花样闪烁控制?简单描述其工作过程。

引导问题二:根据你自己选择的天塔之光控制系统,写出输入/输出元件共用了几个点?其中输入元件用了哪几个点?输出元件用了哪几个点?

引导问题三:请你罗列出本控制系统中,你使用的哪些指令是不需要外部连线的?

引导问题四：对于显示数码管来说，有几种型号？在模拟实训台天塔之光控制系统中使用的是哪种型号？请画出它的外部接线图。

引导问题五：七段数码管显示一般应用在哪些地方？请举例说明。

引导问题六：依据任务中出现的闪烁花样故障要求，请完成下列输入/输出分配（见表 3－16）。

表 3－16　输入/输出分配表

输入端(I)		输出端(Q)	
外接控制元件(符号)	输入地址	外接执行元件(符号)	输出地址

引导问题七：请根据输入/输出分配表绘制出继电输出 PLC 接线图，如图 3－9 所示。

图 3－9　继电输出 PLC 接线图

引导问题八：请根据天塔之光控制系统故障花样工作原理画出执行流程图，如图 3－10 所示。

花样____流程图	花样____流程图

图 3-10 故障花样流程图

三、天塔之光控制系统的梯形图和指令表

引导问题一：天塔之光控制梯形图中显示花样数据的数码管是由什么指令来驱动的？其作用是什么？

引导问题二：结合实际工作任务，若增加 100 个彩灯，做出更多闪烁花样，此时继续应用定时器来编程可否实现？若不能，应该利用什么指令来完成？

引导问题三：根据之前所学习的有关西门子 PLC 的相关知识，同学们分组收集有关 S7-200 的通信与网络有哪些种类，每组完成下列表 3-17 的填写。

表 3-17 通信协议种类

协议类型	传输介质
PPI	
	RS—485
	RS—485
S7 协议	
	AS—i 网络
Modbus RTU	
	RS—485

引导问题四：在 PLC 通信过程中，一般一个完成的通信系统应该包括________、________、接口、媒体(媒介)、________，还要包括交换机，中继器、网关等。

引导问题五：INC 和 DEC 指令功能是什么？

小词典

1.1　增1/减1指令(INC/DEC)

增1/减1指令用于自增、自减操作,以实现累计计数和循环控制等程序的编制,其操作数可以是字节、字或双字。

1. 增1指令

字节递增指令见表3-18。

表3-18　增1指令格式

梯形图	INC_B EN　ENO IN　OUT
语句表功能	INCB　IN 在输入字节(IN)上加上1,并将结果存入OUT指定的单元中。字节递增和递减不带符号
操作数及数据类型	IN:VB,IB,QB,MB,SB,SMB,LB,AC,*VD,*AC字节,*LD,常数 OUT:VB,IB,QB,MB,SB,SMB,LB,AC,*VD,*AC字节,*LD,常数

2. 减1指令

字节递减指令见表3-19。

表3-19　减1指令格式

梯形图	DEC_B EN　ENO ??? IN　OUT ???
语句表功能	DECB　IN 在输入字节(IN)上减1,并将结果存入OUT指定的单元中。字节递增和递减不带符号
操作数及数据类型	IN:VB,IB,QB,MB,SB,SMB,LB,AC,*VD,*AC字节,*LD,常数 OUT:VB,IB,QB,MB,SB,SMB,LB,AC,*VD,*AC字节,*LD,常数

【例3-2】　当I0.0接通时,VBO中的内容加1。设计梯形图和语句表。

解　梯形图和语句表见表3-20所示。

表 3-20　例 3-2 表

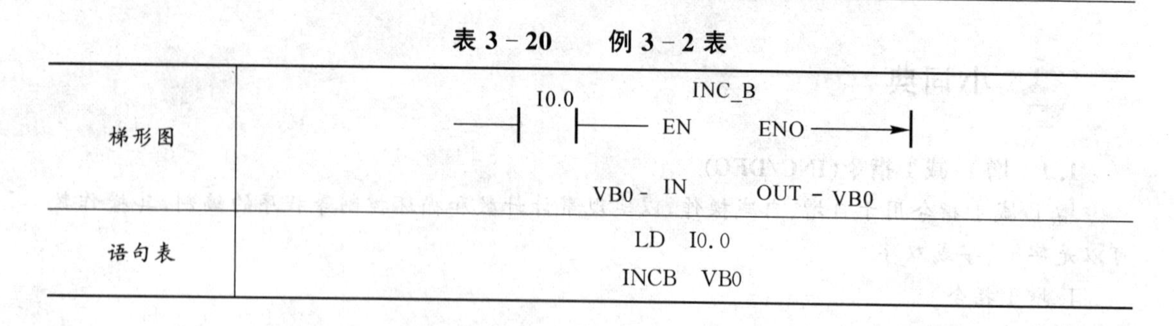

梯形图	I0.0 INC_B EN ENO VB0 - IN OUT - VB0
语句表	LD I0.0 INCB VB0

当手动控制按钮操作时，为了控制每次增加或减少的数量为 1，通常用脉冲边沿指令来控制增 1/减 1 指令。

【**例 3-3**】 增 1/减 1 指令的应用举例如图 3-11 所示。

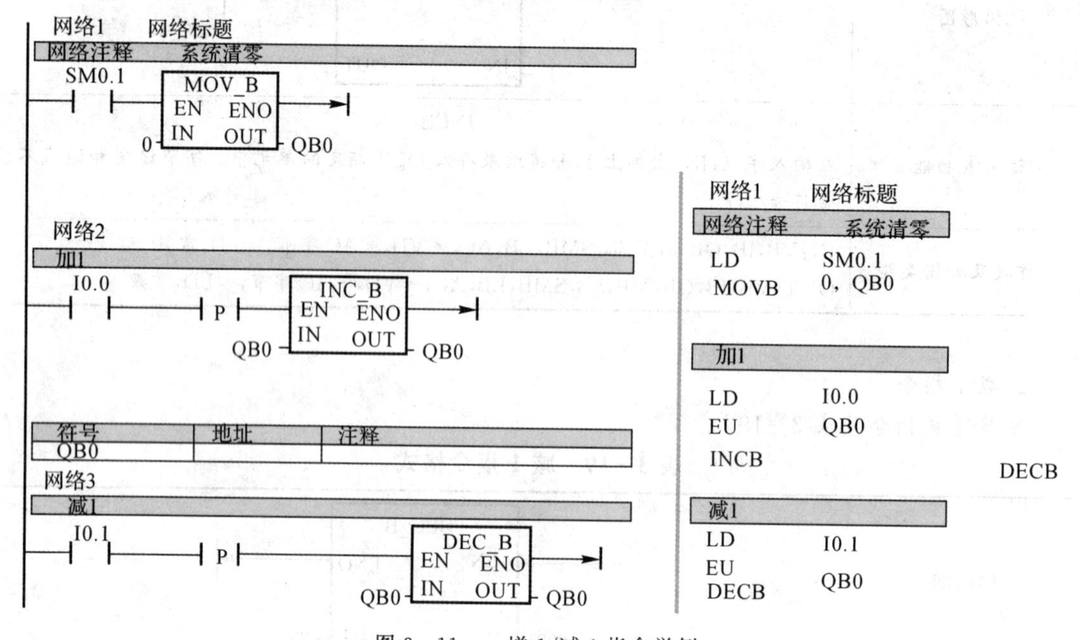

图 3-11　增 1/减 1 指令举例

解　PLC 上电以后，QB0 自动清零。每接通 I0.0 一次时，QB0 的数据被加 1 后存储；每接通 I0.1 一次时，QB0 的数据被减 1 后存储，运算结果可以通过输出 LED 显示。

1.2　数据转换指令

数据转换指令是对操作数的类型进行转换，并输出到指定目标地址中去。转换指令包括数据的类型转换、数据的编码和译码指令以及字符串类型转换指令。

不同功能的指令对操作数要求不同。类型转换指令可将固定的一个数据用到不同类型要求的指令中，包括字节与字整数之间的转换，整数与双整数的转换，双字整数与实数之间的转换，BCD 码与整数之间的转换等。

1. 字节与字整数之间的转换

字节型数据与字整数之间转换的指令格式见表 3-21。

表 3－21　字节型数据与字整数之间的转换指令

LAD	B_I: EN ENO; ??? IN OUT ???	I_B: EN ENO; ??? IN OUT ???
STL	BTI　IN,OUT	ITB　IN,OUT
操作数及数据类型	IN:VB, IB, QB, MB, SB, SMB, LB, AC, 常量，数据类型:字节 OUT:VW, IW, QW, MW, SW, SMW, LW, T, C, AC,数据类型:整数	IN:VW, IW, QW, MW, SW, SMW, LW, T, C, AIW, AC, 常量,数据类型:整数 OUT:VB, IB, QB, MB, SB, SMB, LB, AC, 数据类型:字节
功能及说明	BTI 指令将字节数值(IN)转换成整数值,并将结果置入 OUT 指定的存储单元。因为字节不带符号,所以无符号扩展	ITB 指令将字整数(IN)转换成字节,并将结果置入 OUT 指定的存储单元。输入的字整数 0 至 255 被转换。超出部分导致溢出,SM1.1=1,输出不受影响
ENO=0 的错误条件	0006 间接地址 SM4.3　运行时间	0006　间接地址 SM1.1 溢出或非法数值 SM4.3　运行时间

2. 字整数与双字整数之间的转换

字整数与双字整数之间转换的指令格式、功能及说明见表 3－22。

表 3－22　字整数与双字整数之间的转换指令

LAD	I_DI: EN ENO; ??? IN OUT ???	DI_I: EN ENO; ??? IN OUT ???
STL	ITD　IN,OUT	DTI　IN,OUT
操作数及数据类型	IN:VW, IW, QW, MW, SW, SMW, LW, T, C, AIW, AC,　常量, 数据类型:整数 OUT:VD, ID, QD, MD, SD, SMD, LD, AC,数据类型:双整数	IN:VD, ID, QD, MD, SD, SMD, LD, HC, AC,常量,数据类型:双整数 OUT:VW, IW, QW, MW, SW, SMW, LW, T, C, AC, 数据类型:整数
功能及说明	ITD 指令将整数值(IN)转换成双整数值,并将结果置入 OUT 指定的存储单元。符号被扩展	DTI 指令将双整数值(IN)转换成整数值,并将结果置入 OUT 指定的存储单元。如果转换的数值过大,则无法在输出中表示,产生溢出 SM1.1=1,输出不受影响
ENO=0 的错误条件	0006 间接地址 SM4.3　运行时间	0006　间接地址 SM1.1 溢出或非法数值 SM4.3　运行时间

3. 双整数与实数之间的转换

双整数与实数之间转换的指令格式、功能及说明见表 3－23。

表 3-23　双字整数与实数之间的转换指令

LAD	DI_R EN ENO ??? IN OUT ???	ROUND EN ENO ??? IN OUT ???	TRUNC EN ENO ??? IN OUT ???
STL	DTR　IN,OUT	ROUND　IN,OUT	TRUNC　IN,OUT
操作数及数据类型	IN：VD，ID，QD，MD，SD，SMD，LD，HC，AC，常量 数据类型：双整数 OUT：VD，ID，QD，MD，SD，SMD，LD，AC 数据类型：实数	IN：VD，ID，QD，MD，SD，SMD，LD，AC，常量 数据类型：实数 OUT：VD，ID，QD，MD，SD，SMD，LD，AC 数据类型：双整数	IN：VD，ID，QD，MD，SD，SMD，LD，AC，常量 数据类型：实数 OUT：VD，ID，QD，MD，SD，SMD，LD，AC 数据类型：双整数
功能及说明	DTR 指令将 32 位带符号整数 IN 转换成 32 位实数，并将结果置入 OUT. 指定的存储单元	ROUND 指令按小数部分四舍五入的原则，将实数(IN)转换成双整数值，并将结果置入 OUT 指定的存储单元	TRUNC(截位取整)指令按将小数部分直接舍去的原则，将 32 位实数(IN)转换成 32 位双整数，并将结果置入 OUT 指定存储单元
ENO=0 的错误条件	0006 间接地址 SM4.3　运行时间	0006　间接地址 SM1.1 溢出或非法数值 SM4.3　运行时间	0006　间接地址 SM1.1 溢出或非法数值 SM4.3　运行时间

值得注意的是：不论是四舍五入取整，还是截位取整，如果转换的实数数值过大，无法在输出中表示，则产生溢出，即影响溢出标志位，使 SM1.1=1，输出不受影响。

4. BCD 码与整数的转换

BCD 码与整数之间转换的指令格式、功能及说明见表 3-24。

表 3-24　BCD 码与整数之间的转换指令

LAD	BCD_I EN ENO ??? IN OUT ???	I_BCD EN ENO ??? IN OUT ???
STL	BCDI　OUT	IBCD　OUT
操作数及数据类型	IN：VW，IW，QW，MW，SW，SMW，LW，T，C，AIW，AC，常量 OUT：VW，IW，QW，MW，SW，SMW，LW，T，C，AC IN/OUT 数据类型：字	
功能及说明	BCD-I 指令将二进制编码的十进制数 IN 转换成整数，并将结果送入 OUT 指定的存储单元。IN 的有效范围是 BCD 码 0 至 9999	I-BCD 指令将输入整数 IN 转换成二进制编码的十进制数，并将结果送入 OUT 指定的存储单元。IN 的有效范围是 0 至 9999
ENO=0 的错误条件	0006　间接地址，SM1.6 无效 BCD 数值，SM4.3　运行时间	

(1)数据长度为字的 BCD 格式的有效范围为:0～9999(十进制),0000～9999(十六进制)0000 0000 0000 0000～1001 1001 1001 1001(BCD 码)。

(2)指令影响特殊标志位 SM1.6(无效 BCD)。

(3)在表 5-10 的 LAD 和 STL 指令中,IN 和 OUT 的操作数地址相同。若 IN 和 OUT 操作数地址不是同一个存储器,对应的语句表指令为:

MOV　IN　OUT

BCDI　OUT

5.七段显示译码指令

七段显示器的 abcdefg 段分别对应于字节的第 0 位～第 6 位,字节的某位为 1 时,其对应的段亮;输出字节的某位为 0 时,其对应的段暗。将字节的第 7 位补 0,则构成与七段显示器相对应的 8 位编码,称为七段显示码。数字 0～9、字母 A～F 与七段显示码的对应如图 3-12 所示。

a
f　g　b
e　c
d

IN	段显示	(OUT) -g f e　d c b a	IN	段显示	(OUT) -g f e　d c b a
0	0	0 0 1 1　1 1 1 1	8	8	0 1 1 1　1 1 1 1
1	1	0 0 0 0　0 1 1 0	9	9	0 1 1 0　0 1 1 1
2	2	0 0 0 0　0 1 1 0	A	A	0 1 1 1　0 1 1 1
3	3	0 1 0 0　1 0 1 1	B	b	0 1 1 1　1 1 0 0
4	4	0 1 1 0　1 1 1 1	C	C	0 0 1 1　1 0 0 1
5	5	0 1 1 0　1 1 0 1	D	d	0 1 0 1　1 1 1 0
6	6	0 1 1 1　1 1 0 1	E	E	0 1 1 1　1 0 0 1
7	7	0 0 0 0　0 1 1 1	F	F	0 1 1 1　0 0 0 1

图 3-12　与七段显示码对应的代码

七段译码指令 SEG 将输入字节 16#0～F 转换成七段显示码。指令格见表 3-25。

表 3-25　七段显示译码指令

LAD	STL	功能及操作数
SEG EN　ENO ???-IN　OUT-???	SEG IN,OUT	功能:将输入字节(IN)的低四位确定的十六进制数(16#0～F),产生相应的七段显示码,送入输出字节 OUT IN:VB, IB, QB, MB, SB, SMB, LB, AC,常量。 OUT:VB, IB, QB, MB, SMB, LB, AC。IN/OUT 的数据类型:字节

使 ENO = 0 的错误条件:0006　间接地址,SM4.3　运行时间。

【例 3-4】　编写显示数字 0 的七段显示码的程序。程序实现如图 3-13 所示。

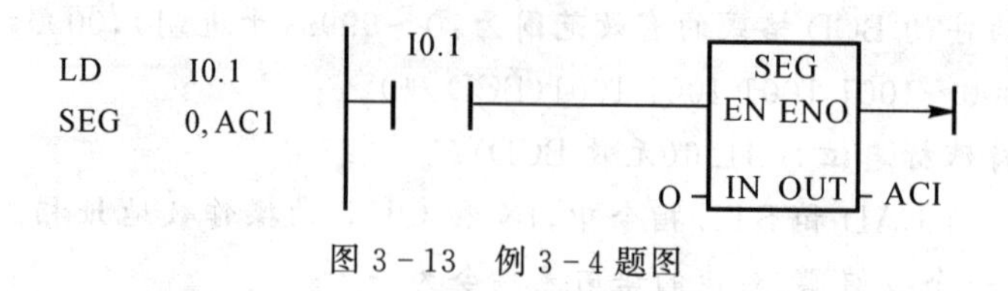

图 3-13 例 3-4 题图

程序运行结果为:AC1 中的值为 16#3F(2#0011 1111)。

1.3 数码管

LED 数码管(LED Segment Displays)是由多个发光二极管封装在一起组成“8”字型的器件,引线已在内部连接完成,只需引出它们的各个笔画和公共电极。

LED 数码管根据 LED 的接法不同分为共阴和共阳两类,了解 LED 的这些特性,对编程是很重要的,因为不同类型的数码管,除了它们的硬件电路有差异外,编程方法也是不同的。数码管颜色有红、绿、蓝、黄等几种。LED 数码管广泛用于仪表、时钟、车站、家电等场合,选用时要注意产品尺寸颜色、功耗、亮度、波长等。

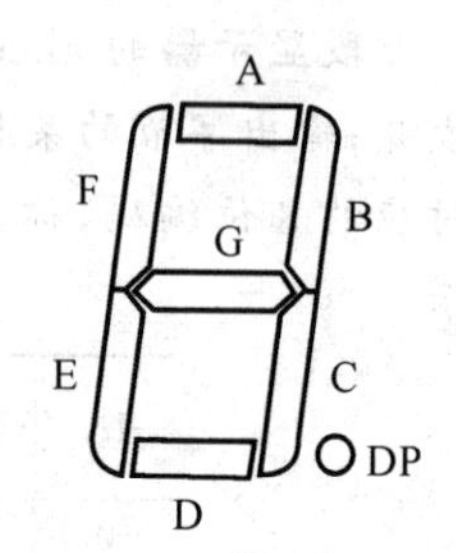

图 3-14 共阴和共阳极数码管的内部电路

现在介绍常用 LED 数码管内部引脚图。图 3-14 所示是共阴和共阳极数码管的内部电路,它们的发光原理是一样的,只是它们的电源极性不同而已。每一笔画都对应一个字母表示,DP 是小数点。

根据数码管的不同类型,下面例举的是共阳极的 LED 数码管,共阳就是 7 段的显示字码共用一个电源的正。LED 数码管原理图示意如图 3-15 所示。

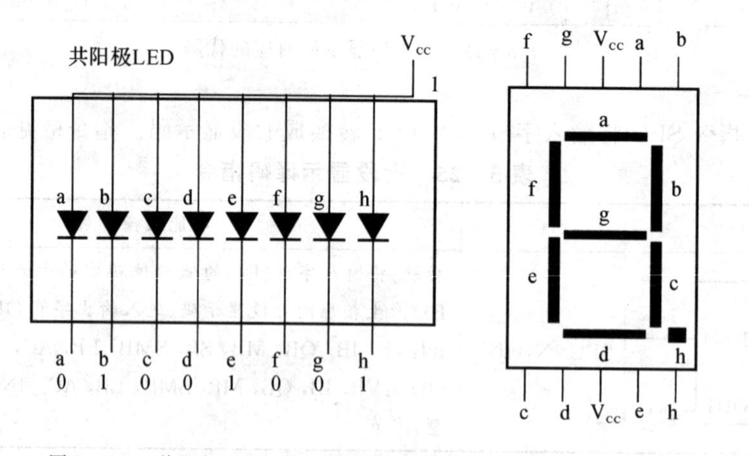

图 3-15 共阳极 LED 数码管的内部结构原理图与引脚示意图

从图中可以看出,本数码管显示的数据是“5”,因此要是数码管显示数字,有两个条件:一是要在 VT 端(3/8 脚)加正电源;二要使(a,b,c,d,e,f,g,dp)端接低电平或“0”电平。这样才能显示。

与共阳极相对的是共阴极 LED 数码管,它的内部结构原理图如图 3-16 所示。

从图中可以看出,本数码管显示的数据是“1”。

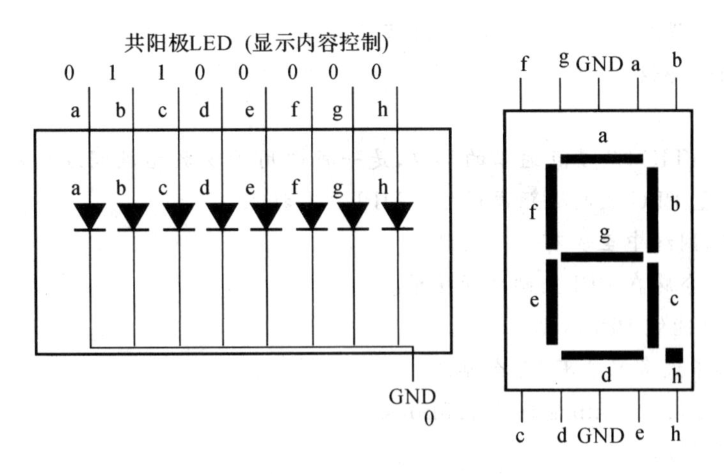

图 3-16　共阴极 LED 数码管的内部结构原理图

四、天塔之光系统的程序输入和系统调试

引导问题一:在任务实施过程中,天塔之光系统程序传输使用的是哪种通信?除了现在使用的以外,你还知道哪几种?

引导问题二:在进行网络接线时需要注意哪些事项?

引导问题三:在下载程序过程中,当你遇到下载出错时,你能独立解决这个问题吗?通常情况问题出在哪几个地方?

引导问题四:在整个调试工作中,你能独立完成任务吗?其中遇到了哪些困难?你是如何解决的?

小词典

S7-200 通信与网络

S7-200 支持丰富的通信网络,支持 PPI,自由口(包括 Modbus 和 USS),AS-i,Profibus,MPI,以太网(S7)等协议,可以与各种系统实现数据交换。

S7-200 系统中,PPI,MPI,PROFIBUS-DP 协议都可以在 RS-485 网络上通信。RS-485 是 S7-200 最常用的电气通信基础。下面简单介绍几种通信。

1. PPI 网络

PPI 协议是专门为 S7-200 开发的通信协议。S7-200 CPU 的通信口(Port0/Port1)支持 PPI 通信协议,S7-200 的一些通信模块也支持 PPI 协议。S7-200 CPU 的 PPI 网络通信是建立在 RS-485 网络硬件基础上的,因此其连接属性和需要的网络硬件设备是与 RS-485 网络一致的。PPI 协议主要特点:

- 主从协议,网络中至少有一个主站。
- 令牌环网,令牌在 PPI 主站之间传播。
- S7-200 既可以做 PPI 主站,也可以做 PPI 从站。

- 通信速率可设 9.6kb/s,19.2kb/s,187.5kb/s。
- 西门子内部协议。

2. MPI 网络

MPI 是 SIMATIC S7 多点通信的接口,是一种适用于少数站点间通信的网络,所以用于连接上位机和少量 PLC 之间近距离通信。MPI 主要特点:

- 主从协议,网络中至少有一个主站。
- 令牌环网,令牌在 PPI 主站之间传播。
- S7-200 只能做 PPI 从站。
- MPI 网络中最多只能有 32 个站。
- 通信速率可设 19.2kb/s 或 187.5kb/s。
- 西门子内部协议。

小贴士

应用 RS485 网络接线注意事项

(1)使用原装电缆和接头;

(2)接头按规范操作;

(3)屏蔽层要规范接地,不能出现“猪尾巴”;

(4)CPU 或模块的 PE 要接地,否则屏蔽层相当于没有接地;

(5)通信电缆远离动力电缆,避免平行走线;

(6)保持通信端口之间的共模电压差在一定的范围之内,对于非隔离的通信口(如 CPU 上的通信口),保证它们之间的等电位非常重要。

五、按施工计划施工

按照前面编好的施工计划逐步施工,注意施工安全、现场管理、施工工艺及检验验收标准,根据现场条件编写调试程序,思考并回答以下问题:

引导问题一:根据现场特点,应采取哪些安全、文明作业措施?

引导问题二:在这个工程中 PLC 系统与模块安装接线的注意事项包括几方面?这几方面分别是什么?

引导问题三:安装工具使用过程中应注意哪些问题?

六、工作施工验收

通过查阅与收集相关电气控制方面的知识,简答以下几个问题:

引导问题一:电气施工项目的验收标准是什么?

引导问题二:编写你的卷帘门 PLC 控制使用说明书。

引导问题三:小组同学分别扮演项目甲方、项目经理、检验员,完成验收过程,填写验收报告,见表 3-26。

表 3-26　××任务验收报告

项目名称：　　　　　　　　施工方：　　　　　　　　日期：

名　称	合　格	不合格	改进措施	备　注
正确选择 PLC 型号				
编写控制程序				
模拟调试				
通电试车				
……				

评价与分析

评分表见表 3-27 所示。

表 3-27　学习活动 5 评分表

评分项目	评价指标	标准分	评　分
程序编制	能否正确运用指令编写多种程序，编制是否规范	30	
输入程序	程序输入是否正确	10	
系统自检	能否正确自检	20	
系统调试	系统能否实现控制要求	10	
安全施工	是否做到了安全施工	10	
现场清理	是否能清理现场	10	
团结协作	小组成员是否团结协作	10	

学习活动 6　总结与评价

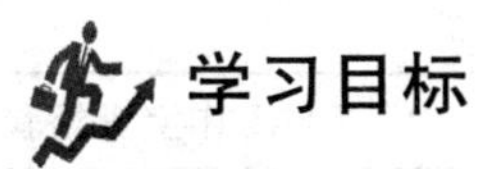

学习目标

(1)能正确规范撰写总结。
(2)能采用多种形式进行成果展示。
(3)能有效进行工作反馈与经验交流。
(4)能正确填写工作任务单的验收项目，并交付验收。

学习过程

一、请根据工程完工情况，用自己的语言描述具体的工作内容

引导问题一：你在这个项目的实施过程中学到了什么？请做简单阐述。

引导问题二:简述本次任务完成情况。

引导问题三:请各组派一名代表对完成的工作进行预验收,发现情况及时处理,并做好记录。

引导问题四:通过本次学习任务的完成情况,对小组以及个人作出评价。

二、工作总结

引导问题一:通过本次工作你感觉有何收获,哪些方面尚待提高?

引导问题二:工作中遇到了问题时,你是如何解决的?

引导问题三:工作中小组内部是如何协调合作的?今后应如何加强协作?

引导问题四:你考虑如何展示你们的工作成果?

引导问题五:请全面总结本次工作。

评价与分析

评分表见表 3-28。

表 3-28　学习活动 6 评分表

评分项目	评价指标	标准分	评　分
自评	自评是否客观	20	
互评	互评是否公正	20	
演示方法	演示方法是否多样化	20	
语言表达	语言表达是否流畅	20	
团结协作	小组成员是否团结协作	20	

以小组为单位,选择演示文稿、展板、海报、录像等形式中的一种或几种,向全班展示、汇报学习成果,通过每个小组成员对任务实施过程中所遇到的问题和自身感受,进行互动交流,并将经验记录下来填入表 3-29 中。

表 3-29　经验交流记录表

业务实施过程	持续改进行动计划	学习与工作宝贵经验
提出人过程记录	提出人改进记录	经验记录

三、综合评价

(1)学生完成任务后，对学生的作品按自我评价、小组评价、教师评价进行评价，评价标准见表3－30。

表3－30　评价表

评价项目	评价内容	评价标准	评价方式		
			自我评价	小组评价	教师评价
职业素养	安全意识、责任意识	A作风严谨、自觉遵章守纪、出色完成工作任务 B能够遵守规章制度、较好完成工作任务 C遵守规章制度、没完成工作任务或完成工作任务但忽视规章制度 D不遵守规章制度、没完成工作任务			
	学习态度主动	A积极参与教学活动，全勤 B缺勤达本任务总学时的10% C缺勤达本任务总学时的20% D缺勤达本任务总学时的30%			
	团队合作意识	A与同学协作融洽、团队合作意识强 B与同学能沟通、协同工作能力较强 C与同学能沟通、协同工作能力一般 D与同学沟通困难、协同工作能力较差			
专业能力	学习活动1接收工作任务	A按时、完整地工作页，问题回答正确，能够有效检索相关内容 B按时、完整地工作页，问题回答基本正确，检索了一部分内容 C未能按时完成工作页，或内容遗漏、错误较多 D未完成工作页			
	学习活动2勘查施工现场	A能根据原理分析电路功能，并勘查了现场，做了详细的测绘记录 B能根据原理分析电路功能，并勘查了现场，但未做记录 C不能根据原理分析电路功能，但勘查了现场 D未完成勘查活动			
	学习活动3制定工作计划	A工作计划制订有条理，信息检索全面、完善 B工作计划制订较有条理，信息检索较全面 C未制订工作计划，信息检索内容少 D未完成施工准备			

续表

评价项目	评价内容	评价标准	评价方式		
			自我评价	小组评价	教师评价
专业能力	学习活动3 施工前的准备	A能根据任务单要求进行分组分工,能采用图、表的形式记录所需工具以及材料清单 B能根据任务单要求进行分组分工,简单罗列所需工具以及材料清单 C能根据任务单要求进行分组分工,不能采用图、表的形式记录所需工具以及材料清单 D未完成分组、列清单活动			
	学习活动5 任务实施与验收	A学习活动评价成绩为90～100分 B学习活动评价成绩为75～89分 C学习活动评价成绩为60～75分 D学习活动评价成绩为0～60分			
创新能力		学习过程中提出具有创新性、可行性的建议	加分奖励:		
班级			学号		
姓名			综合评价等级		
指导教师			日期		

(2)教师对本次任务的执行过程和完成情况进行综合评价。

____

____

____

任务四　运输带自动控制系统编程及应用

学习目标

知识目标	·能阅读“运输带自动控制系统编程及应用”工作任务单，明确项目任务和个人任务要求，服从工作安排。 ·了解运输带自动控制系统功能、基本结构及应用场合。 ·掌握 SFC 的基本概念、单序列 SFC 的绘制方法。 ·掌握单序列 SFC 转化为梯形图的基本方法。 ·掌握并行序列 SFC 的绘制方法。 ·掌握并行序列 SFC 转化为梯形图的基本方法。 ·掌握步与动作，顺序功能图的基本结构，顺序功能图中转换实现的基本规则。
技能目标	·能到现场采集运输带自动控制系统的技术资料，根据运输带自动控制系统的电气原理图和工艺要求绘制主电路及 PLC 接线图，编制 I/O 分配表。 ·能进行运输带工作的程序设计，并根据梯形图编写语句指令表。 ·能正确地将程序输入 PLC，并按照运输带的动作要求进行模拟调试，达到设计要求。
素养目标	·培养动手能力及分析、解决实际问题的能力。

情景描述

某企业物流中心仓库的 3 条货物传送带原用继电器-接触器控制，已用多年，设备老化，自动化程度低，维修复杂、成本高，厂家要求按照原系统工作原理进行 PLC 控制改造，联系到我校电气系进行改造，签订合同按规定期限完成验收交付使用，给予工程费用大约 y 元。

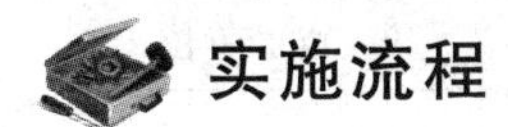

实施流程

实施流程

①学习活动1：接收工作任务

②学习活动2：勘查施工现场

③学习活动3：制订工作计划

④学习活动4：施工前的准备

⑤学习活动5：任务实施与验收

⑥学习活动6：总结与评价

学习活动1　接收工作任务

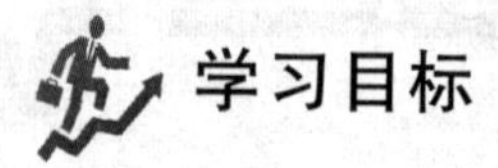

学习目标

能阅读“运输带自动控制系统编程及应用”工作任务单，明确项目任务和个人任务要求，并在教师指导下进行人员分组。

学习过程

请认真阅读工作情景描述及相关资料，用自己的语言填写设备改造（大修）联系单，见表4－1。

表4－1　工作任务单

年　月　日　　　　　　　　　　　　　　　　　　No. 0008

<table>
<tr><td>设备名称</td><td></td><td>制造厂家</td><td></td><td>型号规格</td><td></td></tr>
<tr><td>设备编号</td><td></td><td>资产编号</td><td></td><td>管理类别</td><td></td></tr>
<tr><td>设备原值</td><td></td><td>折旧年度</td><td></td><td>已用年度</td><td></td></tr>
<tr><td>原计折旧</td><td></td><td>预计费用</td><td></td><td>实际费用</td><td></td></tr>
<tr><td>审批单号</td><td></td><td>审批日期</td><td></td><td>施工单位</td><td></td></tr>
<tr><td>开工日期</td><td></td><td>竣工日期</td><td></td><td>验收日期</td><td></td></tr>
<tr><td>大修改造
方案概况</td><td colspan="5">由继电器接触器控制改为PLC控制</td></tr>
<tr><td rowspan="3">大修改造
主要内容</td><td rowspan="3"></td><td rowspan="3">关键部件
更换情况</td><td>部　位</td><td>部件名称</td><td>数　量</td></tr>
<tr><td></td><td></td><td></td></tr>
<tr><td></td><td></td><td></td></tr>
<tr><td>改造后
精度性能</td><td colspan="5"></td></tr>
<tr><td>主要遗留
问题</td><td colspan="5"></td></tr>
<tr><td rowspan="2">验收各方
意见</td><td>企业负责人</td><td colspan="2">设计单位</td><td colspan="2">施工单位</td></tr>
<tr><td></td><td colspan="2">名称（印章）：
年　月　日</td><td colspan="2">名称（印章）：
年　月　日</td></tr>
</table>

引导问题一：你见过运输带控制过程吗？请简单描述一下。

引导问题二：你知道运输带的作用吗？什么场所一般会用到运输带？

引导问题三：在接到任务单之后，你认为工程项目现场环境应如何管理才能有序地保质保量完成任务？

小词典

通过上网检索、到图书馆查阅资料等形式，查寻运输带自动控制系统图片的相关资料，如图4-1、图4-2所示。

图4-1　实际生产中运输带的应用示意图

图4-2　运输带模型示意图

知识拓展

17世纪中，美国开始应用架空索道传送散状物料，如图4-3所示。

图　4-3

19世纪中叶，各种现代结构的传送带输送机相继出现。1868年，在英国出现了皮带式传送带输送机，如图4-4所示。

1887年，在美国出现了螺旋输送机，如图4-5所示。

1905年，在瑞士出现了钢带式输送机，如图4-6所示。

图 4-4

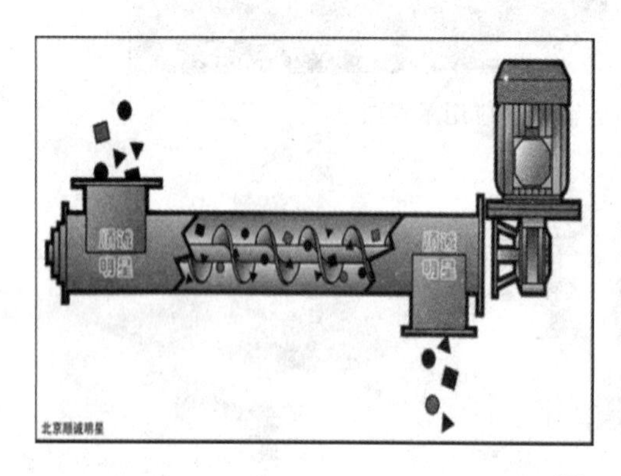

图 4-5

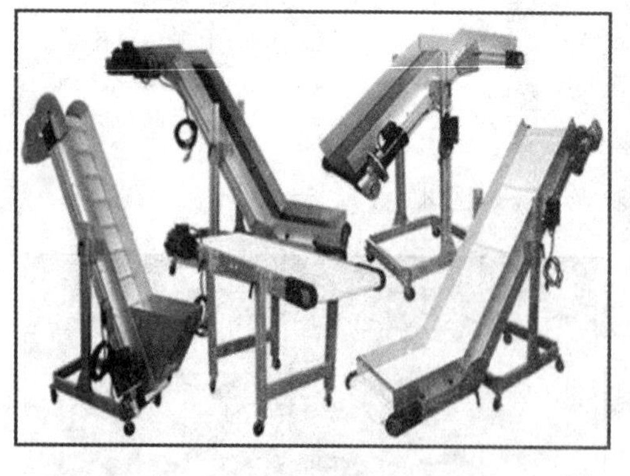

图 4-6

1906年，在英国和德国出现了惯性输送机。此后，传送带输送机受到机械制造、电机、化工和冶金工业技术进步的影响，不断完善，逐步由完成车间内部的传送，发展到完成在企业内部、企业之间甚至城市之间的物料搬运，成为物料搬运系统机械化和自动化不可缺少的组成部分。

评价与分析

评分表见表 4－2。

表 4－2　学习活动 1 评分表

评分项目	评价指标	标准分	评　分
任务复述	语言表达是否规范	20	
书面表达	工作页填写是否正确	20	
信息检索	是否能够有效检索	20	
人员分工	分工是否合理，任务是否明确	20	
团结协作	小组成员是否团结协作	20	

学习活动 2　勘查施工现场

学习目标

(1)了解设备的动作原理及工艺参数，熟悉现场气缸、电动机、传感器等电工材料的型号和参数。

(2)学会识读电路原理图，能够查阅相关工程图纸，进行现场勘查并列举勘查项目和描述作业流程。

(3)能到现场采集十字路口交通信号灯控制系统的技术资料，根据交通信号灯系统的电气原理图和工艺要求绘制主电路及 PLC 接线图。

(4)提高勘查项目实施过程中沟通交流的能力。

学习过程

阅读电路原理图，勘查施工现场，描述现场的特征，用图、表方式记录技术参数。

一、阅读电路原理图，思考下述问题

引导问题一：该系统的作业流程是什么？

引导问题二：该系统的执行机构、传感器有哪些？主要参数是什么？

引导问题三：是否需要对该系统的某些器件进行重新选型？

二、通过与企业技术人员交流，查阅相关资料，了解该企业货运传送带的结构

该传送带是企业仓库的进货部分，具有一条传送带和两个出货口，可根据货物属性和需求把货品自动输送到相关出货口，如图 4-7 所示。

三、了解该货运传送带的执行机构和传感器的参数

从图 4-8～图 4-12 中了解货运送带的执行情况。

图 4-7　传送带整体布局

图 4-8　传送带电动机

图 4-9　位置传感器

图 4-10　货物抬升气缸及电磁阀

图 4-11　继电器—接触器式控制柜

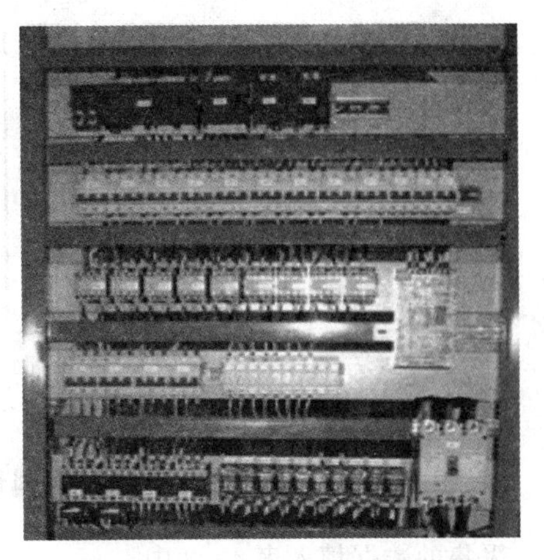

图 4-12　改造后的 PLC 控制柜

四、了解该系统的作业流程

1. 运输带控制系统实际情况

系统要求：

(1)传送带具有两个方向，各 3 个挡位速度可调。

(2)PLC 具有加速、减速、换向、启动、停止、急停共 6 个按钮。

(3)按下启动后，传送带以正向 1 挡速度运行。

(4)每按下一次加速钮，传送带速度提高一个挡位，直到达到最高速；每按下一次减速钮传送带速度下降一个挡位，直到 0 速。

(5)按下换向钮，传送带方向改变，默认最低速。

(6)按下停止钮，传送带按设定参数减速停车；按下急停钮，传送带立即停车。

(7)传送带运行时应有相关指示。

2. 结合运输带工作情景模拟控制实验

(1)控制要求。本模拟控制实验装置的控制要求如下：

运输带按图 所示顺序相连。为了避免运送的物料在 2 号和 3 号运输带上堆积，要求按下列顺序进行启动和停止：

1)按下启动按钮，1 号运输带开始运行，5s 后 2 号运输带自动启动，再过 5s 后 3 号运输带自动启动。

2)按下停止按钮，停车的顺序与启动的顺序刚好相反，即按下停止按钮后，3 号运输带先停止，5s 后 2 号运输带停止，再过 5s 后 1 号运输带停止。

3)在顺序启动这三条运输带过程中，操作人员如果发现异常情况，可以由启动改为停止。按下停止按钮，已经启动的运输带停止，仍然用后启动的运输带先停车的原则。

(2)任务流程图。本任务的流程图如图 4-13 所示。

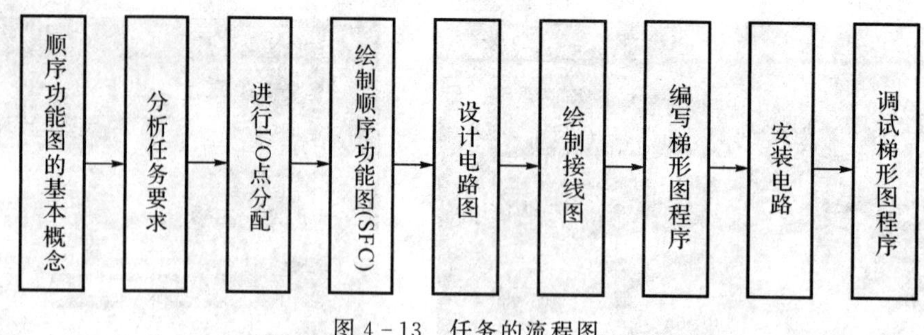

图 4-13 任务的流程图

五、根据现场采集的数据及相关资料填写执行机构和传感器采集记录表

采集的数据填入表 4-3 中。

表 4-3 数据采集记录

序　号	名　称	型　号	参　数	拟更换型号	参　数	备　注

知识拓展

1.1 执行机构

1.执行机构的由来

执行机构，又称执行器，是一种自动控制领域的常用机电一体化设备(器件)，是自动化仪表的三大组成部分(检测设备、调节设备和执行设备)中的执行设备。它主要是对一些设备和装置进行自动操作，控制其开关和调节，代替人工作业。

- 按动力类型可分为气动、液动、电动、电液动等几类；
- 按运动形式可分为直行程、角行程、回转型(多转式)等几类。

由于用电作为动力有其他几类介质不可比拟的优势，所以电动型近年来发展最快，应用面较广。电动型按不同标准又可分为：组合式结构和机电一体化结构；电器控制型、电子控制型和智能控制型(带 HART,FF 协议)；数字型和模拟型；手动接触调试型和红外线遥控调试型等。它是伴随着人们对控制性能的要求和自动控制技术的发展而迅猛发展的。

(1)早期的工业领域，有许多的控制是手动和半自动的，在操作中人体直接接触工业设备的危险部位和危险介质(固、液、气三态的多种化学物质和辐射物质)，极易造成对人的伤害，很不安全。

(2)设备寿命短、易损坏、维修量大。

(3)采用半自动特别是手动控制的控制效率很低、误差大,生产效率低下。

基于以上原因,执行机构逐渐产生并应用于工业和其他控制领域,减少和避免了人身伤害和设备损坏,极大地提高了控制精确度和效率,同时也极大提高了生产效率。近年来随着电子元器件技术、计算机技术和控制理论的飞速发展,国内外的执行机构都已跨入智能控制的时代。

执行机构的英文名:ACTUATORS。

2.执行机构的应用领域

执行机构主要应用在以下三大领域:

(1)发电厂。典型应用有:①火电行业应用;②其他电力行业的阀门执行器应用。

(2)过程控制。用于化工、石化、模具、食品、医药、包装等行业的生产过程控制,按照既定的逻辑指令或电脑程序对阀门、刀具、管道、挡板、滑槽、平台等进行精确的定位、起停、开合、回转,利用系统检测出的温度、压力、流量、尺寸、辐射、亮度、色度、粗糙度、密度等实时参数对系统进行调整,从而实现间歇、连续和循环的加工过程的控制。

(3)工业自动化。用于较为广泛的航空、航天、军工、机械、冶金、开采、交通、建材等方面,对各类自动化设备和系统的运动点(运动部件)进行各种形式的调节和控制。

3.执行机构的主要现状

我国的执行机构和伺服放大器是20世纪60年代统一设计的,30多年来在技术上没有多大创新,最早的型号有DTZ和DTJ。但近几年(基本是在"九五"期间进行),随着国内对控制要求的不断提高,各相关研究机构和部门也开发出新一代的智能型电动执行机构,性能有很大提高,价格在进口产品的一半以下。

目前,我国执行机构的品牌(含国内品牌和国外品牌)较多,市场竞争较大。国外产品主要集中在中高端市场,而国内产品则集中在低端市场。国外产品质量较优,但价格往往是国产品牌的几倍甚至十倍以上,其在技术和商务方面的投资和努力明显高于国内企业;国内现有一些产品已能达到较高的性价比,但总体来讲,需要加快技术进步和行业激励,加大商务努力。

1.2 传感器

所谓传感器来自"感觉"一词。传感器(英文名称:transducer/sensor)是一种检测装置,能感受到被测量的信息,并能将感受到的信息按一定规律变换成为电信号或其他所需形式的信息输出,以满足信息的传输、处理、存储、显示、记录和控制等要求。

简单地来讲,传感器就是将非电量转换成电量的装置,也称为发送器、传送器、变送器、检测器、换能器等。我国往往将"传感器"与"感敏元件"等同使用。

1.传感器的组成

传感器由敏感元件和转换元件组成,其中敏感元件是直接感受或响应被测量的部分;转换元件指将敏感元件是直接感受或响应被测量转换成适于传输或测量的电信号部分。

2.传感器的应用

从被测量对象中获取原始信号。

(1)自动检测系统如图4-14所示。

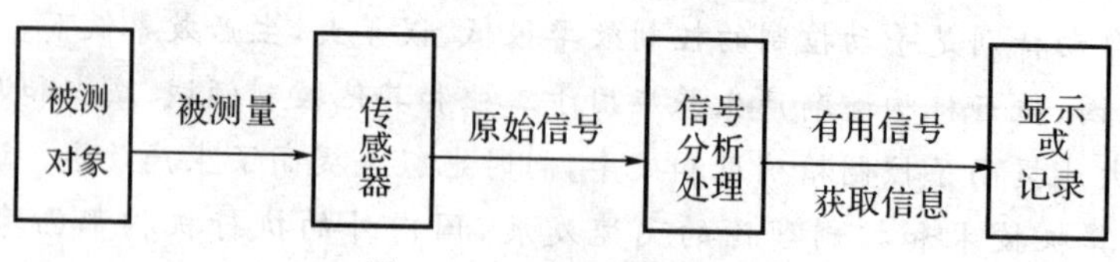

图 4-14　自动监测系统

(2)测控系统如图 4-15 所示。

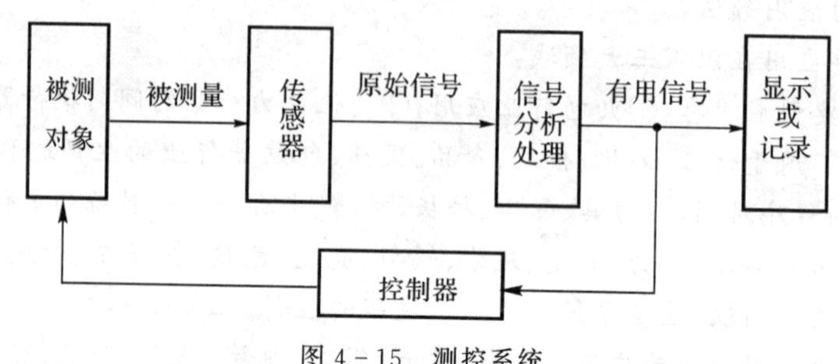

图 4-15　测控系统

例如货物商标的检测,如图 4-16 所示。

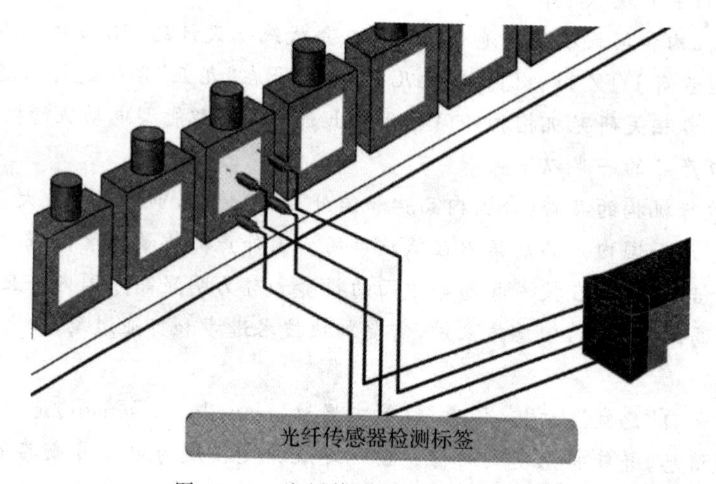

图 4-16　光纤传感器检测货物商标

3. 传感器的作用

人们为了从外界获取信息,必须借助于感觉器官。而单靠人们自身的感觉器官,在研究自然现象和规律以及生产活动中,它们的功能就远远不够了。为适应这种情况,就需要传感器。因此可以说,传感器是人类五官的延长,又称之为电五官。

伴随着新技术革命的到来,世界开始进入信息时代。在利用信息的过程中,首先要解决的就是要获取准确可靠的信息,而传感器是获取自然和生产领域中信息的主要途径与手段。

在现代工业生产尤其是自动化生产过程中,要用各种传感器来监视和控制生产过程中的各个参数,使设备工作在正常状态或最佳状态,并使产品达到最好的质量。因此可以说,没有众多优良的传感器,现代化生产也就失去了基础。如图 4-17 所示。

图 4-17　传感器

在基础学科研究中，传感器更具有突出的地位。现代科学技术的发展，进入了许多新领域：例如在宏观上要观察上千光年的茫茫宇宙，微观上要观察小到 fm 的粒子世界，纵向上要观察长达数十万年的天体演化，短到秒时的瞬间反应。此外，还出现了对深化物质认识、开拓新能源、新材料等具有重要作用的各种极端技术研究，如超高温、超低温、超高压、超高真空、超强磁场、超弱磁场等。显然，要获取大量人类感官无法直接获取的信息，没有相适应的传感器是不可能的。许多基础科学研究的障碍，首先就在于对象信息的获取存在困难，而一些新机理和高灵敏度的检测传感器的出现，往往会导致该领域内的突破。一些传感器的发展，往往是一些边缘学科开发的先驱。如图 4-18 所示。

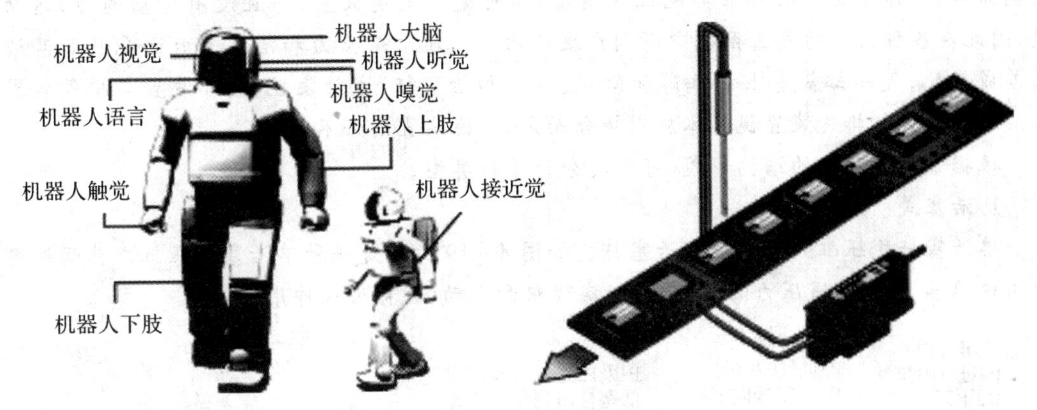

图 4-18　传感器的应用领域

传感器早已渗透到诸如工业生产、宇宙开发、海洋探测、环境保护、资源调查、医学诊断、生物工程甚至文物保护等极其广泛的领域。可以毫不夸张地说，从茫茫的太空，到浩瀚的海洋，以至各种复杂的工程系统，几乎每一个现代化项目都离不开各种各样的传感器。

由此可见，传感器技术在发展经济、推动社会进步方面的重要作用是十分明显的。世界各国都十分重视这一领域的发展。相信不久的将来，传感器技术将会出现一个飞跃，达到与其重要地位相称的新水平。

4. 主要功能

常将传感器的功能与人类 5 大感觉器官相比拟：光敏传感器——视觉；声敏传感器——听觉；气敏传感器——嗅觉；化学传感器——味觉；流体传感器——触觉。

5. 环境影响

环境给传感器造成的影响主要有以下几方面。

(1)高温环境对传感器造成涂覆材料熔化、焊点开化、弹性体内应力发生结构变化等问题。

对于高温环境下工作的传感器，常采用耐高温传感器；另外，必须加有隔热、水冷或气冷等装置。

（2）粉尘、潮湿对传感器造成短路的影响。在此环境条件下，应选用密闭性很高的传感器。不同的传感器其密封的方式是不同的，其密闭性存在着很大差异。常见的密封有密封胶充填或涂覆；橡胶垫机械紧固密封；焊接（氩弧焊、等离子束焊）和抽真空充氮密封。

（3）在腐蚀性较高的环境下，如潮湿、酸性对传感器造成弹性体受损或产生短路等影响，应选择外表面进行过喷塑或不锈钢外罩，抗腐蚀性能好且密闭性好的传感器。

（4）电磁场对传感器输出紊乱信号的影响。在此情况下，应对传感器的屏蔽性进行严格检查，看其是否具有良好的抗电磁能力。

（5）易燃、易爆不仅对传感器造成彻底性的损害，而且还给其他设备和人身安全造成很大的威胁。因此，在易燃、易爆环境下工作的传感器对防爆性能提出了更高的要求：在易燃、易爆环境下必须选用防爆传感器，这种传感器的密封外罩不仅要考虑其密闭性，还要考虑到防爆强度，以及电缆线引出头的防水、防潮、防爆性等。

1.3 气压缸

气压缸是将气压能转变为机械能的、作直线往复运动（或摆动运动）的气压执行元件。它结构简单、工作可靠。用它来实现往复运动时，可免去减速装置，并且没有传动间隙，运动平稳，因此在各种机械的气压系统中得到广泛应用。气压缸输出力和活塞有效面积及其两边的压差成正比；气压缸基本上由缸筒和缸盖、活塞和活塞杆、密封装置、缓冲装置与排气装置组成。缓冲装置与排气装置视具体应用场合而定，其他装置则必不可少。

根据常用气压缸的结构形式，可将其分为 4 种类型。

1. 活塞式

单活塞杆气压缸只有一端有活塞杆。如图 4－19 所示是一种单活塞气压缸。其两端进出口油口 A 和 B 都可通压力油或回油，以实现双向运动，故称为双作用缸。

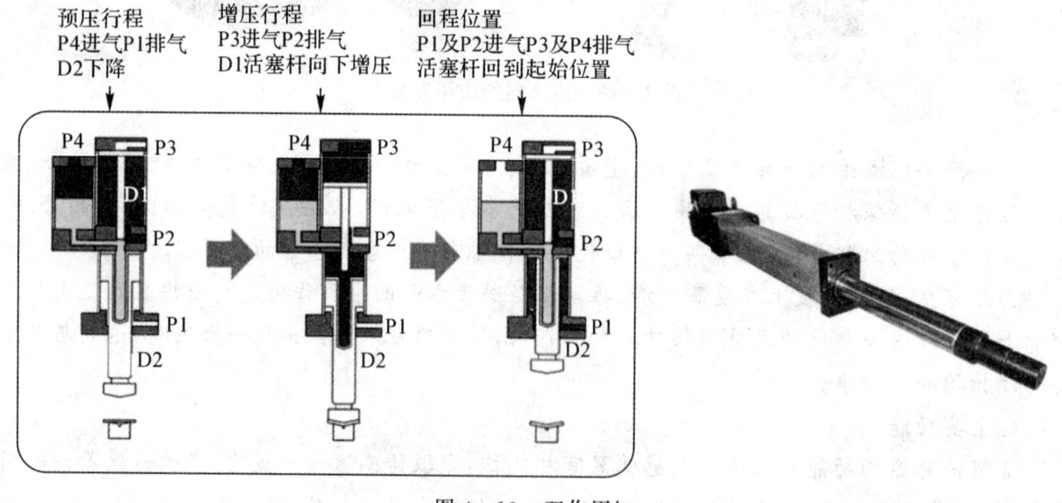

图 4－19　双作用缸

2. 柱塞式

(1) 柱塞式气压缸是一种单作用式气压缸，靠气压力只能实现一个方向的运动，柱塞回程要靠其他外力或柱塞的自重;。

(2)柱塞只靠缸套支承而不与缸套接触，这样缸套极易加工，故适于作长行程气压缸。

(3)工作时柱塞总受压，因而它必须有足够的刚度;

(4)柱塞重量往往较大，水平放置时容易因自重而下垂，造成密封件和导向单边磨损，故其垂直使用更有利。

3. 伸缩式

伸缩式气压缸具有二级或多级活塞，其中活塞伸出的顺序是从大到小，而空载缩回的顺序则一般是从小到大。伸缩缸可实现较长的行程，而缩回时长度较短，结构较为紧凑。此种气压缸常用于工程机械和农业机械上。如图 4－20 所示。

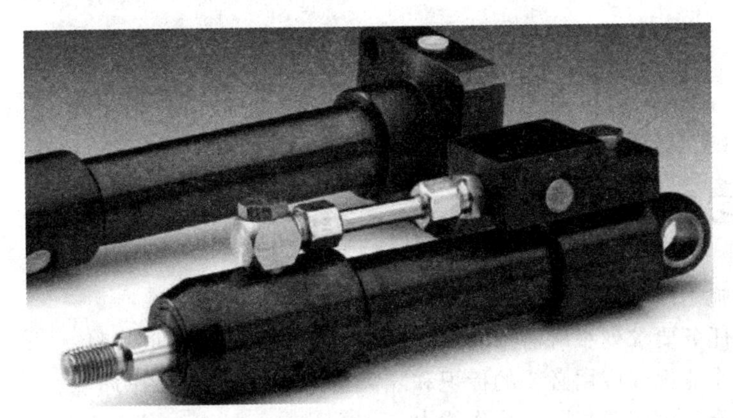

图 4－20　伸缩式气压缸

4. 摆动式

摆动式气压缸是输出扭矩并实现往复运动的执行元件，也称摆动式气压马达。它有单叶片和双叶片两种形式。定子块固定在缸体上，而叶片和转子连接在一起。根据进油方向，叶片将带动转子作往复摆动。如图 4－21 所示。

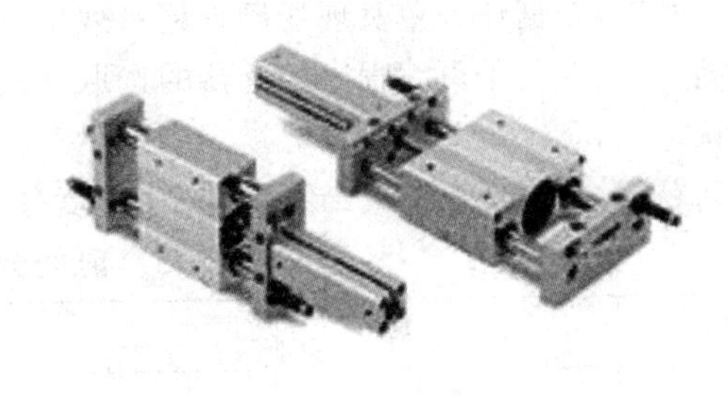

图 4－21　摆动式气压缸

评价与分析

评分表见表 4－4。

表 4－4　学习活动 2 评分表

评分项目	评价指标	标准分	评　分
原理图	能否根据原理图分析电路的功能	20	
现场勘查	能否勘查现场，做好测绘记录	20	
主电路及 PLC 接线图	能否正确绘制、标注主电路及 PLC 接线图	20	
查阅资料	能否根据实际查阅 PLC 相关资料	20	
团结协作	小组成员是否团结协作	20	

学习活动 3　制订工作计划

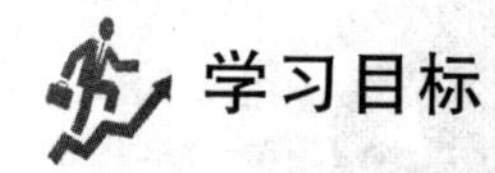

学习目标

(1)能根据施工图纸和现场情况，制订工作计划。
(2)能根据任务要求列举所需工具和材料清单，准备工具，领取材料。
(3)能按照作业规程应用必要的标识和隔离措施，准备现场工作环境。
(4)能通过分工合作提高团队协作能力。

学习过程

请根据现场施工要求，安排相应人员进行施工，同时用自己的语言描述具体的工作内容，制订工作计划，列出所需要的工具和材料清单。

引导问题一：根据任务要求和施工图纸，制订你的施工计划。

引导问题二：根据任务单及现场勘查记录列出所需工具和材料清单。

引导问题三：西门子可编程序控制器的选取及线路的配线与安装、接触器的选取、电动机型号的确认。

引导问题四：根据现场勘查结果确定用时(填写表 4－5)。

表 4－5　时间分配表

序　号	施工内容	用　时
1	绘图	
2	编程、调试	
3	外围接线	
4	通电验收	
5	总评	

引导问题五：根据勘查运输带自动控制系统的情况，制订你小组的工作计划时，如何做到小组成员的合理分工？请列写出各组员的具体工作内容。

引导问题六：根据现场勘查、绘制的电路图及I/O分配表确定需哪些施工设备、材料及工具(填写表4-6)。

表4-6　领料清单

序　号	名　称	型　号	数　量	序　号	名　称	型　号	数　量
1				6			
2				7			
3				8			
4				9			
5				10			

小词典

线路配线的要求

配线定义：将电缆组合配置成为一个经济合理，符合使用要求的电缆系统或网络的设计技术称为电缆配线，简称配线。其目的是为了提高通信网的通融性和灵活性，提高芯线的利用率。

(1)配线首先就是要保证导线的截面积能够承载正常的工作电流，同时要考虑到由于柜内元件的损耗发热，导线的截面积与载流量的估算见表4-7，当使用的不是铝导线而是铜导线时，它的载流量要比同规格铝导线略大一些，可按比铝导线加大一个线号的载流量。

表4-7　铝芯绝缘导线载流量与截面积的倍数关系

导线截面积/mm^2	1	1.5	2.5	4	6	10	16	25	35	50	70	95	120
载流量为截面积倍数	9				8	7	6	5	4	3.5	3		2.5
载流量/A	9	14	23	32	48	60	90	100	123	150	210	238	300

除了保证导线的截面积能够承载正常的工作电流之外，还应满足其在特殊条件下的抗拉强度，为此，在有条件的情况下推荐选用铜导线。

母线与电器连接时，接触面应符合现行国家标准GB 50149—2010《电气装置安装工程母线装置施工及验收规范》的有关规定。

(2)柜内配线使用的绝缘导线的最小截面积应为1.0 mm^2。对于低电平的电子电路允许采用截面积小于1.0mm^2的导线(但不得小于电子设备制造厂对安装导线截面积的要求)。

1)连接电源指示灯导线截面积为1.5 mm^2；

2)进入断路器和漏电开关的单回路导线的最小截面积为1.5 mm^2；

3)断路器跨接线的最小截面积为 2.5 mm^2;

4)变压器一次绕组进线的最小截面积为 1.5 mm^2;

5)控制线路电源跨接线最小截面积为 1.5 mm^2;

6)控制线路最小截面积为 1.0 mm^2;

7)面板控制回路至柜内接线最小截面积为 1.0 mm^2;

8)电压表导线连接导线截面积为 1.5 mm^2;

9)电流互感器连接导线截面积为 1.5 mm^2;

10)传感器连接导线的最小截面积为 1.0 mm^2;

柜内至面板等活动部分的过渡导线,应有足够的可绕性,推荐采用 RV 多股软导线。

(3) 连接导线的绝缘应是防潮、防霉及滞燃的,其绝缘电压等级为:线路工作电压小于或等于 100V 时,绝缘电压等级应大于或等于 250V;线路工作电压大于 100V、小于或等于 450V 时,绝缘电压等级应大于或等于 500V。常用的 BV 型绝缘电线的绝缘层厚度应不小于表 4-8 中的规定。

表 4-8　BV 型绝缘电线的绝缘层厚度

序号	1	2	3	4	5	6	7	8	9	10	11	12	13	14	15	16	17
芯线标称截面积/mm^2	1.5	2.5	4	6	10	16	25	35	50	70	95	120	150	185	240	300	400
绝缘层厚度规定值/mm	0.7	0.8	0.8	0.8	1	1	1.2	1.2	1.4	1.4	1.6	1.6	1.8	2	2.2	2.4	2.6

(4)导线应严格按照图样的标号,正确地接到指定的接线柱上。

1)接线应排列整齐、清晰、美观,导线绝缘良好、无损伤。

2)外部接线不得使电器内部受到额外应力。

3)避免将几根导线接到同一接线柱上,一般元件上的接头不宜超过 2~3 个。当几个导线接头接到同一接线柱上时,接头之间应平贴、整体接触良好。

(5)对控制电路导线的颜色以其导通的电压等级来区分的方法在实际应用中有明显的用意,对于操作维护维修的人员来说,既明显地表示了对电压危险程度的分级,也大致示意导线所在的回路。

1)交流三相主电路通常用黄、绿、红颜色来加以区分,以防止紊乱;

2)主电路导线头、尾端部一律用彩色塑套管进行标示(黄、绿、红);

3)工作电压为 AC 380V 及以上的电源线用黑色导线连接;

4)工作电压为 AC 220V 的电源线用红色导线连接;

5)工作电压为 AC 110V 的电源线用橙色导线连接;

6)工作电压为 DC 36V 的电源线用紫色导线连接;

7)工作电压为 DC 24V 的电源线用蓝色导线连接;

8)工作电压为 DC 12V 的电源线用绿色导线连接;

9)工作电压为 DC 5V 的电源线用白色导线连接;

10)工作电压为 DC 0V 的电源线用黑色导线连接;

柜内采用清一色黑色导线时,应在母线排、断路器、接触器等引线端,使用三色绝缘胶带包裹或使用成品彩色塑套，以标明相色，使主电路的标识明确、统一。

(6)接线端头应套有打印的号码管标志，字迹清晰、统一、美观。推荐使用电子号码管打印机(亦称电子印号印字机)。

(7)连接导线端部一般应采用专用电线接头。线端应使用材质合格的铜接头和与其匹配的标准压接工具，当设备接线柱结构是压板插入式时，使用扁针铜接头压接后再接入。当导线为单芯硬线时则不能采用电线接头，可将线端做成环形接头后再接入。

1)如进入断路器的导线截面积小于 6 mm^2，当接线端子为连接片式时，先将导线用铜接头压接处理，以防止导线的散乱；如导线截面积大于 6 mm^2，应将裸露铜线部分用细铜丝环绕绑紧后再接入连接片。

2)截面积为 10 mm^2 及以下的单股铜芯线和单股铝芯线可直接与电器、设备的端子连接。

3)截面积为 2.5 mm^2 及以下的多股铜芯线的线芯应先拧紧搪锡，或压接端子后再与电器、设备的端子连接。

4)截面积大于 2.5 mm^2 的多股铜芯线的终端，除设备自带插接式端子外，应焊接或压接端子后再与设备、器具的端子连接。

(8)导线端部的绝缘剥除长度如下(设导线端部的绝缘剥除长度为 L)：

1)当导线端部用管状接头(闭口)时，L 取线芯插入管状接头套筒的长度 L，再加上 2～3mm，即 $L=L_1+(2\sim3)$；当导线端部用板状接头(开口)时，L 取线芯插入管状接头套筒的长度 L1 再加上 1～2mm，即 $L=L_1+(1\sim2)$。

2)导线端部无接头时，对插入式接头 L 取插入式接线板的插接长度；对环形接头 L 取环形接头的长度加适当直线部分，直线部分的长度应按平垫圈半径考虑，使平垫圈恰好紧靠绝缘切口压在环形接头上，而不压到绝缘层上。

(9)剥除导线绝缘应采用专用的剥线刀、剥线钳，操作时不得损伤线芯，也不得损伤未剥除的绝缘，切口应平整，并尽可能垂直于线芯轴心线。线芯上不得有油污、残渣等。

(10)熔焊连接的焊缝，不应有凹陷、夹渣、断股、裂缝及根部未焊合的缺陷。焊缝的外形尺寸应符合焊接工艺评定文件的规定，焊接后应及时清除残余焊药和焊渣。锡焊连接的焊缝应饱满，焊点应表面光滑。焊剂应无腐蚀性，焊接后应及时清除残余焊剂。

(11)线槽内导线所占据的截面积应符合行线设计规定；当设计无规定时，包括绝缘层在内的导线总截面积不应大于线槽截面积的 60%。在可拆卸盖板的线槽内，包括绝缘层在内的导线接头处所有导线截面积之和不应大于线槽截面积的 75%，在不易拆卸盖板的线槽内，导线的接头应置于线槽的接线盒内。端子等集中布置的元件的短接线不进入线槽，以方便检查和节省线槽排线空间。

(12)导线连接片或其他专用夹具，应与导线线芯规格相匹配。紧固件应拧紧到位，防松装置应齐全。

(13)导线与电器元件间采用螺栓连接、插接、焊接或压接等，均应牢固可靠。

1)柜内所有导线接头除专用接线设计外，必须用标准压接钳和符合标准的铜接头连接。

2)接头在压接前，应除去铜芯线上的绝缘层、残渣及油污。

3)环形接头的绕圈方向应与接线柱螺母旋紧方向一致。

4)压接前检查接头，不得有伤痕、锈斑、裂纹、裂口等妨碍使用的缺陷。

5)套管连接器和压模等应与导线线芯规格相匹配。压接时，压接深度、压接口数量和压接长度应符合产品技术文件的有关规定。

(14)柜门面板控制线完成后必须放置至少20%备用线,最少为3根。备用线的柜内长度应以能连接柜内最远元件为准。如果面板无线槽,把备用线卷成100 mm直径的线卷,并用扎带可靠固定在面板扎线攀处。

(15)柜内信号电路、PLC输入电路的布线尽量不与主电路及其他电压等级电路的控制线同线槽敷设,并应采取必要的防干扰措施。

(16)引入盘柜的电缆应排列整齐、编号清晰、避免交叉,并应固定牢固,不得使所接的端子排受到机械力。

(17)有脱扣装置的低压断路器,其接线应符合相序要求,脱扣装置的动作应可靠。带有接线标志的熔断器、电源线应按标志进行接线。螺旋式熔断器的安装,其底座严禁松动,电源应接在熔芯引出的端子上。

(18)面板和柜体的接地跨接导线不应缠入线束内。

评价与分析

评分表见表4-9。

表4-9 学习活动3评分表

评分项目	评价指标	标准分	评　分
条理性	工作计划制订是否有条理	20	
完善性	工作计划是否全面、完善	20	
信息检索	信息检索是否全面	20	
工具与材料清单	是否完整	20	
团结协作	小组成员是否团结协作	20	

学习活动4 施工前的准备

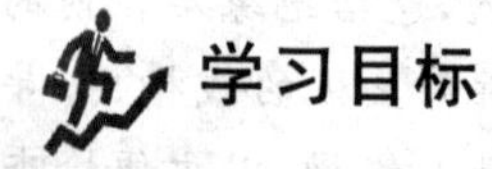

学习目标

(1)掌握SFC的基本概念。

(2)掌握顺序功能图的基本结构。

(3)掌握单序列SFC的绘制方法。

(4)掌握单序列SFC转化为梯形图的基本方法。

(5)选择序列SFC的绘制方法。

学习过程

请进行顺序控制指令学习,根据控制要求完成程序设计;领取施工工具和材料。

引导问题一：在生活中你见到过哪些设备实现了顺序控制？请举例说一下。

引导问题二：根据你对运输带控制工作过程的了解，请简要说明运输带控制系统在实现按顺序工作过程中采用了何种元件来完成？你能说出这种元件的工作原理来吗？

引导问题三：你能简单叙述一下什么是单流程结构的顺序控制关系吗？

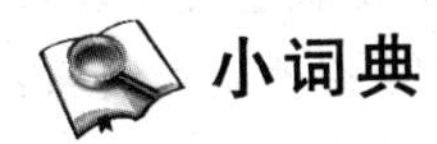

小词典

顺序功能图设计

在经验设计法设计梯形图时，没有一套固定的方法和步骤可以遵循，具有很大的试探性和随意性，对于不同的控制系统，没有一种通用的容易掌握的设计方法。在设计复杂系统的梯形图时，用大量的中间单元来完成记忆、联锁和互锁等功能，由于需要考虑的因素很多，它们往往又交织在一起，分析起来非常困难，并且容易遗忘一些应该考虑的问题。修改某一局部电路时，很有可能会“牵一发而动全身”，对系统的其他部分产生意想不到的影响，因此梯形图的修改很麻烦，往往花了很长时间还得不到一个满意的结果。用经验法设计出来的梯形图往往难阅读，给系统的维修和改进带来了很大的困难。

所谓顺序控制，就是按照生产工艺预先规定的顺序，在各个输入信号的作用下，根据内部状态和时间顺序，在生产过程中各个执行机构自动地有序进行操作。

20 世纪 70 年代出现的控制器主要由分立元件和中小规模集成电路组成。因为其功能有限，可靠性不高，已经基本上被 PC 替代。可编程序控制器的设计者们继承了前者的思想，为控制程序的编制提供了大量通用和专用的编程元件和指令，开发了供编制步进控制程序用的功能表图语言，使这种先进的设计方法成为当前 PC 梯形图设计的主要方法。

这种设计方法很容易被初学者接受。对于有经验的工程师，也会提高设计的效率，程序的调试、修改和阅读也很容易。

如果一个控制系统可以分解成为几个独立的控制动作或工序，且这些动作或工序必须严格按照一定的先后次序执行才能保证生产的正常进行，这样的控制系统称为顺序控制系统。

1.1　顺序功能图的基本概念

顺序功能图(Sequential Function Chart，SFC)是一种用来描述顺序控制的一种图形，也叫状态转移图。它是描述控制系统的控制过程、功能和特性的一种图形。它把一个运动系统分成若干个顺序相连的阶段，各阶段按照一定的顺序进行自动控制的方式。同时，它也是设计 PLC 顺序控制程序的一种有力工具。状态转移图是用状态继电器(简称状态)描述的流程图。

1. 状态

状态是控制系统中一个相对不变的性质，对应于一个稳定的情形，如图 4－22 所示。

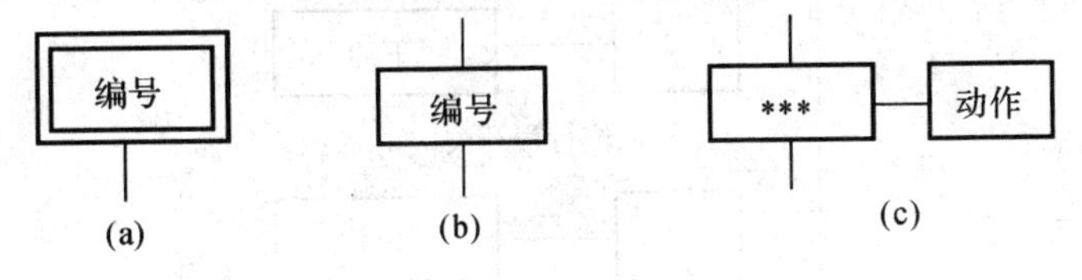

图 4－22　状态图

(a)初始状态；(b)工作状态；(c)与状态对应的动作

2. 转移

为了说明从一个状态到另一个状态的变化，即用一个有向线段来表示转移的方向。两个状态之间的有向线段上再用一段横线表示这一转移。如果转移是从上向下的(或顺向的)，则有向线段上的方向箭头可省略。两个状态之间的有向线段上再用一段横线表示这一转移。

转移是一种条件，当此条件成立时，称为转移使能。该转移如果能够使状态发生转移，则称为触发。一个转移能够触发必须满足：状态为动状态及转移使能。转移条件是指使系统从一个状态向另一个状态转移的必要条件，通常用文字、逻辑方程及符号来表示。

转移条件如图 4－23 所示。

(1)转换实现的条件。在顺序功能图中，如图 4－24 所示，转换实现必须同时满足两个条件：①该转换所有的前级步必须是活动步；②相应的转换条件必须得到满足。

(2)转换实现应完成以下两种操作：

1)使所有与该转换的有向连线相连的后续步都变为活动步。

2)使所有与该转换的有向连线相连的前级步都变为不活动步。

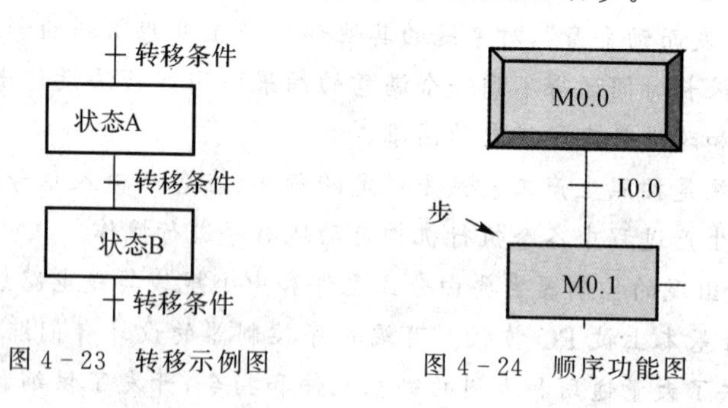

图 4－23　转移示例图　　　　图 4－24　顺序功能图

3. 功能图的构成规则

(1)状态与状态不能相连，必须用转移分开。

(2)转移与转移不能相连，必须用状态分开。

(3)状态与转移、转移与状态之间的连接采用有向线段，从上向下画时，可以省略箭头。

(4)当有向线段从下向上画时，必须画上箭头，以表示方向。

(5)一个功能图至少要有一个初始状态。

在构成规则中，特举例说明，如图 4－25 所示。

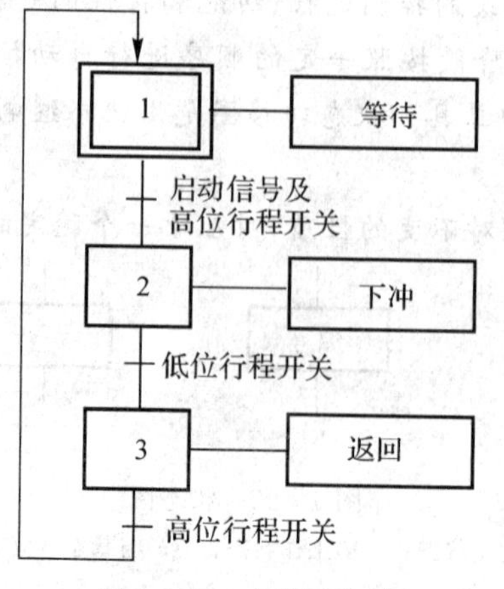

图 4－25　功能图举例

1.2　顺序功能图的3种结构

顺序功能图的基本结构可分为单序列结构、选择序列结构和并行序列结构。

1. 单流程控制

单流程由一系列相继激活的步组成，每一步的后面仅接有一个转换，每一个转换的后面只有一个步，也将单流程控制称为单序列图，如图4-26(a)所示。图中单序列：若3为活动步且d＝1，则发生3→4步转换，4变为活动步，3变为不活动步。

2. 选择序列控制

当顺序功能图步的流程产生分支时，便形成选择序列。在选择序列的分支处转换符只能标在水平线之下，选择序列的结束称为合并，转换符只能标在水平线之上。如图4-26(b)(c)所示。

在8,10与7之间的连线，即选择序列的开始叫分支。转换符号只能标在水平连线之下。

在9,11与12之间的连线，即转换序列的结束叫合并。转换符号只能标在水平连线之上。

如图4-26(b)所示，选择序列的某一分支上允许没有步，但必须要有一个转换条件。这种结构称为"跳步"，跳步属于选择序列的特殊情况。

如图4-26(c)所示的选择序列：若7为活动步且h＝1，则发生7→8步转换；若k＝1，则发生7→10步转换。同理，若9为活动步，且j=1，则发生9→12步转换；若11为活动步且n=1，则发发生11→12步转换。通常转换条件h与k互折。

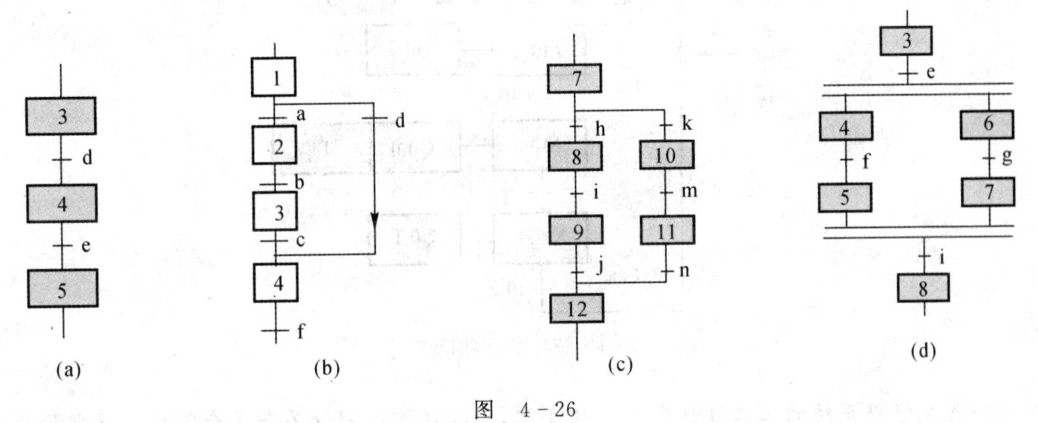

图　4-26

(a)单序列；　(b)选择序列；　(c)并行序列

3. 并列序列控制

当转换条件满足时，并列分支中的所有分支序列将同时激活，用于表示系统中的同时工作的独立部分。当转换导致几个序列同时被激活时，这些序列称为并序列。为强调转换的同步实现，水平连线用双线表示，且水平线上只允许有一个转换符，转换符号必须画在双水平线的上面，当转换条件满足时，双线下面连接的所有步变为活动步。

并列序列的结束称为合并，合并处也仅有一个转换条件，必须画在双线的下面，当连接在双线上面的所有前级步都为活动步且转换条件满足时，才转移到双线下面的步。如图4-26(d)所示。

图中的并行序列：若3为活动步且e=1，则4,6步同时变为活动步，3变为不活动步。当5,7都为活动步且i＝1时，才发生5,7→8步转换，8变为活动步，5,7都变为不活动步。

(1)并行序列的开始叫分支。在表示同步的水平双线之上,只能有1个转换符号。

(2)并行序列的结束叫合并。在表示同步的水平双线之下,只能有1个转换符号。

1.3 顺序功能图的设计步骤

用PLC的梯形图或指令表方式编程容易被广大电气技术人员接受,但是对于一个复杂的控制系统,尤其是顺序控制系统,由于其内部的联锁、互锁、互动关系极其复杂,其梯形图程序往往较长,达到数百行,通常必须熟练的电气工程师才能编写出这样的程序,并且程序的可读性也降低。为了解决这些问题,采用PLC的顺序功能图语言来编写顺序控制程序是一种非常有效的方法,该方法具有编程简单而且直观等特点。其设计步骤如图4-27所示。

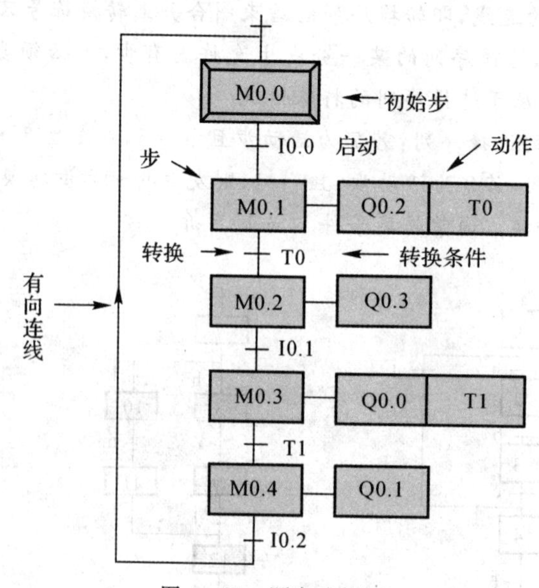

图4-27 顺序功能图

(1)首先根据系统的工作过程中状态的变化,将控制过程划分为若干个阶段。这些阶段称为步(step)。步是根据PC输出量的状态划分的。只要系统的输出量的通/断状态发生了变化,系统就从原来的步进入新的步。在各步内,各输出量的状态应保持不变,如图4-28所示。

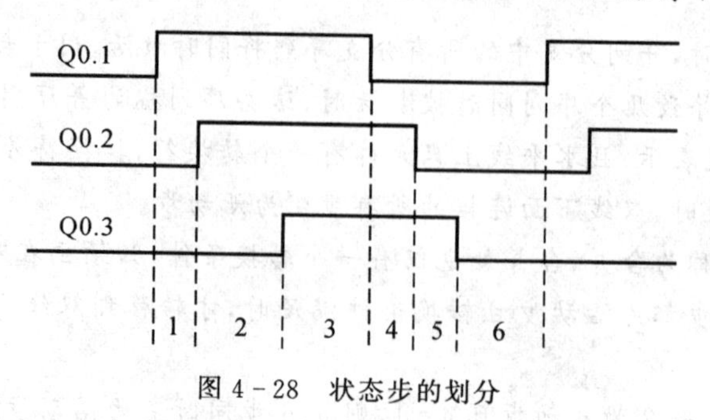

图4-28 状态步的划分

(2)各相邻步之间的转换条件。转换条件使系统从当前步进入下一步。常见的转换条件有限位开关的通/断,定时器、计数器常开触点的接通等。转换条件也可能是若干个信号的与、或逻辑组合。

(3)画出顺序功能图或列出状态表。

(4)根据顺序功能图或状态表,采用某种编程方式,设计出系统的梯形图程序。

顺序功能图又称为功能表图,它是一种描述顺序控制系统的图解表示方法,是专用于工业顺序控制程序设计的一种功能说明性语言。它能形象、直观、完整地描述控制系统的工作过程、功能和特性,是分析、设计电气控制系统控制程序的重要工具。

功能图主要由"状态"、"转移"及有向线段等元素组成。如果适当运用组成元素,就可得到控制系统的静态表示方法,再根据转移触发规则模拟系统的运行,就可以得到控制系统的动态过程。

1.4　顺序功能图的组成

顺序功能图主要由步(状态)、有向连线、转换、转换条件和动作几部分组成。

顺序控制设计法最基本的思想是将系统的一个工作周期划分为若干个顺序相连的阶段,这些阶段称之为步(step),并用编程元件(例如为存储器 M 和顺序控制继电器 S)步也就是状态,是控制系统中一个相对不变的性质,对应于一个稳定的情形。可以将一个控制系统划分为被控系统和施控系统。例如在数控车床系统中,数控装置是施控系统,而车床是被控系统。对于被控系统,在某一步中要完成某些"动作"(action),对于施控系统,在某一步中则要向被控系统发出某些"命令"(command)。步的符号如图 4-29 所示。矩形框中可写上该状态的编号或代码。

(1)初始状态。初始状态是功能图运行的起点,一个控制系统至少要有一个初始状态。初始状态的图形符号为双线的矩形框,如图 4-30 所示。在实际使用时,有时也是画单线矩形框,有时画一条横线表示功能图的开始。

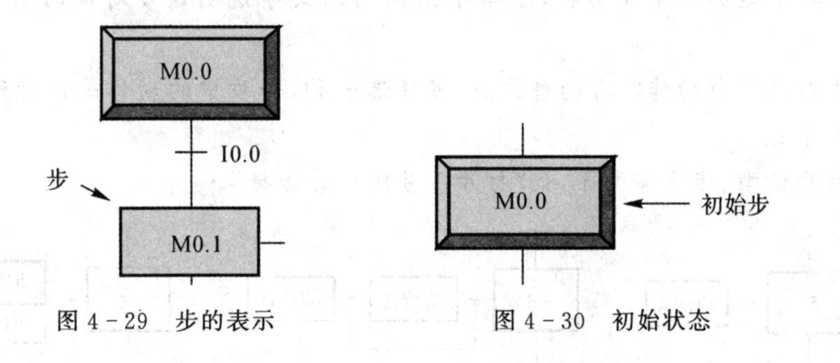

图 4-29　步的表示　　　图 4-30　初始状态

(2)有向连线。功能图中,步和步按运行时工作的顺序排列并用表示变化方向的有向线段连接起来,以指示步序和走向。连线方向从上到下、从左到右,可省去箭头,其余方向应加上箭头表明步的进展方向,方向不可省略。如图 4-31 所示。

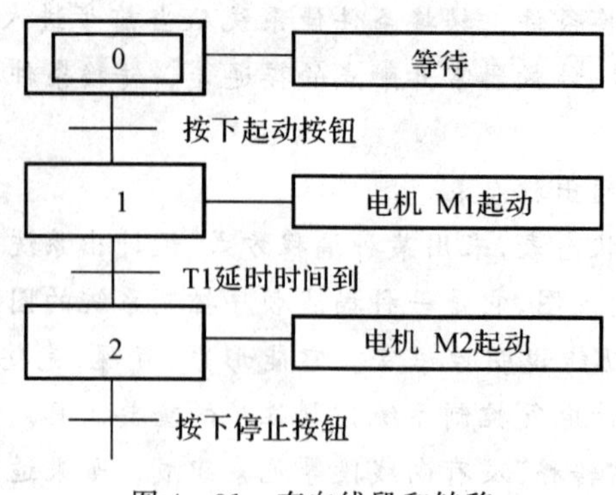

图 4-31　有向线段和转移

(3)工作状态。工作状态是控制系统正常运行时的状态,如图 4-32 所示。根据系统是否运行,状态可分为动态和静态两种。动状态是指当前正在运行的状态,静状态是没有运行的状态。不管控制程序中包括多少个工作状态,在一个状态序列中同一时刻最多只有一个工作状态在运行中,即该状态被激活。

(4)动作与状态对应。在每个稳定的状态下,可能会有相应的动作。动作的表示方法如图 4-33 所示。

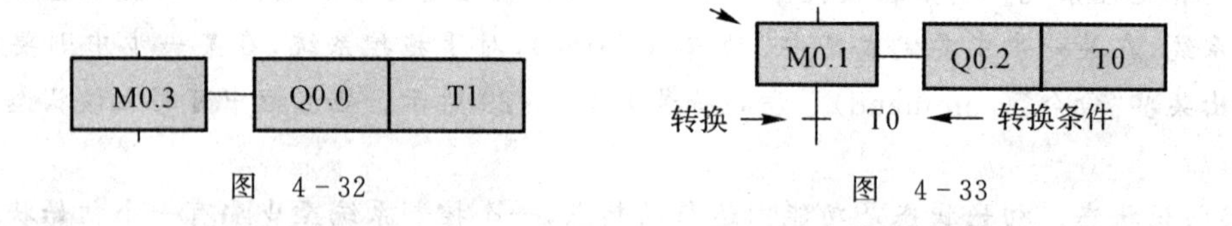

图　4-32　　　　图　4-33

1)一个步表示控制过程中的稳定状态,它可以对应一个或多个动作。

2)可以在步右边加一个矩形框,在框中用简明的文字说明该步对应的动作,如图 4-34 所示。

3)一个步对应多个动作时有两种画法,可任选一种,一步中的动作是同时进行的,动作之间没有顺序关系。

4)可以有存储型、非存储型等,如"打开 1 号阀们并保持"。

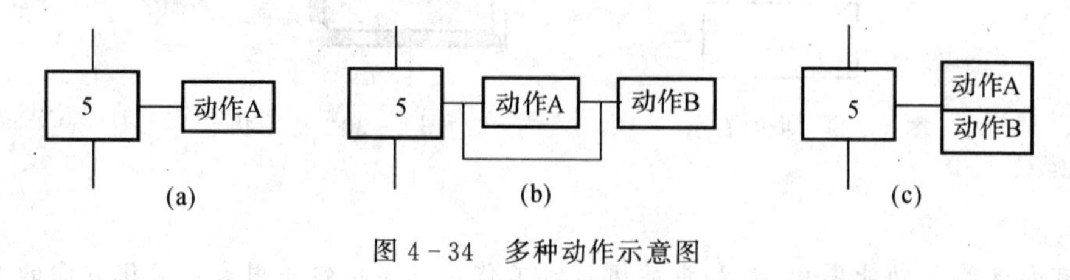

图 4-34　多种动作示意图

除了以上基本结构之外,使用动作的修饰词(见表 4-10)可以在一步中完成不同的动作。修饰词允许在不增加逻辑的情况下控制动作。

表 4-10　动作的修饰词

N	非存储型	当步变为不活动步时动作停止
S	置位(存储)	当步变为不活动步时动作继续,直到动作被复位
R	复位	被修饰词 S,SD,SL 或 DS 启动的动作被终止
L	时间限制	步变为活动步时动作被启动,直到步变为不活动步或设定时间到
D	时间延迟	步变为活动步时延时定时器被启动,如果延时之后步仍然是活动的,动作被启动和继续直到步变为不活动步
P	脉冲	当步变为活动步,动作被启动并且只执行一次
SD	存储与时间延迟	在时间延时之后,动作被启动,直到动作被复位
DS	延迟与存储	在延迟之后如果仍然是活动步,动作被启动直到被复位
SL	存储与时间限制	步变为活动步时动作被启动,一直到设定的时间到或动作被复位

(5)活动步。当系统正处于某一步所在的阶段时,该步处于活动状态,称该步为“活动步”。步处于活动状态时,相应的动作被执行;处于不活动状态时,相应的非存储型动作被停止执行。

评价与分析

评分表见表 4-11。

表 4-11　学习活动 4 评分表

评分项目	评价指标	标准分	评　分
指令学习	是否掌握新学功能图的功能	30	
程序设计	能否按正确设计出运输带程序	40	
学习态度	学习态度是否积极	10	
工具准备	能否按要求准备好工具	10	
团结协作	小组成员是否团结协作	10	

学习活动 5　任务实施与验收

学习目标

(1)能查阅资料设置工作现场必要的标识和隔离措施。

(2)能进行运输带运输机的程序设计,并根据梯形图编写语句指令表。

(3)能根据运输带运输机主电路和 PLC 接线图进行施工并进行模拟调试,达到设计要求。

学习过程

明确运输带控制系统的控制要求，写出 PLC 的输入/输出分配表、外部接线图、梯形图和指令表，并将程序输入 PLC，按照运输带控制系统的动作要求进行模拟调试，达到设计要求。特开展工作如下：

(1)4～5 人为一小组，在教师指导下进行小组分工和施工。

(2)以情景模拟的形式，教师安排学生扮演角色，完成任务领取、从库房领取工具、材料，查阅资料。

(3)与组员有效沟通，合作完成施工任务。

(4)完工自检后，以情景模拟的形式，交付教师验收。

(5)以情景模拟的形式，教师安排学生扮演角色，归还工具、剩余材料。

(6)教师组织学生以小组形式，通过演示文稿、现场操作、展板、海报、录像等形式，向全班展示、汇报学习成果。

一、运输带的控制要求

请思考下列问题：

引导问题一：通过勘查现场收集到的运输带系统的总体控制要求是什么？它与模拟的控制要求有出入吗？差别在哪里呢？

引导问题二：对于编写 I/O 分配表需要哪些执行机构和传感器的参数信息，你搜集到了吗？

引导问题三：运输带控制系统的输入/输出元件共用了几个点？其中输入元件用了几个点？其作用是什么？输出元件用了几个点？其作用是什么？

引导问题四：模拟的实训装置与现场操作的有哪些典型不同？你能举例说明吗？

二、三级运输带系统的地址分配表和外部接线图

引导问题一：请填写输入/输出分配表(见表 4-12)。

表 4-12　输入/输出分配表

输　入			输　出		
元件代号	作用	输入继电器	元件代号	作用	输出继电器

引导问题二：请结合输入/输出分配表绘制出主电路及 PLC 接线图，画在图 4-35 中。

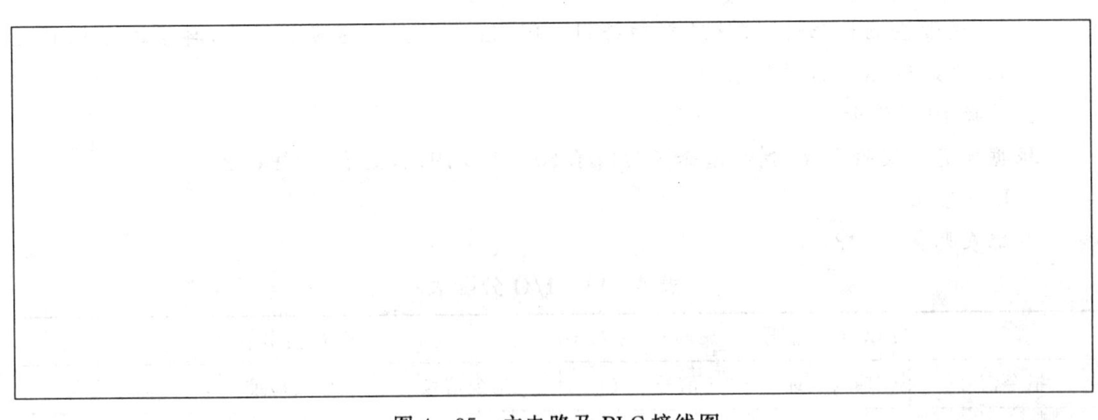

图 4－35 主电路及 PLC 接线图

引导问题三：请根据运输带控制系统工作原理画出执行顺序功能图，画在图 4－36 中。

顺序功能图

图 4－36 顺序功能图

三、运输带控制的指令表

引导问题一：运输带控制梯形图中 SM0.1 是什么元件？其作用是什么？

引导问题二：运用顺序功能图绘制时要注意哪些事项？

小词典

运输带控制系统

1.1 硬件设计

1. 控制要求

(1)按下启动按钮 SB1 后，传送带 1 启动，经过 20s，传送带 2 启动，再经过 20s，传送带 3 启动，在经过 20s，卸料阀打开，物料经各级传送带输送到料仓。

(2)按下停止按钮 SB2 后，卸料阀关闭，经过 20s，传送带 3 停止，再经过 20s，传送带 2 停止，再经过 20s，传送带 1 停止。

(3)传送带检测料仓料位,料满则卸料阀关闭,经过20s,传送带3停止,再经过20s,传送带2停止,再经过20s,传送带1停止。

2.选择PLC型号

根据现有的实验平台,我们选择了西门子S7-200 PLC,型号为CPU 226。

3.I/O分配表

分配表见表4-13。

表4-13 I/O分配表

PLC输入信号			PLC输出信号		
指令信号	输入地址	信号含义	指令信号	输入地址	信号含义
SB1	I0.0	启动按钮	KM1接触线圈	Q0.0	传送带1启动
SB2	I0.1	停止按钮	KM2接触线圈	Q0.1	传送带2启动
SQ1	I0.2	检料行程开关	KM3接触线圈	Q0.2	传送带3启动
			KM4接触线圈	Q0.3	卸料阀打开

4.PLC外围设备接线图

外围设备接线图如图4-37所示。

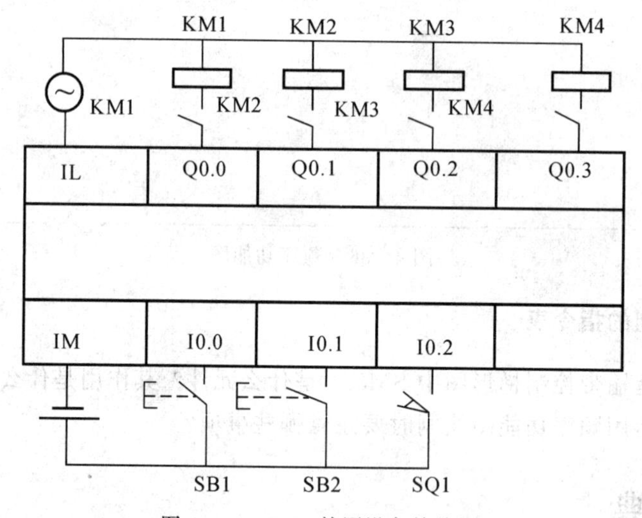

图4-37 PLC外围设备接线图

5.电气原理图

电气原理图如图4-38所示。

1.2 软件设计

1.顺序功能图

其顺序功能图如图4-39所示。

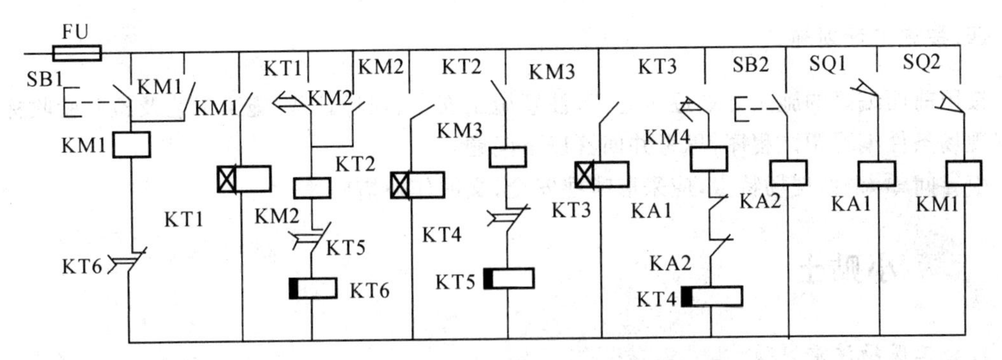

图 4－38　电气控制部分原理图

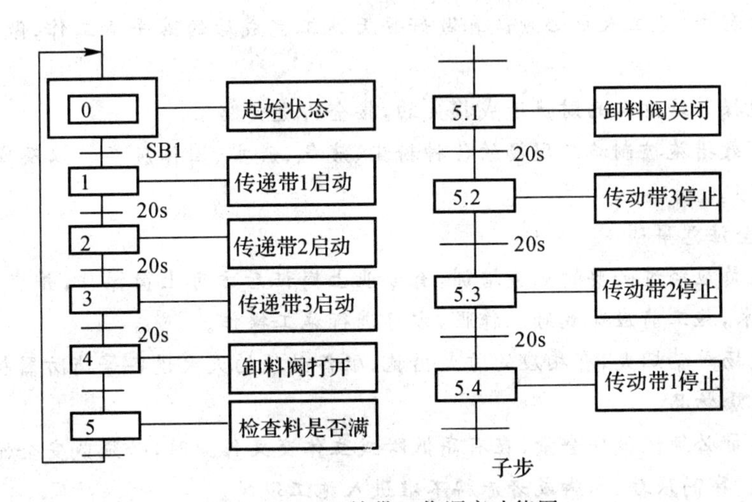

图 4－39　运输带工作顺序功能图

2. 设计梯形图

结合上述提供的信息，编写本工作任务的梯形图，同时根据控制要求与控制部分原理图找出两者存在的不同，在 PLC 外围设备接线图纸上进行修改，最终把正确的程序写出，填写在图 4－40 中。

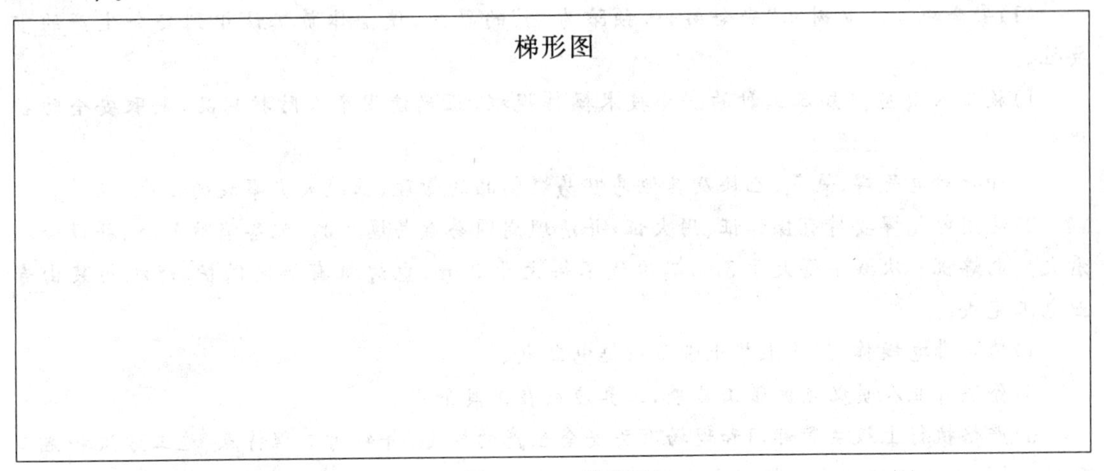

图 4－40　梯形图

四、按施工计划施工

按照前面编好的施工计划逐步施工，注意施工安全、现场管理、施工工艺及检验验收标准，根据现场条件编写调试程序，思考并回答以下问题：

引导问题：根据现场特点，应采取哪些安全、文明作业措施？

小贴士

1. 施工现场注意事项

(1)进入施工现场人员必须戴好安全帽，悬空及高空作业人员必须佩带安全带。

(2)施工过程中，施工人员必须认真做好每天施工完成后的落手清工作，做到工完、料净、场地清。

(3)因违规操作给他人的财产造成损失的，按全价进行赔偿。

(4)采取有效措施控制施工现场的各种粉尘、废气、废水、固体废弃物以及噪声、振动对环境的污染和危害。

2. 施工安全注意事项

(1)施工人员应经过必要的业务培训，有专业上岗证后方可上岗操作，并应掌握应知应会的施工安全技术，施工前应穿戴好工作服，方可进行施工操作。

(2)施工现场严禁烟火，有相应的防火措施，配备必须的灭火设备等消防器材，施工现场不准混放易燃、易爆物品。

(3)操作人员必须佩戴安全带，在有高低跨或立体交叉作业时，必须戴安全帽。

(4)穿拖鞋、穿高跟鞋、赤脚或者赤膊不准进入施工现场。

(5)酒后不准上班操作。

(6)未经有关人员批准，不准任意拆除安全设施和安装装置。

(7)在施工中，有关安全技术，如高空作业、垂直运输、卫生防护等应严格按照国务院颁发的《建筑安全工程技术规程》和国家其他有关专门规定执行。

3. 安全文明施工

(1)安全施工。要树立“安全第一，预防为主”的思想，使全体员工认识到安全生产的重要性。

1)施工人员应熟知本工种的安全技术操作规程，正确使用个人防护用品，采取安全防护措施。

2)加强对电气焊、氧气、乙炔及其他易燃易爆物品的管理，杜绝火灾事故的发生。

3)使用电气焊要持有操作证、用火证，并清理周围易燃易爆物品，配备消防器材，并设专人看火。电焊机一次线不得大于5m，二次线不得大于30m，电焊机有接地保护，焊机拆装由专业电工完成。

4)禁止带电操作，线路上禁止带负荷接电断电。

5)登高作业人员必须佩带工具袋，工具应放在工具袋内。

6)严格执行上级主管部门和现场有关安全生产的规定，并针对工程特点、施工方法和施工环境，制订切实可行的安全技术交底措施，做好安全交底工作。

7)做好消防工作,施工人员严格执行消防保卫制度。

8)开展定期或不定期现场安全检查,并根据施工特点和气候开展专项检查,确保安全施工。

(2)文明施工。

1)严格按照施工组织设计的布置方案进行施工,不得随意乱占道路,乱占场地。

2)注意环境保护,尽量减少施工噪声。

3)做到工完场清,随时清运施工垃圾,不得乱堆放。

五、工作施工验收

通过查阅与收集相关电气控制方面的知识,简答以下几个问题:

引导问题一:填写电气施工项目的验收标准。

引导问题二:编写你的运输带PLC控制使用说明书。

引导问题三:小组同学分别扮演项目甲方、项目经理、检验员,完成验收过程,填写验收报告,见表4-14。

表4-14　××任务验收报告

项目名称:　　　　施工方:　　　　日期:

名　称	合　格	不合格	改进措施	备　注
正确选择PLC型号				
编写控制程序				
模拟调试				
通电试车				
……				

评价与分析

评分表见表4-15。

表4-15　学习活动5评分表

评分项目	评价指标	标准分	评　分
程序编制	能否正确运用指令编写多种程序,编制是否规范	30	
输入程序	程序输入是否正确	10	
系统自检	能否正确自检	20	
系统调试	系统能否实现控制要求	10	
安全施工	是否做到了安全施工	10	
现场清理	是否能清理现场	10	
团结协作	小组成员是否团结协作	10	

学习活动6　总结与评价

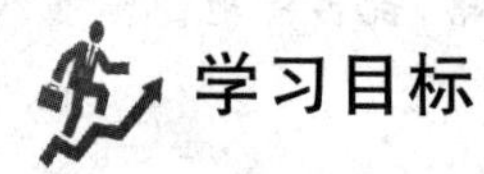

学习目标

(1)能正确规范撰写总结。
(2)能采用多种形式进行成果展示。
(3)能有效进行工作反馈与经验交流。
(4)能正确填写工作任务单的验收项目,并交付验收。

学习过程

一、请根据工程完工情况,用自己的语言描述具体的工作内容

引导问题一:你在这个项目的实施过程中学到了什么?请做简单阐述。

引导问题二:简述本次任务完成情况。

引导问题三:请各组派一名代表对完成的工作进行预验收,发现情况及时处理,并做好记录。

引导问题四:通过本次学习任务的完成情况,对小组以及个人作出评价。

二、工作总结

引导问题一:通过本次工作你感觉有何收获?哪些方面尚待提高?

引导问题二:工作中遇到问题时,你是如何解决的?

引导问题三:工作中小组内部是如何协调合作的?今后应如何加强协作?

引导问题四:你考虑如何展示你们的工作成果?

引导问题五:请全面总结本次工作。

评价与分析

评分表见表4-16。

表4-16　学习活动6评分表

评分项目	评价指标	标准分	评　分
自评	自评是否客观	20	
互评	互评是否公正	20	
演示方法	演示方法是否多样化	20	
语言表达	语言表达是否流畅	20	
团结协作	小组成员是否团结协作	20	

以小组为单位，选择演示文稿、展板、海报、录像等形式中的一种或几种，向全班展示、汇报学习成果，通过每个小组成员对任务实施过程中所遇到的问题和自身感受，进行互动交流，并将经验记录下来（见表4－17）。

表4－17　经验交流记录表

业务实施过程	持续改进行动计划	学习与工作宝贵经验
提出人过程记录	提出人改进记录	经验记录

三、综合评价

（1）学生完成任务后，对学生的作品按自我评价、小组评价、教师评价进行评价，评价标准见表4－18。

表4－18　评价表

评价项目	评价内容	评价标准	评价方式		
			自我评价	小组评价	教师评价
职业素养	安全意识、责任意识	A作风严谨、自觉遵章守纪、出色完成工作任务 B能够遵守规章制度、较好完成工作任务 C遵守规章制度、没完成工作任务或完成工作任务但忽视规章制度 D不遵守规章制度、没完成工作任务			
	学习态度主动	A积极参与教学活动，全勤 B缺勤达本任务总学时的10% C缺勤达本任务总学时的20% D缺勤达本任务总学时的30%			
	团队合作意识	A与同学协作融洽、团队合作意识强 B与同学能沟通、协同工作能力较强 C与同学能沟通、协同工作能力一般 D与同学沟通困难、协同工作能力较差			

续表

评价项目	评价内容	评价标准	评价方式		
			自我评价	小组评价	教师评价
专业能力	学习活动1 接收工作任务	A按时、完整地完成工作页,问题回答正确,能够有效检索相关内容 B按时、完整地完成工作页,问题回答基本正确,检索了一部分内容 C未能按时完成工作页,或内容遗漏、错误较多 D未完成工作页			
	学习活动2 勘查施工现场	A能根据原理分析电路功能,并勘查了现场,做了详细的测绘记录 B能根据原理分析电路功能,并勘查了现场,但未做记录 C不能根据原理分析电路功能,但勘查了现场 D未完成勘查活动			
	学习活动3 制定订作计划	A工作计划制订有条理,信息检索全面、完善 B工作计划制订较有条理,信息检索较全面 C未制订工作计划,信息检索内容少 D未完成施工准备			
	学习活动4 施工前的准备	A能根据任务单要求进行分组分工,能采用图、表的形式记录所需工具以及材料清单 B能根据任务单要求进行分组分工,简单罗列所需工具以及材料清单 C能根据任务单要求进行分组分工,不能采用图、表的形式记录所需工具以及材料清单 D未完成分组、列清单活动			
	学习活动5 任务施工与验收	A学习活动评价成绩为90～100分 B学习活动评价成绩为75～89分 C学习活动评价成绩为60～75分 D学习活动评价成绩为0～60分			
创新能力		学习过程中提出具有创新性、可行性的建议	加分奖励:		
班级			学号		
姓名			综合评价等级		
指导教师			日期		

(2)教师对本次任务的执行过程和完成情况进行综合评价。

任务五 多种液体自动混合装置控制系统编程及应用

学习目标

知识目标	·能阅读"多种液体自动混合装置控制系统编程及应用"工作任务单,明确项目任务和个人任务要求,服从工作安排。 ·了解多种液体自动控制系统功能、基本结构及应用场合。 ·掌握顺序控制指令 LSCR,SCRT,SCRE 的基本概念、功能及操作对象。 ·掌握顺序控制指令的编程方法。 ·能够掌握选择序列与并行序列的基本编程方法。 ·掌握具有多种工作方式的系统的顺序控制梯形图设计方法。 ·掌握以转换为中心的编程方法。
技能目标	·能到现场采集多种液体自动控制系统的技术资料,根据多种液体自动控制系统的电气原理图和工艺要求绘制主电路及 PLC 接线图,编制 I/O分配表。 ·能进行多种液体自动控制设备工作的程序设计,并根据梯形图编写语句指令表。 ·能正确地将程序输入 PLC,并按照多种液体自动混合的动作要求进行模拟调试,达到设计要求。
素养目标	·培养团队合作能力及分析、解决实际问题的能力。

情景描述

某企业物流中心仓库的 3 条货物传送带原用继电器-接触器控制,已用多年,设备老化,自动化程度低,维修复杂、成本高,厂家要求按照原系统工作原理进行 PLC 控制改造,联系到我校电气系进行改造,签订合同按规定期限完成验收交付使用,给予工程费用大约 y 元。

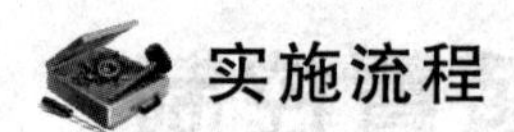

实施流程

实施流程

- ① 学习活动1：接收工作任务
- ② 学习活动2：勘查施工现场
- ③ 学习活动3：制订工作计划
- ④ 学习活动4：施工前的准备
- ⑤ 学习活动5：任务实施与验收
- ⑥ 学习活动6：总结与评价

学习活动1　接收工作任务

学习目标

能阅读“多种液体自动混合控制系统编程及应用”工作任务单，明确项目任务和个人任务要求，并在教师指导下进行人员分组。

学习过程

请认真阅读工作情景描述及相关资料，用自己的语言填写设备改造(大修)联系单(见表5-1)。

表5-1　工作任务单

年　　月　　日　　　　　　　　　　　　　　　　　　　　　　No. 0008

<table>
<tr><td rowspan="3">报修项目</td><td>维修地点</td><td>汉兴路36号</td><td>报修人</td><td>王兴</td><td>联系电话</td><td>37886588</td></tr>
<tr><td colspan="6">报修事项：东风机械厂多种液体自动混合配料机年久失修，电气部分严重老化，车间主任要求对其电气部分进行安装、改造、调试，并要求在5个工作日之内完成该项工作，以便自动混合搅拌机投入正常运行。</td></tr>
<tr><td>报修时间</td><td>2013.10.10</td><td>要求完成时间</td><td>2013.10.15</td><td>派单人</td><td>杨文斌</td></tr>
<tr><td rowspan="4">维修项目</td><td>接单人</td><td></td><td>维修开始时间</td><td></td><td>维修完成时间</td><td></td></tr>
<tr><td colspan="6">所需材料：</td></tr>
<tr><td colspan="2">维修部位</td><td colspan="2"></td><td>维修人员签字</td><td></td></tr>
<tr><td colspan="2">维修结果</td><td colspan="2"></td><td>班组长签字</td><td></td></tr>
</table>

续 表

验收项目	维修人员工作态度是否端正：是□　否□ 本次维修是否已解决问题：是□　否□ 是否按时完成：是□　否□ 客户评价：非常满意□　基本满意□　不满意□ 客户意见或建议：______			
	车间主任	司良雄		

引导问题一：你见过多种液体自动混合控制过程吗？请简单描述一下。

引导问题二：你知道为什么配料机要使用自动混合控制吗？

引导问题三：在接到任务单之后，你认为工程任务施工前应做哪些具体准备工作？

引导问题四：多种液体混合配料机一般会在什么场所用到？它们的应用范围有哪些？

引导问题五：小组人员如何进行分工，组长怎样安排？

引导问题六：该工作任务完成后打算怎样进行验收？

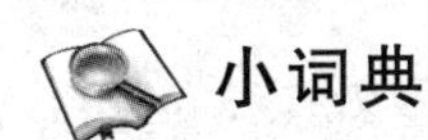

小词典

通过上网检索、到图书馆查阅资料等形式，查寻多种液体自动混合控制系统图片的相关资料，如图 5－1、图 5－2 所示。

图 5－1　实际生产中多种液体自动混合的应用示意图

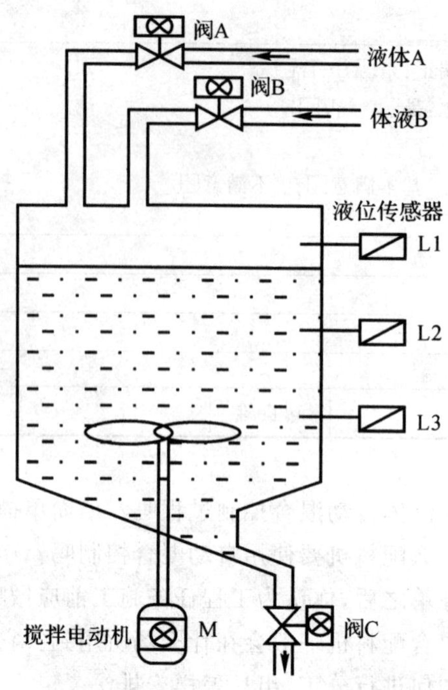

图 5-2　多种液体自动混合模型示意图

知识拓展

随着经济的发展和社会的进步,各种工业自动化的不断升级,对于工人的素质要求也逐渐提高。在生产的第一线有着各种各样的自动加工系统,其中多种原材料混合再加工是最为常见的一种。

在工艺加工最初,把多种原料在合适的时间和条件下进行需要的加工以得到产品一直都是在人监控或操作下进行的,在后来多用继电器系统对顺序或逻辑的操作过程进行自动化操作,但是现在随着时代的发展,为了提高产品质量,缩短生产周期,适应产品迅速更新换代的要求,产品生产正在向缩短生产周期、降低成本、提高生产质量等方向发展,这些方式已经不能满足工业生产的实际需要,实际生产中需要更精确、更便捷的控制装置。

在炼油、化工、制药等行业中,多种液体混合是必不可少的工序,而且也是其生产过程中十分重要的组成部分。由于这些行业的环境中含有易燃、易爆、有毒、有腐蚀性的介质,现场工作环境恶劣,不适合人工现场操作。此外,生产要求该系统具有混合精确、控制可靠等特点,这也是人工操作和半自动化控制难以实现的。因此,为了实现多种液体混合且安全、自动化生产的目的,应采用全自动控制。

为了帮助相关行业,特别是其中的中小型企业在混合油漆等化学用品时,需要混合均匀才能实现好的效果,而人工却不能实现的情况下,采用液体自动混合装置以实现多种液体混合的自动控制，如图 5-3 所示。

图 5-4 所示的多种液体混合装置主要完成 3 种液体的自动混合搅拌并控制温度。此装置需要控制的元件有 L1,L2,L3,M 为液面传感器,液面淹没该点时为 ON;Y1,Y2,Y3,Y4 为

电磁阀；M 为搅拌电机；T 为温度传感器；H 为加热器。

所有这些元件均属电路硬件，这些元件的控制都属于数字量控制，可以通过引线与相应的控制系统连接而达到控制目的。

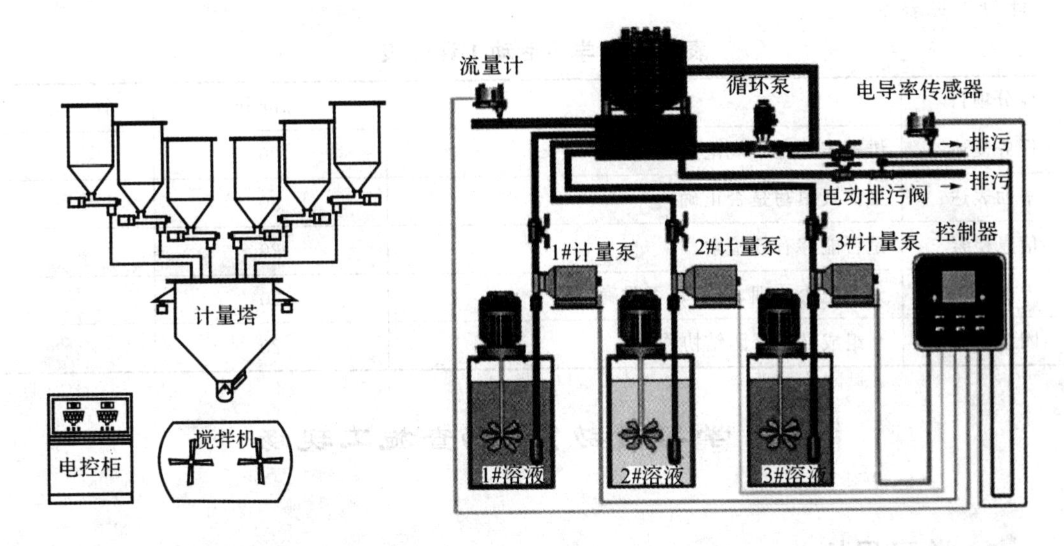

图 5-3　企业混合油漆装置示意图

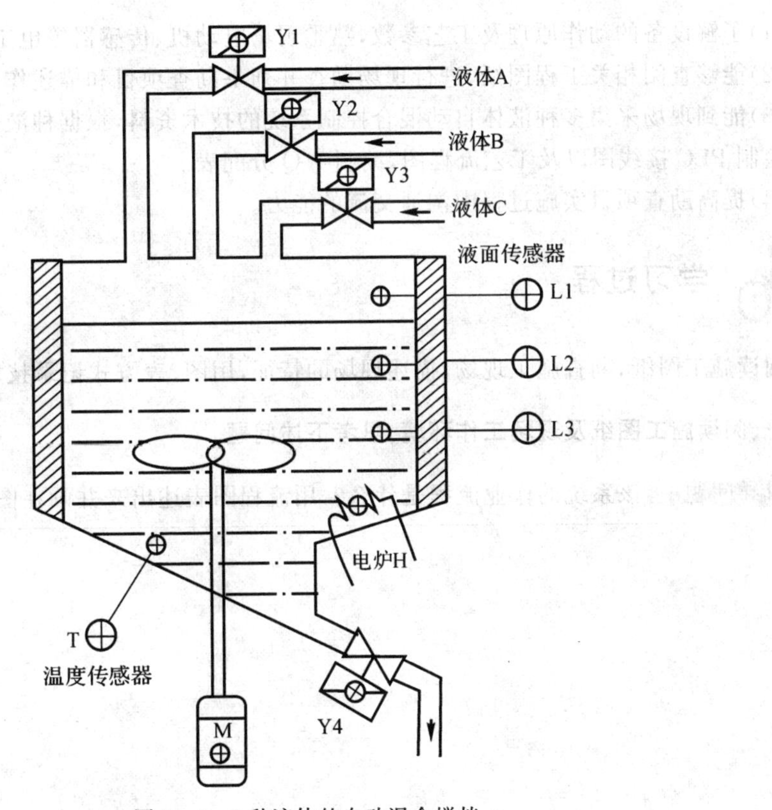

图 5-4　3 种液体的自动混合搅拌

评价与分析

评分表见表 5-2。

表 5-2 学习活动 1 评分表

评分项目	评价指标	标准分	评 分
任务复述	语言表达是否规范	20	
书面表达	工作页填写是否正确	20	
信息检索	是否能够有效检索	20	
人员分工	分工是否合理,任务是否明确	20	
团结协作	小组成员是否团结协作	20	

学习活动 2 勘查施工现场

学习目标

(1)了解设备的动作原理及工艺参数,熟悉现场电动机、传感器等电工材料的型号和参数。

(2)能够查阅相关工程图纸,进行现场勘查并列举勘查项目和描述作业流程。

(3)能到现场采集多种液体自动混合控制系统的技术资料,根据种液体自动混合控制工艺要求绘制 PLC 接线图以及工艺流程图,编制 I/O 分配表。

(4)提高勘查项目实施过程中沟通交流的能力。

学习过程

阅读施工图纸,勘查施工现场,描述现场的特征,用图、表方式记录技术参数。

一、阅读施工图纸及现场工作环境,思考下述问题

引导问题一:该系统的作业流程是什么?用流程图表述出来并画在图 5-5 中。

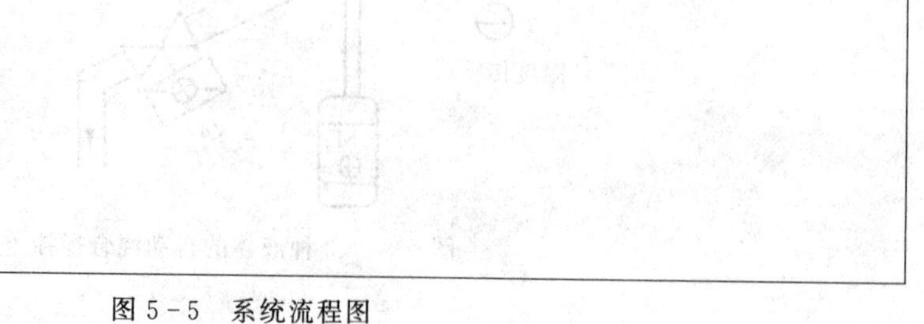

图 5-5 系统流程图

引导问题二：请填写输入/输出分配表(见表5－3)。

表5－3　输入、输出分配表

输入			输出		
元件代号	作用	输入继电器	元件代号	作用	输出继电器

引导问题三：请根据输入/输出分配表绘制出主电路及PLC接线图，并画在图5－6中。

图5－6　主电路及PLC接线图

引导问题四：请你简要回答模拟实训装置控制与实际控制设备存在哪些区别？其中最为明显的是什么？

二、了解该系统的作业流程

1. 多种液体自动混合控制系统实际情况

如图5－7所示为3种液体混合装置，SQ1，SQ2，SQ3和SQ4为液面传感器，液面淹没时接通，液体A，B，C与混合液阀由电磁阀YV1，YV2，YV3，YV4控制，M为搅匀电动机。其控制要求如下：

(1)初始状态。装置投入运行时，液体A，B，C阀门关闭，混合液阀门打开20s将容器放空后关闭。

(2)启动操作。按下启动按钮SB1，装置开始按下列给定规律运转。

1）液体 A 阀门打开，液体 A 流入容器。当液面到达 SQ3 时，SQ3 接通，关闭液体 A 阀门，打开液体 B 阀门。

2）当液面到达 SQ2 时，关闭液体 B 阀门，打开液体 C 阀门。

3）当液面到达 SQ1 时，关闭阀门 C，搅匀电动机开始搅匀。

4）搅匀电动机工作 1min 后停止搅动，混合液体阀门打开，开始放出混合液体。

5）当液面下降到 SQ4 时，SQ4 由接通变断开，再过 20s 后，容器放空，混合液阀门关闭，开始下一个周期。

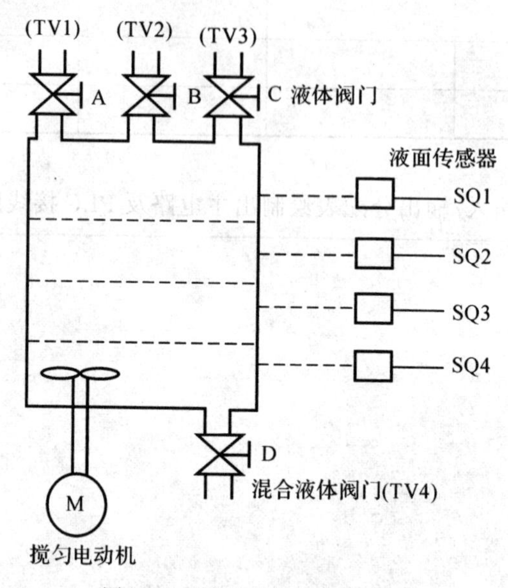

图 5－7　模拟系统工作示意图

(3)停止操作。按下停止按钮 SB2 后，要将当前的混合操作处理完毕后，才停止操作(停在初始状态)。

2. 结合运输带工作情景模拟控制实验

在该混合液体装置中，需要完成两种液体的进料、混合、卸料的功能，如图 5－8 所示。其控制要求如下：

(1)混合过程：开始排放混合液体阀打开放完液体后自动关闭，A 液体阀 TV1 打开，注入 A 液体。当液面上升到 SL2 时，关闭 A 液体阀 TV1，同时注入 B 液体阀 TV2 打开，注入 B 液体。当液面上升到 SL3 时，关闭 B 液体阀，并开始定时搅拌，搅拌 1min 后停止。

(2)停止过程：停止搅拌后自动排放混合液体，当混合液体的页面下降到 SL1 时，开始计时到 2s 后关闭排气阀 TV3，一个循环结束。

(3)具体运行过程(见图 5－9)：按动启动按钮 SB1 后，电磁阀 YV1 通电打开，液体 A 流入容器。当液位高度达到 I 时，液位传感器 I 接通，此时电磁阀 YV1 断电关闭，而电磁阀 YV2 通电接通，液体 B 流入容器。液位达到 H 时液位传感器 H 接通，这时电磁阀 YV2 断电关闭，同时启动电机 M 搅拌。1min 后电动机 M 停止搅拌，这时电磁阀 YV3 通电打开，放出混合液体去下道工序。当液位下降到 L 时，再延时 2s 使电磁阀 YV3 断电关闭，并自动开始新的周期。

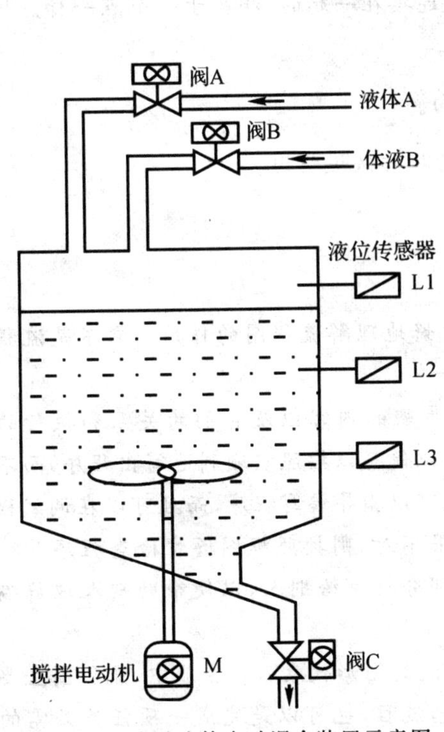

图 5-8　多种液体自动混合装置示意图

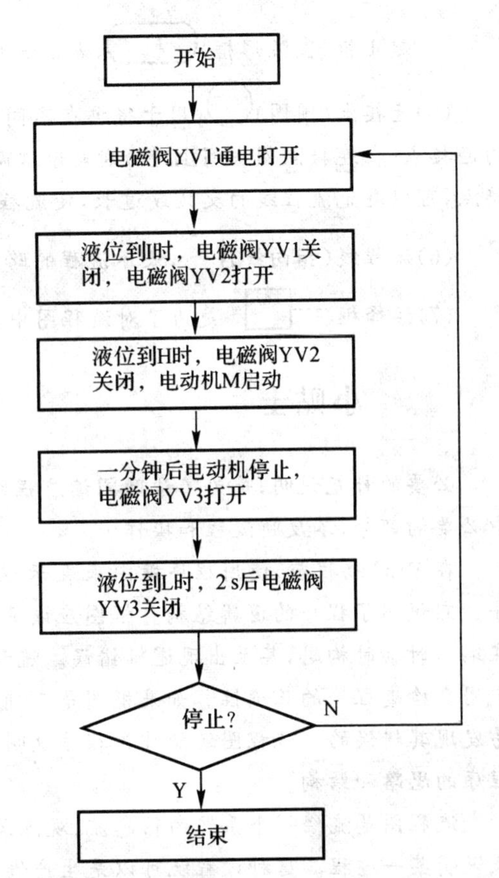

图 5-9　多种液体自动混合工作流程示意图

知识拓展

流 程 图

1.1　流程图的功能

以特定的图形符号加上说明，表示算法的图，称为流程图或框图。

流程图是用一些图框来表示各种类型的操作，在框内写出各个步骤，然后用带箭头的线把它们连接起来，以表示执行的先后顺序。用图形表示算法，直观形象，易于理解。

美国国家标准化协会 ANSI 曾规定了一些常用的流程图符号，为世界各国程序工作者普遍采用。最常用的流程图符号为：

(1)处理框(矩形框)，表示一般的处理功能。

(2)判断框(菱形框)，表示对一个给定的条件进行判断，根据给定的条件是否成立决定如何执行其后的操作。它有一个入口，两个出口。

(3)输入输出框(平行四边形框)。

(4)起止框(圆弧形框)▭,表示流程开始或结束。

(5)连接点(圆圈)○,用于将画在不同地方的流程线连接起来。如图中有两个以1标志的连接点(在连接点圈中写上"1")则表示这两个点是连接在一起的,相当于一个点一样。用连接点,可以避免流程线的交叉或过长,使流程图清晰。

(6)流程线(指向线)↓→,表示流程的路径和方向。

(7)注释框┄┄□,是为了对流程图中某些框的操作做说明用。

必要的补充说明,是为了帮助阅读流程图的人更好地理解流程图的作用。它不是流程图中必要的部分,不反映流程和操作。

在PLC编程前,使用程序框图来表示程序内各步骤的内容以及它们的关系和执行的顺序。它说明了程序的逻辑结构。框图应该足够详细,以便可以按照它顺利地写出程序,而不必在编写时临时构思,甚至出现逻辑错误。流程图不仅可以指导编写程序,而且可以在调试程序中用来检查程序的正确性。如果框图是正确的而结果不对,则按照框图逐步检查程序是很容易发现其错误的。流程图还能作为程序说明书的一部分提供给别人,以便帮助别人理解编写程序的思路和结构。

流程图是流经一个系统的信息流、观点流或部件流的图形代表。在企业中,流程图主要用来说明某一过程。这种过程既可以是生产线上的工艺流程,也可以是完成一项任务必需的管理过程。

如图5-10所示,一张流程图能够成为解释某个零件的制造工序,甚至组织决策制定程序的方式之一。这些过程的各个阶段均用图形块表示,不同图形块之间以箭头相连,代表它们在系统内的流动方向。下一步何去何从,要取决于上一步的结果,典型做法是用"是"或"否"的逻辑分支加以判断。

流程图是揭示和掌握封闭系统运动状况的有效方式。作为诊断工具,它能够辅助决策制定,让管理者清楚地知道,问题可能出在什么地方,从而确定出可供选择的行动方案。

流程图有时也称作输入-输出图。该图直观地描述一个工作过程的具体步骤。流程图对准确了解事情是如何进行的,以及决定应如何改进过程极有帮助。这一方法可以用于整个企业,以便直观地跟踪和图解企业的运作方式。

流程图使用一些标准符号代表某些类型的动作,如决策用菱形框表示,具体活动用方框表示。但比这些符号规定更重要的,是必须清楚地描述工作过程的顺序。流程图也可用于设计改进工作过程,具体做法是先画出事情应该怎么做,再将其与实际情况进行比较。

1.2 绘制流程图的步骤

为便于识别,绘制流程图的习惯做法(见图5-10):

(1)圆角矩形表示"开始"与"结束"。

(2)矩形表示行动方案、普通工作环节用。

(3)菱形表示问题判断或判定(审核/审批/评审)环节。

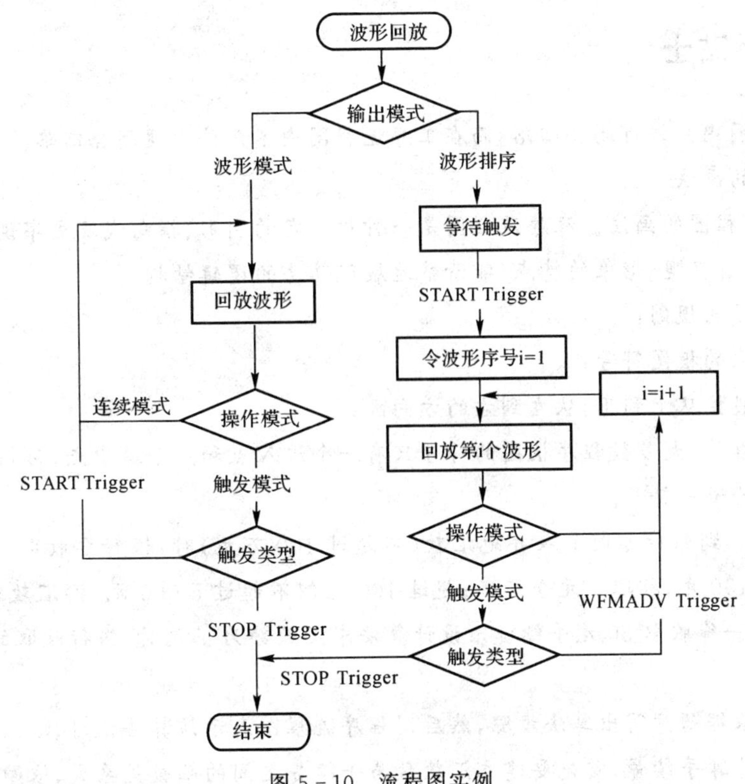

图 5－10　流程图实例

(4)用平行四边形表示输入/输出。

(5)箭头代表工作流方向。

1.3　流程图使用注意事项

使用流程图需要考虑很多问题，如：

(1) 过程中是否存在某些环节，删掉它们后能够降低成本或减少时间？

(2) 还有其他更有效的方式构造流程吗？

(3) 整个过程是否因为过时而需要重新设计？

(4) 应当将其完全废弃吗？

1.4　流程图的画法及特点

1. 流程图的特点

框图是表示一个系统各部分和各环节之间关系的图示，它能够清晰地表达比较复杂的系统各部分之间的关系。具体来讲，主要研究有关程序流程图、工序流程图及一些实际问题的流程图，在画流程图时应注意先后顺序、逻辑关系和简单明快。

在我们所介绍的流程图内，每一个框代表一道工序，流程线则表示两相邻工序之间的衔接关系，这是一个有向线，其方向用它上面的箭头标识，用以指示工序进展的方向。显然，在工序流程图上不允许出现几道工序首尾相连的圈图或循环回路，当然对每道工序还可以再细分，还可以画出更精细的统筹图，这一点完全类似于算法的流程图表示：自顶向下，逐步细化。

小贴士

在程序框图内允许有闭合回路，而在工序流程图内不允许出现闭合回路。

2. 流程图的画法

(1)程序流程图的画法。程序流程图是一种用规定的图形、指向线及文字说明来准确表示算法的图形，具有直观、形象的特点，能清楚地展现算法的逻辑结构。

画程序框图的规则：

1)使用标准的框图符号；

2)框图一般按从上到下，从左到右的方向画；

3)除判断框外，大多数程序框图的符号只有一个进入点和一个退出点，而判断框是具有超过一个退出点的唯一符号。

【例 5-1】 到银行办理个人异地汇款(不超过 100 万元)时；银行要收取一定的手续费。汇款额不超过 100 元，收取 1 元手续费；超过 100 元但不超过 5 000 元，按汇款额的 1% 收取；超过 5 000 元，一律收取 50 元手续费。设计算法求汇款额为 x 元时，银行收取的手续费 y 元，只画出流程图。

【分析】 根据题意写出算法步骤，然后用程序流程图表示该算法便可。

【解】 要计算手续费，首先要建立汇款数与手续费之间的函数关系式，依题意知流程图如图 5-11 所示。

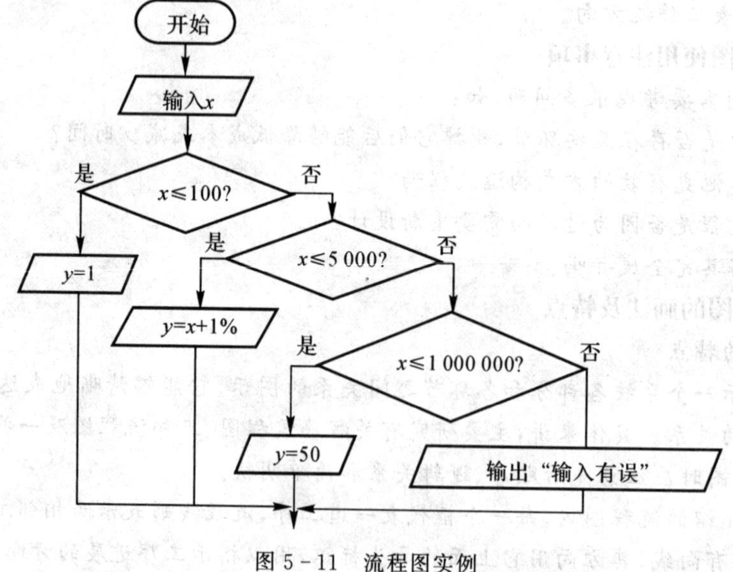

图 5-11 流程图实例

小贴士

先把待解决的问题“细化”，即先用自然语言描述题中的算法步骤，然后把自然语言用流程图较形象直观的表示出来。

(2)工序流程图的画法。常见的一种画法是：将一个工作或工程从头至尾依先后顺序分为若干道工序(即所谓自顶向下)，每一道工序用矩形表示，并在该矩形框内注明此工序的名称或代号。两相邻工序之间用流程线相连。有时为合理安排工程进度，还在每道工序框上注明完成该工序所需时间。开始时工序流程图可以粗疏画出，然后再对每一框逐步细化。

【例5-2】 某公司招工需要遵循以下程序：

在招工前要明确招工事宜，如果是大学毕业的，需出示大学毕业证及身份证，填写应聘书，直接录取；若不是大学毕业的，需要参加考试培训，首先要填写考生注册表，领取考生编号，明确考试科目和时间，然后缴纳考试费用，按规定时间参加考试，领取成绩单，如果成绩合格，被录用，并填写应聘书，成绩不合格不予录用即落聘。

请设计一个流程图，表示这个公司招工的程序。

【分析】 实际生活中的流程图没有程序框图那样严格规范，但要弄清各步之间的逻辑关系，画流程图时可利用流程线来体现它们的逻辑关系。

【解】 流程图如图5-12所示。

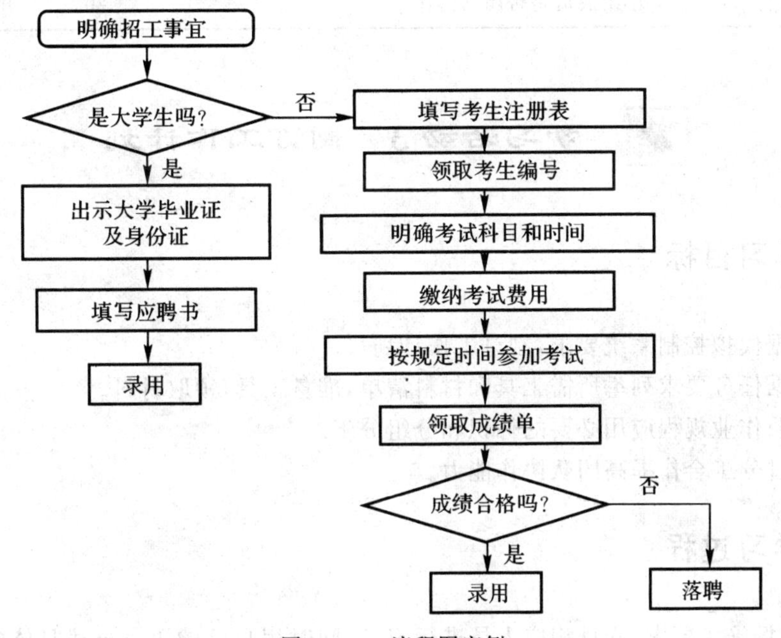

图5-12　流程图实例

(3)流程图的优劣：

优点：形象直观，各种操作一目了然，不会产生“歧义性”，便于理解，算法出错时容易发现，并可以直接转化为程序。

缺点：所占篇幅较大，由于允许使用流程线，过于灵活，不受约束，使用者可使流程任意转向，从而造成程序阅读和修改上的困难，不利于结构化程序的设计。

小贴士

总之，画流程图一般要按照从左到右、从上到下的顺序来画。画流程图时可以使用不同的色彩，也可以添加一些生动的图形元素。用流程图来描述一个过程性的活动时，若活动包含同时进行的两个步骤，画流程图时，需要从同一个基本单元出发，引出两条流程线.

评价与分析

评分表见表 5 - 4。

表 5 - 4　学习活动 2 评分表

评分项目	评价指标	标准分	评　分
原理图	能否根据系统控制要求分析电路的功能	20	
现场勘查	能否勘查现场，做好测绘记录	20	
主电路及 PLC 接线图	能否正确绘制、标注流程图及 PLC 接线图	20	
查阅资料	能否根据实际查阅 PLC 相关资料	20	
团结协作	小组成员是否团结协作	20	

学习活动 3　制订工作计划

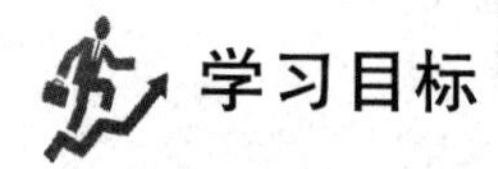

学习目标

(1)能根据模拟控制系统要求，制订工作计划。

(2)能根据任务要求列举所需工具和材料清单，准备工具，领取材料。

(3)能按照作业规程应用必要的标识和分组分工。

(4)能通过分工合作提高团队协作能力。

学习过程

请根据现场施工要求，安排相应人员进行施工，同时用自己的语言描述具体的工作内容，制订工作计划，列出所需要的工具和材料清单。

引导问题一：根据任务要求和施工图纸，制订你的小组工作计划，并对小组成员进行分工。

引导问题二：根据任务单及现场勘查记录列出所需工具和材料清单。

引导问题三：根据所掌握的知识，简单概括西门子可编程序控制器的设计原理及其步骤。

引导问题四：根据现场勘查结果确定用时(填写表 5 - 5)。

表 5-5　施工时间

序　号	施工内容	用　时
1	绘图	
2	编程、调试	
3	外围接线	
4	通电验收	
5	总评	

引导问题五：根据现场勘查，绘制的电路图及 I/O 分配表确定需哪些施工设备、材料及工具(填写表 5-6)。

表 5-6　元器件及工具清单

序　号	名　称	型　号	数　量	序　号	名　称	型　号	数　量
1				6			
2				7			
3				8			
4				9			
5				10			

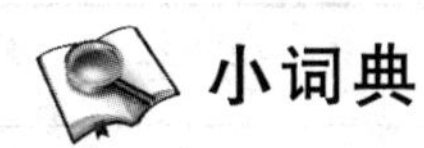

小词典

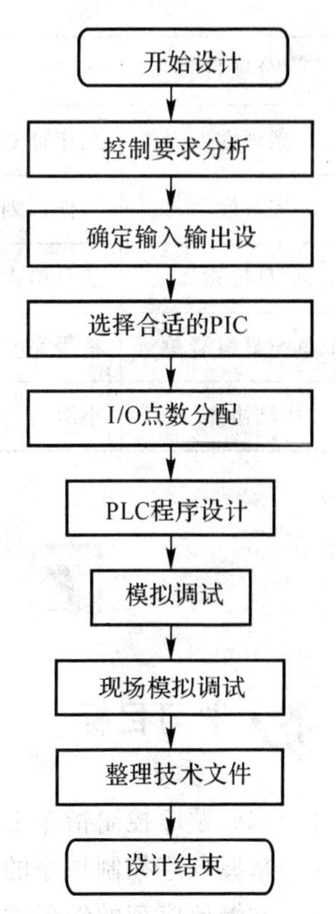

图 5-13　设计步骤示意图

PLC 控制系统设计原理及步骤：

PLC 控制系统是为工艺流程服务的，所以它首先要能很好地实现工艺提出的控制要求。PLC 控制系统的设计应遵循以下原则：

(1)根据工艺流程进行设计，力求控制系统能最大限度地满足控制要求。

(2)在满足控制要求的前提下，尽量减少 PLC 系统硬件费用。

(3)考虑到以后控制要求的变化，所以控制系统设计时应考虑 PLC 的可扩展性。

(4)控制系统使用和维护方便、安全可靠。

一般 PLC 控制系统的设计步骤如图 5-13 所示操作如下：

(1)控制要求分析。在设计 PLC 控制系统之前，必须对工艺过程进行细致的分析，详细了解控制对象和控制要求，这样才能真正明白自己所要完成的任务，以更好地完成任务，设计出令人满意的控制系统。

(2)确定输入/输出设备。根据控制要求选择合适的输入设备(控制按钮、开关、传感器等)和输出设备(接触器、继电器等),根据所选用的输入/输出设备的类型和数量确定PLC的I/O点数。

(3)选择合适PLC。确定PLC的I/O点数后,就根据I/O点数、控制要求等来进行PLC的选择。选择包括机型、存储器容量、输入/输出模块、电源模块和智能模块等。

(4)I/O点数分配。点数分配就是规定PLC的I/O端子和输入/输出设备。

(5)PLC程序设计。首先把工艺流程分为若干阶段,确定每一阶段的输入信号和输出要控制的设备,还有不同阶段之间的联系,然后画出程序流程图,最后再进行程序编制。

(6)模拟调试。程序编制好后,可以用按钮和开关模拟数字量,电压源和电流源代替模拟量,进行模拟调试,使控制程序基本满足控制要求。

(7)现场联机调试。现场联机调试就是将PLC与现场设备进行调试。在这一步中可以发现程序存在的实际问题,然后经过修正后使其满足控制要求。

(8)整理技术文件。这一步主要包括整理与设计有关的文档,包括设计说明书、I/O接线原理图、程序清单和使用说明书等。

评价与分析

评分表见表5-7。

表5-7 学习活动3评分表

评分项目	评价指标	标准分	评　分
条理性	工作计划制订是否有条理	20	
完善性	工作计划是否全面、完善	20	
信息检索	信息检索是否全面	20	
工具与材料清单	是否完整	20	
团结协作	小组成员是否团结协作	20	

学习活动4 施工前的准备

学习目标

(1)掌握顺序控制指令LSCR,SCRT,SCRE的基本概念及顺序控制梯形图编程方法。
(2)掌握顺序控制指令的编程方法。
(3)掌握单序列的编程方法。

(4)能够掌握选择序列与并行序列的基本编程方法。

(5)掌握具有多种工作方式的系统的顺序控制梯形图设计方法。

(6)掌握以转换为中心的编程方法。

学习过程

请进行顺序控制指令学习，根据控制要求完成程序设计，并领取施工工具和材料。

引导问题一：在生活中你见到过哪些设备实现了多种液体自动混合控制？请举例说一下。

引导问题二：根据你对多种液体自动混合控制工作过程的了解，请简要说明多种液体自动混合控制系统在实现按比例灌入的工作过程中采用了何种元件来完成？你能说出这种元件的工作原理来吗？

引导问题三：你能简单叙述一下什么是SCR指令的顺序控制吗？

1.1　顺序控制指令

S7－200中的顺序控制继电器(S0.0～S31.7)专门用来编制顺序控制程序。

顺序控制程序被顺序控制继电器指令(LSCR)划分为LSCR和SCRE指令之间的若干个SCR段，一个SCR段对应于顺序功能图中的一步，见表5－8。

1.指令形式

表5－8　顺序控制继电器指令

梯形图	指令表	功　能	操作对象
bit:S0.0 SCR	LSCR S－bit	表示一个SCR段的开始，指令操作数S－bit为顺序控制继电器S(布尔型)的地址，顺序控制继电器为1状态时，执行对应的SCR段中的程序，反之则不执行	S(位)
bit:S0.0 —(SCRT)	SCRT S－bit	表示SCR段之间的转换，即步的活动状态的转换，当SCRT线圈得电时，SCRT指令指定的顺序功能图中的后续步对应的顺序控制继电器被系统程序复位为0状态，当前步变为活动步	S(位)
—(SCRE)	SCRE	顺序控制指令指定的状态继电器结束	无

对顺序控制指令的有关说明：

(1)状态继电器是S7－200系列PLC的一个存储区，用“S”表示，有256位，采用八进制(S0.0～S0.7，…，S31.0～S31.7)。

(2)顺序控制指令开始指令LSCR用来表示一个状态继电器开始，顺序控制结束指令SCRE用来表示一个状态继电器的结束。

(3)顺序控制转移指令SCRT用来表示活动状态的转移。当转移条件满足时，SCRT指令中指定的状态继电器即变为活动状态，同时当前活动状态自动转为非活动状态。

【例 5-3】 如图 5-14 所示，首次扫描时 SM0.1 的常开触点接通一个扫描周期，使顺序控制继电器 S0.0 置位，初始步变为活动步，只执行 S0.0 对应的 SCR 段。接通 I0.0，指令 SCRT S0.1 对应的线圈得电，使 S0.1 变为 1 状态，操作系统使 S0.0 变为 0 状态，系统从初始步转换到第 2 步，只执行 S0.1 对应的 SCR 段。在 S0.1 对应的 SCR 段中，SM0.0 触发的 Q0.0 线圈得电，直到 I0.1 接通，指令 SCRT S0.2 对应的线圈得电，使 S0.2 变为 1 状态，操作系统使 S0.1 变为 0 状态，系统从第 2 步转换到第 3 步。SCRE 用来结束对应的 SCR 段。

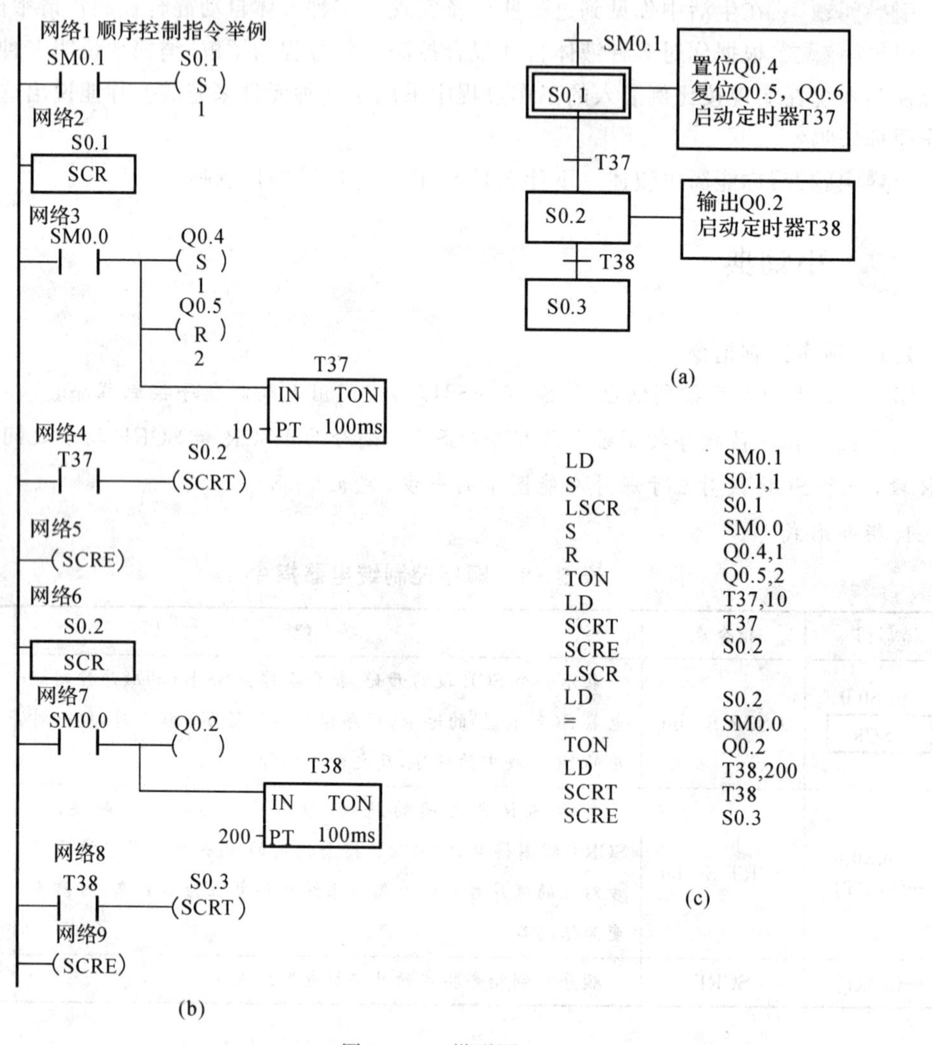

图 5-14 梯形图

2. SCR 段的功能

(1)SCR 段。从 LSCR 指令开始到 SCRE 指令结束的所有指令组成一个顺序控制继电器(SCR)段。LSCR 指令标记一个 SCR 段的开始，当该段的状态器置位时，允许该 SCR 段工作。SCR 段必须用 SCRE 指令结束。当 SCRT 指令的输入端有效时，一方面置位下一个 SCR 段的状态器 S，以便使下一个 SCR 段开始工作；另一方面又同时使该段的状态器复位，使该段停止工作。

(2)SCR段的功能。每一个SCR程序段一般有以下3种功能:

1)驱动处理:即在该段状态器有效时,要做什么工作;有时也可能不做任何工作。

2)指定转移条件和目标:即满足什么条件后状态转移到何处。

3)转移源自动复位功能:状态发生转移后,置位下一个状态的同时,自动复位原状态。

3.使用SCR指令的限制

(1)不能在不同的程序中使用相同的S位。

(2)不能在SCR段之间使用JMP指令及LBL指令,即不允许用跳转的方法跳入或跳出SCR段。

(3)不能在SCR段中使用FOR,NEXT和END指令。

1.2　西门子SCR指令单流程应用实例

具有良好定义步骤的进程很容易用SCR段作为示范。例如,考虑一个3个步骤的循环进程,当第三步骤完成时,应当返回第一个步骤,如图5-15所示。

但是,很多应用程序中,一个顺序状态流必须分为两个或多个不同的状态流,如图5-16所示。当控制流分为多个时,所有的输出流必须同时激活。

如图5-17所示,可使用由相同的转换条件启用的多条SCRT指令,在SCR程序中实施控制分散。

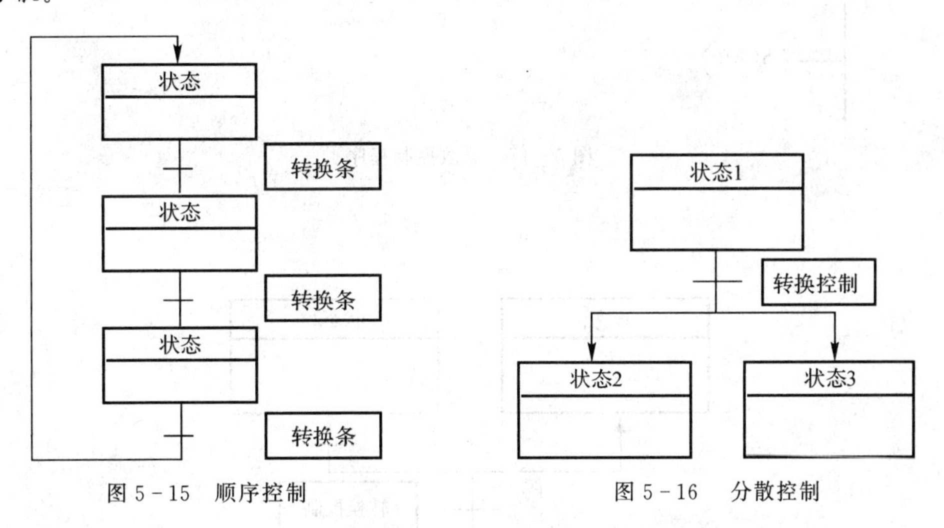

图5-15　顺序控制　　图5-16　分散控制

如图5-18所示,称为汇合的状况。

当两个或多个连续状态流汇合成一个状态时,出现一种与分散控制相似的状况。当多个状态流汇合成一条状态流时,则称为汇合。如图5-19所示。

当状态流汇合时,在执行下一个状态之前,所有的输入流必须完成。

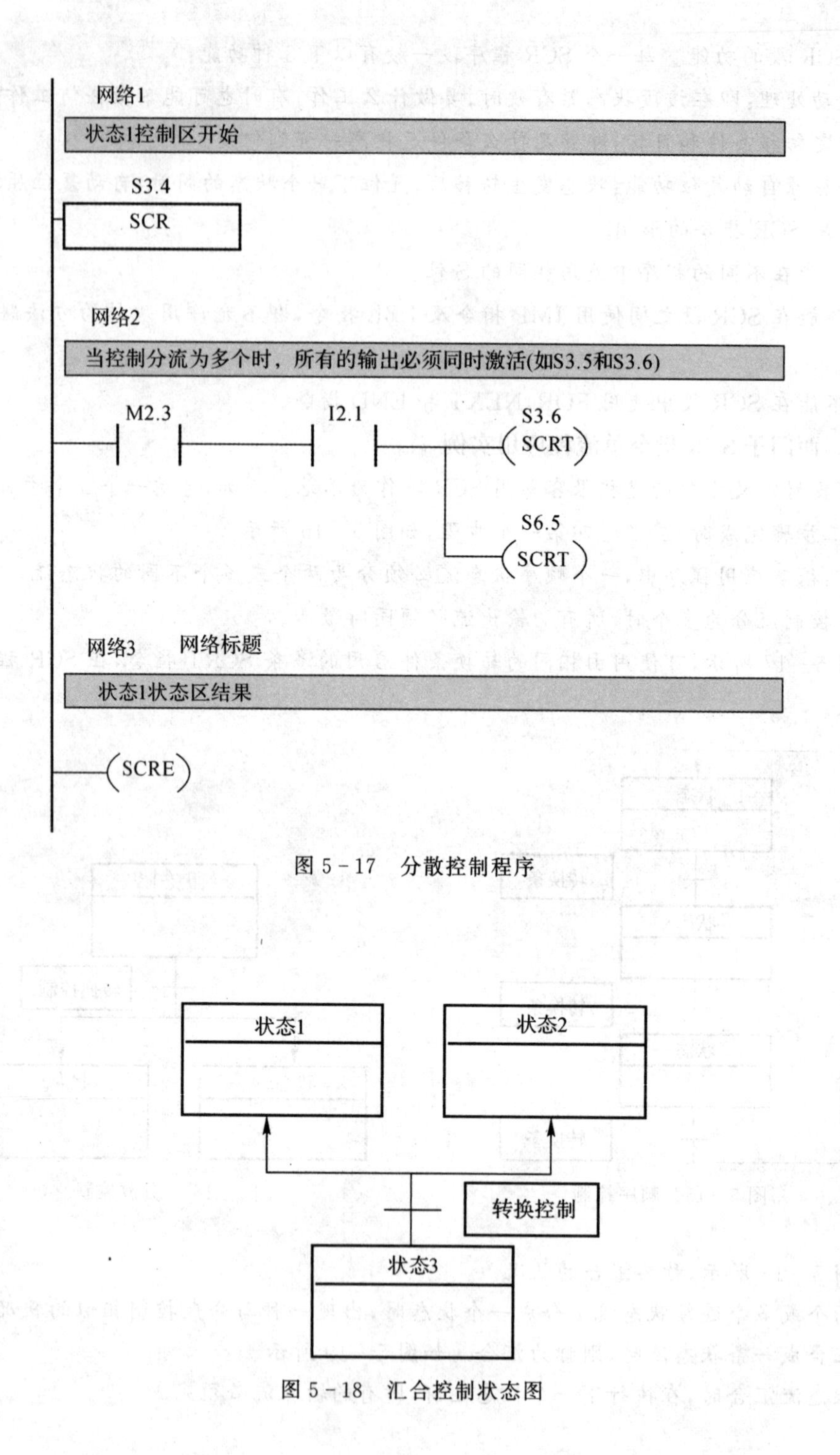

图 5－17　分散控制程序

图 5－18　汇合控制状态图

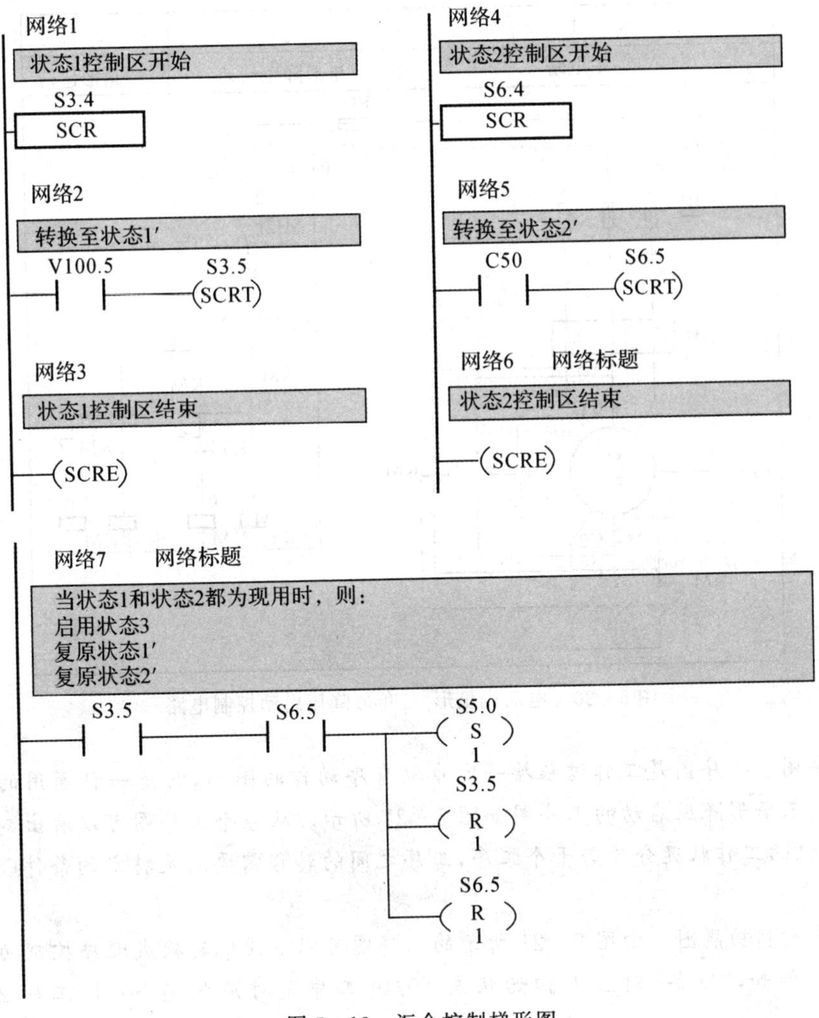

图 5－19　汇合控制梯形图

【例 5－4】　电动机星三角降压启动控制电路与程序。

解　(1)控制要求及 PLC 输入/输出端口分配表。按下启动按钮 SB1，电动机星形连接启动，延时 6s 后自动转为角形连接运行。按下停止按钮 SB2，电动机停止工作。PLC 输入/输出端口分配表见表 5－9。

表 5－9　输入/输出端口分配表

输　入			输　出		
输入继电器	输入元件	作用	输出继电器	输出元件	作用
I0.0	SB1	启动	Q0.1	KM1	电源接触器
I0.1	SB2	停止	Q0.2	KM2	星形启动
I0.2	KH	过载保护	Q0.3	KM3	三角形启动

(2)电动机星形-三角形降压启动控制电路，如图 5－20 所示。

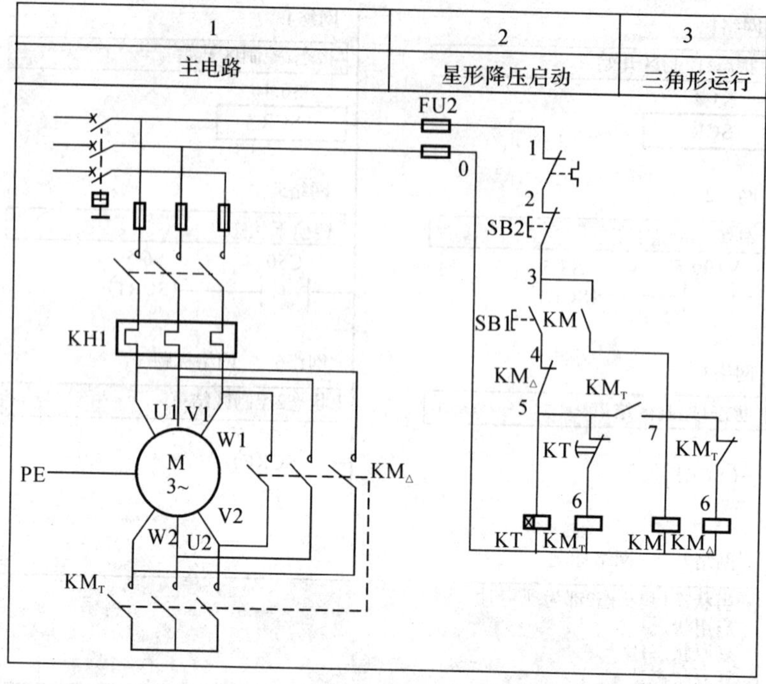

图 5-20　电动机星形-三角形降压启动控制电路

(3)工序图。工序图是工作过程按一定步骤有序动作的图形,它是一种通用的技术语言。电动机星形-三角形降压启动的工序图如图 5-21 所示。从整个工序图可以看出,整个工作过程依据电动机的工作状况分为若干个工序,工序之间的转移需要满足特定的条件(按钮指令或延时时间)。

(4)顺序控制功能图。由图 5-21 所示的工序图可以方便地转换成顺序控制功能图,如图 5-22 所示。例如,"准备"对应着初始状态 S0.0,工序 1 对应状态 S0.1,工序 2 对应状态 S0.2,等等。

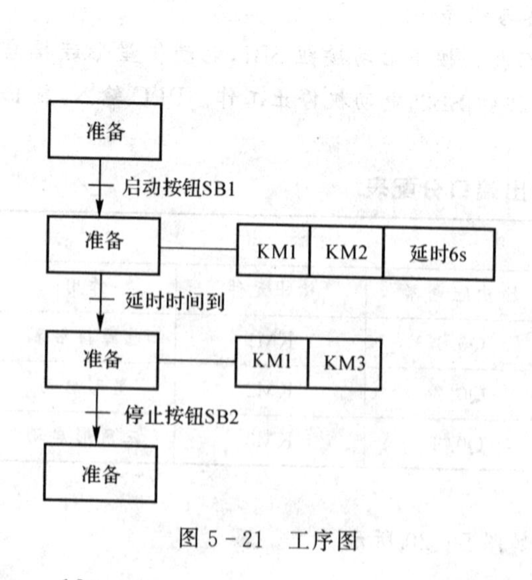

图 5-21　工序图

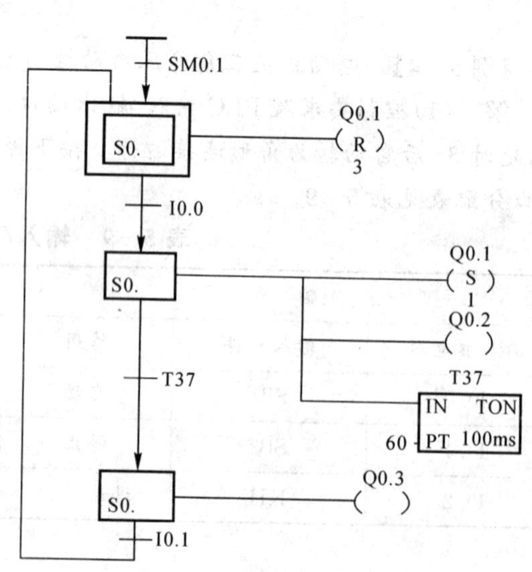

图 5-22　顺序控制功能图

在应用顺序控制指令编程前，最好先绘制出顺序控制功能图，然后根据顺序控制功能图编写顺序控制程序。

(5)星形-三角形降压启动控制程序。根据图 5－22 所示顺序控制功能图编写的电动机星形-三角形降压启动控制程序如图 5－23 所示。由于 Q0.1 在 S0.1 和 S0.2 状态中都要通电，为了在程序中不出现双线圈现象，在 S0.1 状态中使用保持型的置位指令将 Q0.1 置“1”，这样，当 S0.2 为活动状态时，Q0.1 仍将保持接通电状态不变。而 Q0.2 和 Q0.3 则使用非保持型的输出线圈指令“＝”，当 Q0.2 和 Q0.3 处于非活动状态下时，Q0.2 和 Q0.3 自动断电。

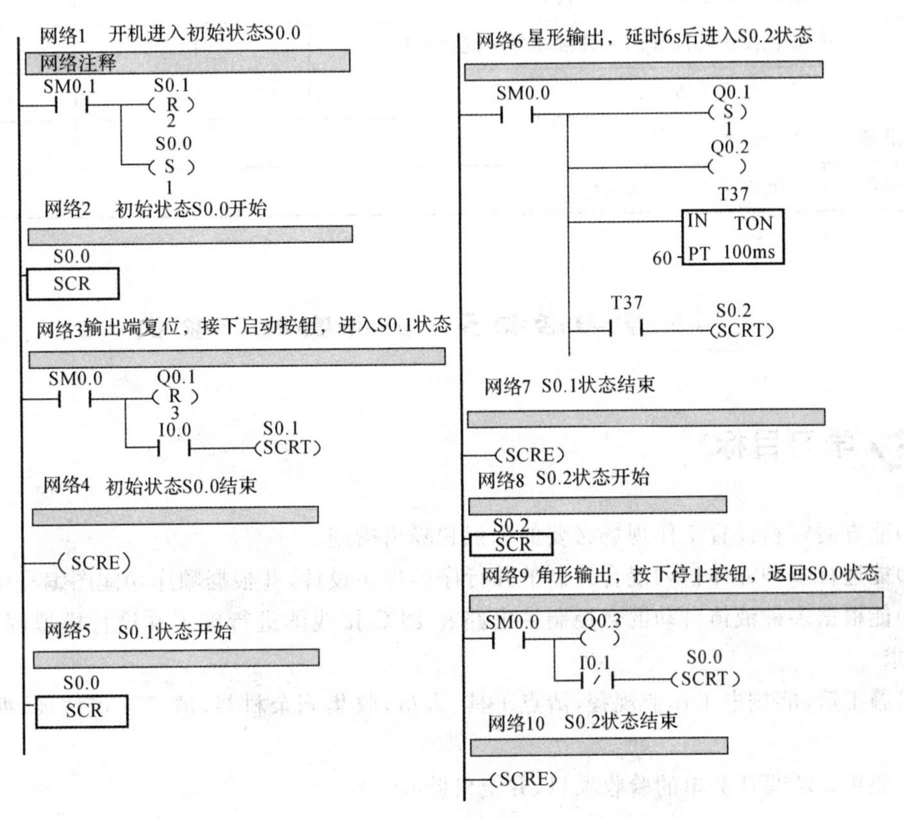

图 5－23　电动机星形-三角形降压启动控制梯形图

程序原理如下：

1)在网络 1 中，初始化脉冲 SM0.1 使程序自动进入初始化状态 S0.0。

2)在网络 3 中，按下启动按钮后，I0.0 触点闭合，转移至 S0.1 状态，S0.1 状态为活动状态，S0.0 状态自动复位为非活动状态。

3)在网络 6 中，Q0.1 置位通电，Q0.2 通电，电动机星形连接启动，T37 延时。T37 延时 6s 后其常开触点闭合，转移条件满足，转移至 S0.2 状态。S0.1 状态自动复位为非活动状态，Q0.2 断电。

4)在网络 9 中，Q0.3 通电，由于 Q0.1 仍然保持通电状态，所以电动机三角形连接运行。按下停止按钮后，I0.1 触点闭合，转移条件满足，转移至 S0.0 状态。S0.2 状态自动复位为非活动状态。

5)S0.0 状态，所有的输出继电器 Q 复位断开，等待下次启动。

评价与分析

评分表见表5-10。

表5-10 学习活动4评分表

评分项目	评价指标	标准分	评　分
指令学习	是否掌握新学顺序控制指令的功能	30	
程序设计	能否按正确设计出多种液体自动混合程序	40	
学习态度	学习态度是否积极	10	
工具准备	能否按要求准备好工具	10	
团结协作	小组成员是否团结协作	10	

学习活动5 任务实施与验收

学习目标

(1)能查阅资料设置工作现场必要的标识和隔离措施。

(2)能进行多种液体自动混合控制的并行序列程序设计,并根据顺序功能图编写梯形图。

(3)能根据多种液体自动混合控制主电路和PLC接线图进行施工并进行模拟调试,达到设计要求。

(4)施工后,能按电工作业规程,清点工具、人员,收集剩余材料,清理工程垃圾,拆除防护措施。

(5)能正确填写任务单的验收项目,并交付验收。

学习过程

明确多种液体自动混合控制系统的控制要求,写出PLC的输入/输出分配表、外部接线图,梯形图和指令表,并将程序输入PLC,按照多种液体自动混合控制系统的动作要求进行模拟调试,达到设计要求。

一、多种液体自动混合装置的控制要求

引导问题一:模拟实训装置多种液体自动混合系统的总体控制要求是什么?

引导问题二:使用置位、复位指令的顺序控制设计法设计多种液体自动混合控制系统的顺序功能图,将功能图写入图5-24的空白处。

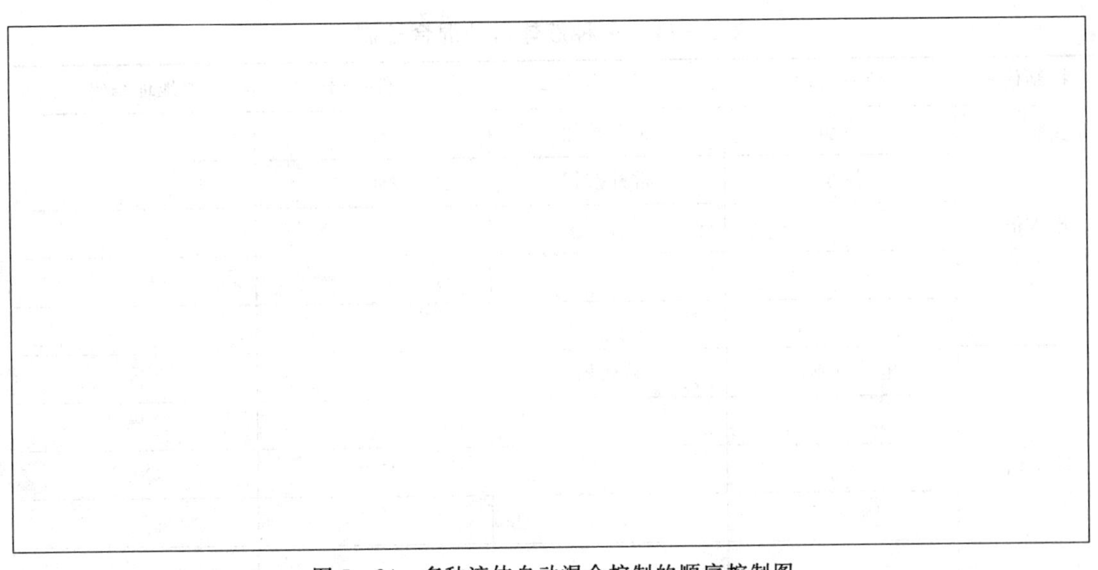

图 5-24　多种液体自动混合控制的顺序控制图

引导问题三：请根据上述空白处所绘制的多种液体自动混合控制系统的顺序功能图编写绘出梯形图，写入图 5-25 中。

图 5-25　多种液体自动混合控制的梯形图

引导问题四：多种液体自动混合控制时，每种液体的比例可利用几种方法来实现？其中，若采用定时器控制时间来完成需要考虑哪些条件？

二、多种液体自动混合控制系统的地址分配表和外部接线图

引导问题一：多种液体自动混合控制的输入点有 5 个，它们分别是哪些？输出点有 4 个，它们又各自是什么？

引导问题二：请你结合系统的控制要求详细列出多种液体自动混合控制的 I/O 资源配置，填写表 5-11。

表 5-11 多种液体自动混合控制

控制信号	信号名称	元件名称	元件符号	地址编码
输入信号	启动	常开按钮	SB1	
	停止	常开按钮	SB2	
输出信号	电动机驱动	接触器	KM	
			YV2	Q0.2

引导问题三：多种液体自动混合控制的任务可以采用并行序列顺序功能图来表示，请你结合系统控制流程来完成功能图的绘制，填写入图 5-26 中。

图 5-26 并行序列顺序功能图

引导问题四：多种液体自动混合控制的硬件该如何设计？请你将硬件接线图绘制在图 5-27 中。

图 5-27 多种液体自动混合控制的硬件接线示意图

三、多种液体自动混合系统的程序输入和系统调试

引导问题一：根据所学知识，概括性地汇总可编程的梯形图的特点有哪几点？

引导问题二：你能熟练地使用 PLC 的仿真软件进行仿真吗？在操作过程中遇到过什么问题？你是怎样解决的？

引导问题三：你能简单概述出仿真的具体步骤吗？具体有哪几步？

引导问题四：你能独立完成系统调试工作吗？遇到了哪些困难？如何解决？

小贴士

根据所操作的关于多种液体自动混合控制的梯形图，选用 PLC 的仿真软件进行仿真。

具体步骤如下：①导入梯形图；②点击运行；③进行调试。

按动启动按钮 SB1 后，电磁阀 YV1 通电打开，PLC 输出 Q0.1 工作状态指示灯亮，液体 A 流入容器，程序如图 5－28 所示。

当液位高度达到 I 时，液位传感器 I 接通，此时电磁阀 YV1 断电关闭，而电磁阀 YV2 通电接通，PLC 输出 Q0.2 工作状态指示灯亮，PLC 输出 Q0.1 工作状态指示灯灭，液体 B 流入容器，程序如图 5－29 所示。

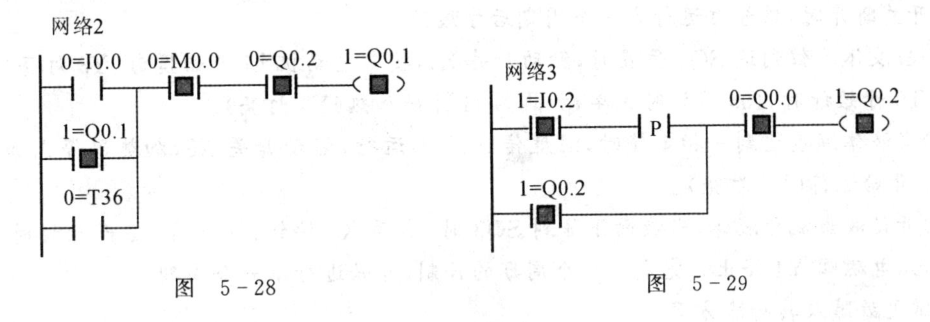

图　5－28　　　　图　5－29

液位达到 H 时液位传感器 H 接通，这时电磁阀 YV2 断电关闭，同时启动电机 M 搅拌。PLC 输出 Q0.2 工作状态指示灯灭，PLC 输出 Q0.0 工作状态指示灯亮，程序如图 5－30 所示。

1min 后电动机 M 停止搅拌，这时电磁阀 YV3 通电打开，PLC 输出 Q0.0 工作状态指示灯灭，PLC 输出 Q0.3 工作状态指示灯亮，放出混合液体去下道工序，程序如图 5－31 所示。

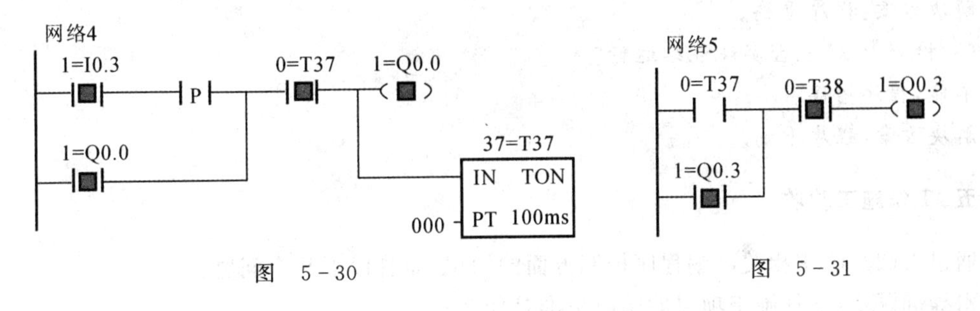

图　5－30　　　　图　5－31

当液位下降到 LJF，再延时 2s 使电磁阀 YV3 断电关闭，PLC 输出 Q0.3 工作状态指示灯

灭，并自动开始新的周期。若按 SB2 按钮系统停止运行。

四、按施工计划施工

按照前面编好的施工计划逐步施工，注意施工安全、现场管理、施工工艺及检验验收标准，根据现场条件编写调试程序，思考并回答以下问题：

引导问题一：根据现场特点，应采取哪些安全、文明作业措施？

引导问题二：在这个工程中 PLC 的安装接线有哪些注意事项？

引导问题三：安装工具使用过程中应注意哪些问题？

小贴士

操作过程注意事项

1. 操作过程简要说明

本实验在试验箱上模拟了多液体自动混合装置的工作过程，用按钮代替液面出发开关，用信号灯表示阀门和电动机的工作状态。

（1）启动开接通时，系统开始工作，电磁阀 Y1，Y2 打开，A 和 B 液体注入（Y0，Y1 灯亮）。当启动开关断开时，信号灯运行完一个周期后才熄灭。

（2）当液体液位到达 SQ4 位置时，触动开关 X4，搅匀电动机 M 开始搅匀（Y3 灯亮），同时计时器 T0 开始计时，10s 后计时完毕，加热器 H 开始加热（Y4 灯亮）。

（3）当液体温度达到一指定值时，温度传感器 T 运行，触动开关 X5，加热器停止加热，电磁阀 Y4 开始运行（Y5 灯亮）。

（4）开始放出混合液体，当液面下降到 SQ3 时，出动 X3 按钮，计时器 T2 开始计时 5s，计时完毕后，电磁阀 Y4 停止。完成了一个周期的控制，开始进行下一个周期。

2. 常见故障及其排除方案

（1）检查 PLC 能否完成 1 个工作流程？

不能：程序错误。

解决方案：程序重编。

（2）检查 PLC 能否从最后 1 步（Y4）回到第 1 步（Y1）开始新一轮循环？

不能：程序错误。

解决方案：程序重编。

（3）检查 PLC 能否实现连续运行？

不能：程序错误。

解决方案：程序重编。

五、工作施工验收

通过查阅与收集相关可编程序控制方面的知识，简答以下几个问题：

引导问题一：电气施工项目的验收标准是什么？

引导问题二：编写你的卷帘门 PLC 控制使用说明书。

引导问题三：小组同学分别扮演项目甲方、项目经理、检验员，完成验收过程，填写验收报告，见表5-12。

表5-12　××任务验收报告

项目名称：　　　　　　　　　　　　施工方：　　　　　　　　　　　　日期：

名　称	合　格	不合格	改进措施	备　注
正确完成外围设备接线				
编写控制程序				
模拟调试				
通电试车				
……				

评价与分析

评分表见表5-13。

表5-13　学习活动5评分表

评分项目	评价指标	标准分	评　分
程序编制	能否正确运用指令编写多种程序，编制是否规范	15	
输入程序	程序输入是否正确	5	
系统自检	能否正确自检	10	
系统调试	系统能否实现控制要求	5	
安全施工	是否做到了安全施工	5	
现场清理	是否能清理现场	5	
验收项目设计	验收项目设计是否合理	15	
验收项目填写	验收项目填写是否正确	10	
沟通能力	是否与客户进行有效沟通	15	
团结协作	小组成员是否团结协作	15	

学习活动6　总结与评价

学习目标

(1)能正确规范撰写总结。
(2)能采用多种形式进行成果展示。
(3)能有效进行工作反馈与经验交流。
(4)能正确填写工作任务单的验收项目，并交付验收。

学习过程

一、请根据工程完工情况，用自己的语言描述具体的工作内容

引导问题一：你在这个项目的实施过程中学到了什么？请做一简单阐述。

引导问题二：简述本次任务完成情况。

引导问题三：请各组派一名代表对完成的工作进行预验收，发现情况及时处理，并做好记录。

引导问题四：通过本次学习任务的完成情况，对小组以及个人作出评价。

二、工作总结

引导问题一：通过本次工作你感觉有何收获？哪些方面尚待提高？

引导问题二：工作中遇到了问题时，你是如何解决的？

引导问题三：工作中小组内部是如何协调合作的？今后应如何加强协作？

引导问题四：你考虑如何展示你们的工作成果？

引导问题五：请全面总结本次工作。

评价与分析

评分表见表 5 - 14。

表 5 - 14　学习活动 6 评分表

评分项目	评价指标	标准分	评　分
自评	自评是否客观	20	
互评	互评是否公正	20	
演示方法	演示方法是否多样化	20	
语言表达	语言表达是否流畅	20	
团结协作	小组成员是否团结协作	20	

以小组为单位，选择演示文稿、展板、海报、录像等形式中的一种或几种，向全班展示、汇报学习成果，通过每个小组成员对任务实施过程中所遇到的问题和自身感受，进行互动交流，并将经验记录下来（见表 5 - 15）。

表 5 - 15　经验交流记录表

业务实施过程	持续改进行动计划	学习与工作宝贵经验
提出人过程记录	提出人改进记录	经验记录

三、综合评价

(1)学生完成任务后，对学生的作品按自我评价、小组评价、教师评价进行评价，评价标准见表5－16。

表5－16　评价表

评价项目	评价内容	评价标准	评价方式		
			自我评价	小组评价	教师评价
职业素养	安全意识、责任意识	A作风严谨、自觉遵章守纪、出色完成工作任务 B能够遵守规章制度、较好完成工作任务 C遵守规章制度、没完成工作任务或完成工作任务但忽视规章制度 D不遵守规章制度、没完成工作任务			
	学习态度主动	A积极参与教学活动，全勤 B缺勤达本任务总学时的10% C缺勤达本任务总学时的20% D缺勤达本任务总学时的30%			
	团队合作意识	A与同学协作融洽、团队合作意识强 B与同学能沟通、协同工作能力较强 C与同学能沟通、协同工作能力一般 D与同学沟通困难、协同工作能力较差			
专业能力	学习活动1接收工作任务	A按时、完整地完成工作页，问题回答正确，能够有效检索相关内容 B按时、完整地完成工作页，问题回答基本正确，检索了一部分内容 C未能按时完成工作页，或内容遗漏、错误较多 D未完成工作页			
	学习活动2勘查施工现场	A能根据原理分析电路功能，并勘查了现场，做了详细的测绘记录 B能根据原理分析电路功能，并勘查了现场，但未做记录 C不能根据原理分析电路功能，但勘查了现场 D未完成勘查活动			
	学习活动3制订工作计划	A工作计划制订有条理，信息检索全面、完善 B工作计划制订较有条理，信息检索较全面 C未制订工作计划，信息检索内容少 D未完成施工准备			

续 表

评价项目	评价内容	评价标准	评价方式		
			自我评价	小组评价	教师评价
专业能力	学习活动4 施工前的准备	A能根据任务单要求进行分组分工，能采用图、表的形式记录所需工具以及材料清单 B能根据任务单要求进行分组分工，简单罗列所需工具以及材料清单 C能根据任务单要求进行分组分工，不能采用图、表的形式记录所需工具以及材料清单 D未完成分组、列清单活动			
	学习活动5 任务实施与验收	A学习活动评价成绩为90～100分 B学习活动评价成绩为75～89分 C学习活动评价成绩为60～75分 D学习活动评价成绩为0～60分			
创新能力		学习过程中提出具有创新性、可行性的建议	加分奖励：		
班级			学号		
姓名			综合评价等级		
指导教师			日期		

(2)教师对本次任务的执行过程和完成情况进行综合评价。

____

____

____

任务六　用 PLC 实现 CA6140 车床电气控制线路的安装与调试

学习目标

知识目标	·能阅读“用 PLC 实现 CA6140 车床电气控制线路的安装与调试”工作任务单,明确项目任务和个人任务要求,服从工作安排。 ·了解 CA6140 车床电气控制系统功能、基本结构及应用场合。 ·掌握 CA6140 车床的主要运动形式及控制要求。 ·掌握车床电气控制线路分析方法。 ·能够掌握 PLC 改造车床控制线路的基本设计方法。
技能目标	·能到现场采集 CA6140 车床电气控制系统的技术资料,根据 CA6140 车床的电气原理图和工艺要求绘制主电路及 PLC 接线图,编制 I/O 分配表。 ·能进行 CA6140 车床电气控制线路编程设计,根据控制电路改造成 PLC 梯形图控制。并按照 CA6140 车床电气控制线路的操作要求进行实际调试,达到设计要求。 ·能按照企业管理制度,正确填写改造记录并归档,确保可追溯性,为以后维修提供可参考资料。
素养目标	·培养独立思考、团队合作能力及分析、解决实际问题的能力。

情景描述

某实习工厂有一型号为 CA6140 的机床出现故障影响了生产,该机床已用多年,设备老化,自动化程度低,维修复杂、成本高,厂家要求按照原系统工作原理进行 PLC 控制改造,联系到我校电气系的学生进行改造,签订合同按规定期限完成验收交付使用,给予工程费用大约 x 元。

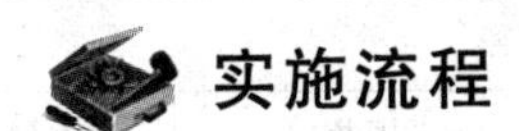

实施流程

实施流程

① 学习活动1：接收工作任务

② 学习活动2：勘查施工现场

③ 学习活动3：制订工作计划

④ 学习活动4：施工前的准备

⑤ 学习活动5：任务实施与验收

⑥ 学习活动6：总结与评价

学习活动1　接收工作任务

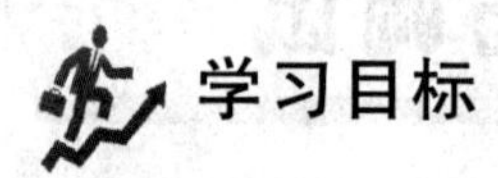

学习目标

(1)能阅读“用PLC实现CA6140车床电气控制线路的安装与调试”工作任务单，明确项目任务和个人任务要求。

(2)并在教师指导下进行人员分组。

学习过程

(1)请认真阅读工作情景描述及相关资料，用自己的语言填写表6-1设备改造(大修)联系单。

表6-1　设备改造(大修)联系单

年　月　日　　　　　　　　　　　　　　　　　　　　No. 0008

报修记录					
报修部门		报修人		报修时间	
报修级别	特急□　急□　一般□		希望完工时间	年　月　日以前	
故障设备		设备编号		故障时间	
故障状况					

改造记录					
接单人及时间			预定完工时间		
派工					
改造原因					
改造类别	小改□		中改□	大改□	
改造情况					
改造起止时间			工时总计		
耗用材料名称	规格	数量	耗用材料名称	规格	数量

续表

耗用材料名称	规格	数量	耗用材料名称	规格	数量
改造人员建议					

验收记录				
验收部门	改造开始时间		完工时间	
	改造结果	验收人：　　日期：		
设备部门		验收人：　　日期：		

注：本单一式两份，一联报修部门存根，一联交动力设备室。

引导问题一：设备改造验收单中报修记录部分由谁填写？并描述主要内容。

引导问题二：请你试分析工作任务单中故障状况部分的作用。

引导问题三：设备改造验收单中改造记录部分应该由谁填写？并描述主要内容。

引导问题四：设备改造验收单中验收记录部分应该由谁填写？并描述主要内容。

引导问题五：用自己的语言填写设备改造验收单中改造记录部分，并进行展示。

引导问题六：在填写完设备报修验收单后你是否有信心完成此工作？为完成此工作你认为还欠缺哪些知识和技能？

小贴士

1）如果发现设备出现故障，应由负责该生产设备操作人员填写。

2）设备报修验收单是进行绩效考核的重要依据，同时也可以解决维修人员之间互相扯皮现象，促使维修人员加快维修速度。

（2）请在教师的帮助下，通过与同学协商，合理分配学习小组成员、给小组命名，各项工作时间分配表，并将小组成员名单填写于派工处。

1）团队组合：每个团队5名成员，自选组长，自定队名和队语，并填入表6－2中。

表6－2　团队名单

序　号	小队名	组　长	组　员	队　语
1				
2				
3				
4				
5				

2）时间安排填入表6－3中。

表 6-3 时间安排

任务	计划完成时间	实际完成时间	备注
勘查现场			
施工前的准备			
线路改造			
PLC 编程下载			

小词典

通过上网检索、到图书馆查阅资料等形式，查寻常用 CA6140 车床图片的相关资料，如图 6-1、图 6-2 所示。

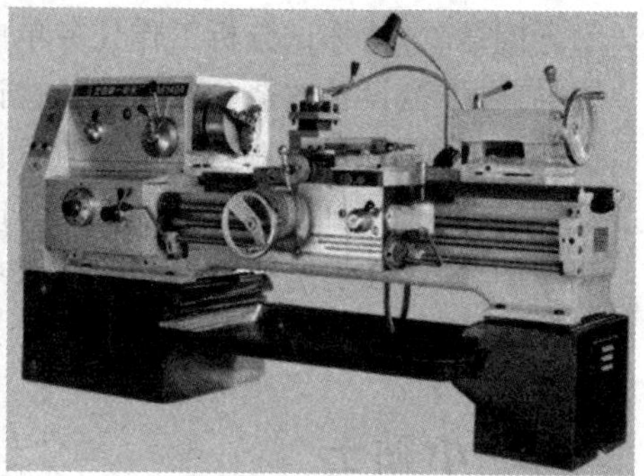

图 6-1 实际生产中 CA6140 机床的应用示意图

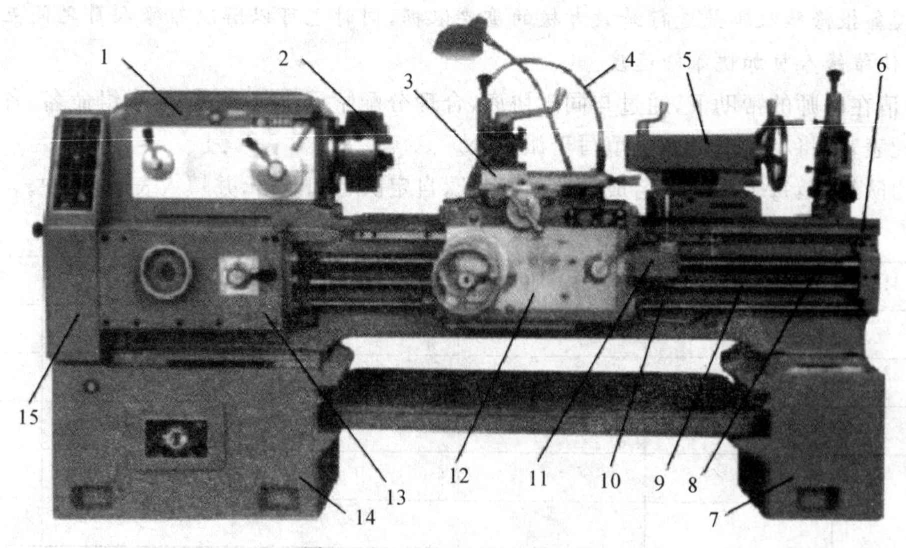

图 6-2 CA6140 型车床结构

1—主轴箱； 2—卡盘； 3—刀架； 4—冷却装置； 5—尾座； 6—床身导轨； 7,14—床脚
8—丝杠； 9—光杠； 10—操纵杠； 11—自动进给手柄； 12—溜板箱； 13—进给箱； 15—交换齿轮箱

评价与分析

评分表见表 6－4。

表 6－4　学习活动 1 评分表

评分项目	评价指标	标准分	评　分
任务复述	语言表达是否规范	20	
书面表达	工作页填写是否正确	20	
信息检索	是否能够有效检索	20	
人员分工	分工是否合理，任务是否明确	20	
团结协作	小组成员是否团结协作	20	

学习活动 2　勘查施工现场

学习目标

(1)了解设备的工作原理及工艺参数，熟悉现场电动机等电工材料的型号和参数。

(2)识读电路原理图、查阅相关资料，能正确分析电路的供电方式、各台电动机的作用、控制方式及控制电路特点。

(3)能到现场采集 CA6140 车床控制系统的技术资料，根据车床控制系统要求绘制 PLC 接线图以及工艺流程图。

(4)提高勘查项目实施过程中沟通交流的能力。

学习过程

(1)阅读施工图纸及现场工作环境，请你根据原理图电源部分内容查阅相关资料回答下列问题：

引导问题一：机床启动前需要注意什么安全事项？

引导问题二：机床操作时安全注意事项有哪些？

引导问题三：主电路采用什么样的供电方式？其电压为多少？控制电路采用什么样的供电方式？其电压为多少？主电路和辅助电路各供电电路中的控制器件是哪个？

引导问题四：照明电路和指示电路各采用什么样的供电方式？其电压各为多少？

引导问题五：变压器的作用是什么？请你测量各绕组的阻值并记录在表 6－5 中。

表 6－5　绕组阻值记录表

绕组名称				
电压值/V				
阻值/Ω				

引导问题六:补全表 6-6 中机床上安全警示标志的意义。

表 6-6　安全警示标志

序　号	标　志	意　义
1		电击危险,不得触摸贴有此标志的部件
2		
3	PE	外接电源线的地线必须可靠连接在标有“PE”的端子上
4		主轴运转时不能扳动手柄
5	警告 请根据工件的形状和尺寸特征添设防护挡板　谨防飞溅物伤害	
6	警告 传动装置工作时谨防吸入或卷入	
7	警告 工件突出时请添设安全装置 谨防伤害	
8	警　告 ·滑板移动时　谨防夹手 ·滑板自动移动时手柄旋转　谨防伤害	滑板移动时注意安全
9	警　告 尾座移动时谨防挤压危险	尾座移动时注意安全
10	警　告 ·主轴启动前取掉卡盘扳手谨防伤害 ·工作转速不得高于卡盘及夹具最高转速	工作转速不得高于卡盘及夹具最高转速

知识拓展

1.机床启动前安全注意事项

(1)主轴的工作转速不得高于卡盘的许用转速。

(2)不要使用已损坏变形或变钝的车刀。

(3)定期进行机床保养、维护,调整、维护和修理时,要使机床主电源断开。

(4)床鞍纵向移动前,必须先松开床鞍锁紧螺钉。

(5)必须定期给各导轨、油杯、三箱等需润滑部位加注润滑油、润滑脂,确保设备安全、正常运转。

(6)用专用工具安装车刀。

(7)穿戴个人防护装置,包括:①眼保护用护目镜;②长发保护用工作帽或头套;③全身保护用紧身工作服;④脚保护用劳保鞋;⑤护耳装置。

2.机床操作时安全注意事项

(1)当加工工件为细长轴时,建议使用跟刀架、中心架或尾座后顶尖加固工件,以防止工件从卡盘中掉下或甩出。

(2)千万不要加工易燃材料(如镁棒)。

(3)操作机床时应注意力集中,疲倦、饮酒或用药后不得操作机床。

(4)建议使用防锈型冷却液。注意:切削液应按其使用方法使用,切勿触及皮肤和眼睛,如不小心溅及皮肤和眼睛,应用大量水清洗,并去医院治疗。

(5)导轨润滑推荐使用符合ISO VG46(GB/T3141 N46)黏度的精制矿油,箱体润滑推荐使用符合ISO VG32(GB/T3141 N32)黏度的精制矿油。

(6)卡盘维修必须按照制造厂的要求,并确保维修后其安全转速不得低于主轴的最高转速。

(7)机床更换夹具后应进行平衡检查和校准。

(8)加工的棒状工件凸出到主轴后端外部的部分,用户必须对其进行可靠的防护。加工完后,应及时将防护罩取掉。

(9)禁止在易燃、易爆及潮湿的环境中使用机床。

(10)机床重新启动时,必须使防护罩和安全装置重新复位。

(11)机床,特别是机床的运动部件上不能放置工件、工具等物件。

(12)主轴运转前一定要将工件完全可靠地夹紧,并将扳手从卡盘上取下,关闭卡盘防护罩后才可启动机床。

(13)加工不规则工件时,必须先调整其重心,使工件运转平衡。

(14)调整冷却液喷嘴的位置时,必须先使机床停止运转。

(15)记住急停按钮的位置,以便在紧急情况下能够快速按下。

(16)严格按开机步骤开机。

(17)机床在运转时手不能接近或触摸运转部件。

(18)机床照明灯打开时,不要直接接触灯具部件,以免造成烫伤危险。

(19)机床正在加工时不要清理铁屑,特别注意不要用手直接接触铁屑。

清理铁屑时一定要先停机。机床上或刀盘里残留的铁屑应使用工具清除,不能直接用手清理,以防划伤手指。

(2)请你根据原理图主电路部分内容、查阅相关资料回答下列问题:

引导问题一:主电路有哪几台电动机?

引导问题二:主电路都使用了哪种电动机?

引导问题三:主拖动电动机主要起什么作用?

引导问题四:冷却泵电动机的作用是什么?

引导问题五:主电路和辅助电路中各供电电路采用了什么保护措施?保护器件是哪个?对传统的车床进行改造有何意义?

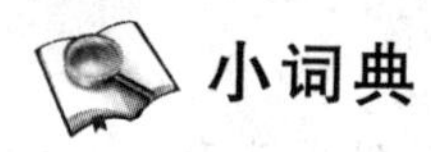

小词典

1.1 CA6140 型车床电路分析

CA6140 型车床电路原理图如图 6-3 所示。

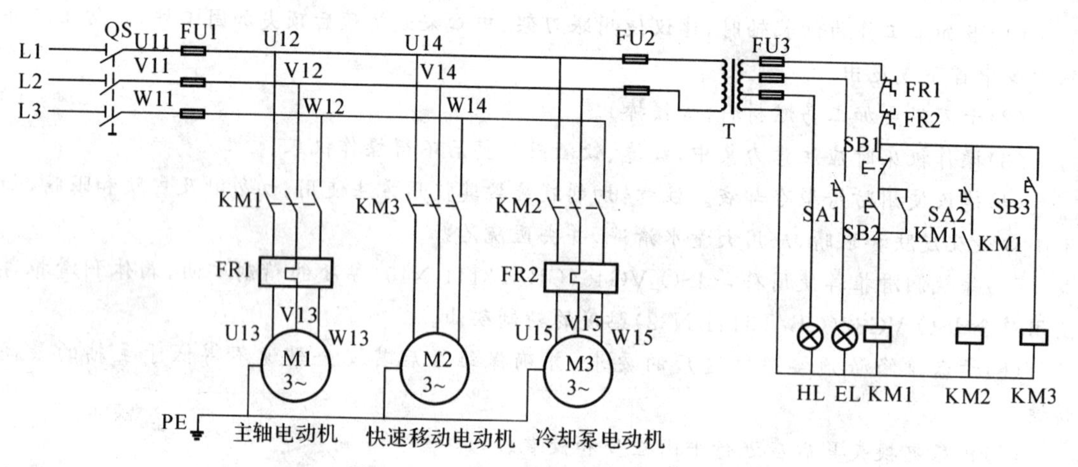

图 6-3 CA6140 型车床电路原理图

1. 主电路分析

主电路中共有 3 台电动机,图中 M1 为主轴电动机,用以实现主轴旋转和进给运动;M2 为冷却泵电动机;M3 为溜板快速移动电动机。M1,M2,M3 均为三相异步电动机,容量均小于 10kW,全部采用全压直接启动,皆由交流接触器控制单向旋转。

M1 电动机由启动按钮 SB1,停止按钮 SB2 和接触器 KM1 构成电动机单向连续运转控制电路。主轴的正反转由摩擦离合器改变传动来实现。

M2 电动机是在主轴电动机启动之后,扳动冷却泵控制开关 SA1 来控制接触器 KM2 的通断,实现冷却泵电动机的启动与停止。由于 SA1 开关具有定位功能,故不需自锁。

M3 电动机由快速移动按钮 SB3 来控制 KM3 接触器,从而实现 M3 的点动。操作时,先将快速进给手柄扳到所需移动方向,再按下 SB3 按钮,即可实现该方向的快速移动。

三相电源通过转换开关 QS 引入,FU1 和 FU2 作短路保护。主轴电动机 M1 由接触器 KM1 控制启动,热继电器 FR1 为主轴电动机 M1 的过载保护。冷却泵电动机 M2 由接触器

KM2 控制启动，热继电器 FR2 为它的过载保护。溜板快速移动电机 M3 由接触器 KM3 控制启动。

2. 控制电路分析

控制回路的电源由变压器 TC 副边输出 110V 电压提供，采用 FU3 作短路保护。

(1)主轴电动机的控制：按下启动按钮 SB2，接触器 KM1 的线圈获电动作，其主触头闭合，主轴电动机 M1 启动运行。同时 KM1 的自锁触头和另一副常开触头闭合。按下停止按钮 SB1，主轴电动机 M1 停车。

(2)冷却泵电动机的控制：如果车削加工过程中，工艺需要使用冷却液时，合上开关 SA1，在主轴电动机 M1 运转情况下，接触器 KM1 线圈获电吸合，其主触头闭合，冷却泵电动机获电运行。由电气原理图可知，只有在主轴电动机 M1 启动后，冷却泵电动机 M2 才有可能启动，当 M1 停止运行时，M2 也就自动停止。

(3)溜板快速移动的控制：溜板快速移动电动机 M3 的启动是由安装在进给操纵手柄顶端的按钮 SB3 来控制的，它与中间继电器 KM3 组成点动控制环节。将操纵手柄扳到所需要的方向，压下按钮 SB3，继电器 KM3 获电吸合，M3 启动，溜板就向指定方向快速移动。

3. 照明、信号灯电路分析

控制变压器 TC 的副边分别输出 24V 和 6V 电压，作为机床低压照明灯和信号灯的电源。EL 为机床的低压照明灯，由开关 SB4 控制；HL 为电源的信号灯，采用 FU4 作短路保护。

4. 电路的保护环节

(1)电路电源开关是带有开关锁的断路器 SA2。机床接通电源时需用钥匙开关操作，再合上 QS，增加了安全性。需要送电时，先用开关钥匙插入 SA2 开关锁中并右旋，使 QS 线圈断电，再扳动断路器 QS 将其合上，此时，机床电源送入主电路 380V 交流电压，并经控制变压器输出 110V 控制电路、24V 安全照明电路、6V 信号灯电压。断电时，若将开关锁 SA2 左旋，则触头 SA2(03—13)闭合，QS 线圈通电，断路器 QS 断开，机床断电。若出现误操作，QS 将在 0.1s 内再次自动跳闸。

(2)打开机床控制配电盘壁箱门，自动切除机床电源的保护。在配电盘壁箱门上装有安全行程开关 SQ2，当打开配电盘壁箱门时，安全开关的触头 SQ2(03—13)闭合，将使断路器 QS 线圈通电，断路器 QS 自动跳闸，断开机床电源，以确保人身安全。

(3)机床床头皮带罩处设有安全开关 SQ1，当打开皮带罩时，安全开关触头 SQ1(03—1)断开，将接触器 KM1，KM2，KM3 线圈电路切断，电动机将全部停止旋转，以确保了人身安全。

(4)为满足打开机床控制配电盘壁箱门进行带电检修的需要，可将 SQ2 安全开关传动杆拉出，使触头 SQ2(03—13)断开，此时 QS 线圈断电，QS 开关仍可合上。检修完毕，关上壁箱门后，将 SQ2 开关传动杆复位，SQ2 保护作用照常起作用。

(5)电动机 M1，M2 由 FU 热继电器 FR1，FR2 实现电动机长期过载保护；断路器 QS 实现全电路的过流、欠电压保护及热保护；熔断器 FU，FU1 至 FU6 实现各各部分电路的短路保护。

(6)此外，还设有 EL 机床照明灯和 HL 信号灯进行刻度照明。

1.2　普通车床控制线路改造的意义

CA6140 是一种应用广泛的金属切削机床，目前采用传统的继电器控制的普通车床在中小型企业已大量使用，能够车削外圆、内圆、螺纹、螺杆等。它采用继电器接触器电路来实现电气控制系统。但由于大量地使用了继电器与接触器,再加上继电器系统接线复杂,经常造成接触不良,而且原件老化快,设备故障频繁,不便于维修,故障诊断与排除困难,并存在以下问题:

(1)触电容易被电弧烧坏而导致接触不良。

(2)机械方式实现的触点控制反映速度慢。

(3)继电器的控制功能被固定在线路中,功能单一、灵活性差。

这些都影响到实际的生产运用。因此当务之急就是对CA6140车床进行技术改造,以提高企业的设备利用率,提高产品的质量和产量。

由于可编程序控制器(PLC)具有:通用性、适应性强,完善的故障自诊断能力且维修方便,可靠性高及柔性强等优点,且小型PLC的价格目前亦很便宜,因此在普通车床的控制电路改造中发挥了及其重要的作用。

可编程序控制器(PLC)以其完善的功能,很强的通用性,体积少及高可靠性等特点在各工矿企业得到广泛的应用。在工厂自动化系统中,PLC被广泛采用为核心的控制器件。它既可组成功能齐全的自控系统控制整个工厂的运行,亦可单独使用作单机自动控制。它还是继电器控制柜的理想替代物。在生产工艺控制、过程控制、机床控制、组合机床自动控制等场合,PLC占有举足轻重的地位。特别是在数控机床及大量的机床改造和老设备改造中,PLC应用极其广泛。

评价与分析

评分表见表6-7。

表6-7 学习活动2评分表

评分项目	评价指标	标准分	评 分
原理图	能否根据原理图分析电路的功能	20	
现场勘查	能否勘查现场,做好测绘记录	20	
主电路及PLC接线图	能否正确绘制、标注流程图及PLC接线图	20	
查阅资料	能否根据实际查阅PLC相关资料	20	
团结协作	小组成员是否团结协作	20	

学习活动3 制订工作计划

学习目标

(1)能根据模拟控制系统要求,制订工作计划。

(2)能根据任务要求列举所需工具和材料清单,准备工具,领取材料。

(3)能按照作业规程应用必要的标识和分组分工。

(4)能通过分工合作提高团队协作能力。

学习过程

请根据现场施工要求，安排相应人员进行施工，同时用自己的语言描述具体的工作内容，制订工作计划，列出所需要的工具和材料清单。

引导问题一：根据任务要求和施工图纸，制订你的小组工作计划，并对小组成员进行分工。

引导问题二：根据现场勘查情况，简单概括 CA6140 车床改造思路。

引导问题三：根据现场勘查结果确定用时(填写表 6-8 时间表)。

表 6-8　时间表

序　号	施工内容	预计用时	实际用时
1	绘图		
2	主电路设计		
3	控制电路设计		
4	外围接线		
5	编程、下载		
6	通电验收		
7	总评		

引导问题四：根据现场勘查，绘制的电路图及 I/O 分配表确定需哪些施工设备、材料及工具(填写表 6-9 设备表)。

表 6-9　设备表

序　号	名　称	型　号	数　量	序　号	名　称	型　号	数　量
1				6			
2				7			
3				8			
4				9			
5				10			

引导问题五：CA6140 型车床电路中冷却泵电动机、变压器是如何选型的？

小词典

1. 电动机的选择

M1 主轴电动机：Y 系列电动机具有体积小、重量轻、运行可靠、结构坚固、外形美观、启动性能好、效率高等特点，达到了节能效果；而且噪声低、寿命长、经久耐用。Y 系列电动机适用于空气中不含易燃、易爆或腐蚀性气体的场所。Y132-4-B3 型号电动机功率为 7.5kW，频率为50Hz，转速为1 450r/min，功率因数cosφ为0.85，效率为87%，堵转转矩为2.2N·m，最大转矩为2.3N·m，所以此类型电动机能符合电路配置，并能有效完成工作。

M2冷却泵电动机：AOB-25机床冷却泵是一种浸渍式的三相电泵，它由封闭式三相异步电动机与单极离心泵组合而成，具有安装简单方便、运行安全可靠、过负荷能力强、效率高、噪声低等优点，适合作为各种机床输送冷却液、润滑液的动力。此电动机输出功率为90W，扬程为4m，流量为25L/min，出口管径为1/2吋，能有效配合M1电动机使用。

M3快速移动电动机：AOS5634功率为250W，电压为380V，频率为50Hz，转速为1 360r/min，E级。

2. 控制变压器的选择

首先查看电源电压、实际用电载荷和地方条件，然后参照变压器铭牌标示的技术数据逐一选择。一般应从变压器容量、电压、电流及环境条件综合考虑，其中容量选择应根据用户用电设备的容量、性质和使用时间来确定所需的负荷量，以此来选择变压器容量。

在正常运行时，应使变压器承受的用电负荷为变压器额定容量的75%～90%。运行中如实测出变压器实际承受负荷小于50%时，应更换小容量变压器，如大于变压器额定容量应立即更换大变压器。同时，根据线路电源决定变压器的初级线圈电压值，根据用电设备选择次级线圈的电压值，最好选为低压三相四线制供电。这样可同时提供动力用电和照明用电。对于电流的选择要注意负荷在电动机启动时能满足电动机的要求，因为电动机启动电流为额定电流的4～7倍。

JBK2-100VA机床控制变压器适用交流50～60Hz，输出额定电压不超过220V，输入额定电压不超过500V，此类控制变压器初级电压为380V，次级电压分别为110V，24V和6V。

3. 熔断器的选择

其类型根据使用环境、负载性质和各类熔断器的适用范围来进行选择。例如：用于照明电路或小的热负载，可选用RC1A系列瓷插式熔断器；在机床控制电路中，较多选用RL1系列螺旋式熔断器。

熔断器的额定电压必须大于或等于被保护电路的额定电压；熔断器的额定电流必须大于或等于所装熔体的额定电流。

4. 导线的选择

在安装电器配电设备中，经常遇到导线选择的问题，正确选择导线是项十分重要的工作。如果导线的截面积过小，电器负载大易造成电器火灾的后果；如果导线的截面积过大，会增加成本，浪费材料。

导线的载流量与导线截面有关，也与导线的材料、型号、敷设方法以及环境温度等有关，根据以下数据，主电路选择BVR-2.5mm^{2}铜芯导线，控制电路选择BVR-1mm^{2}铜芯导线。

小贴士

铜线安全载流量(25℃)：

1mm^{2}铜电源线的安全载流量——6A。

1.5mm^{2}铜电源线的安全载流量——14A。

2.5mm^{2}铜电源线的安全载流量——28A。

$4mm^2$ 铜电源线的安全载流量——35A 。

$6mm^2$ 铜电源线的安全载流量——48A 。

$10mm^2$ 铜电源线的安全载流量——65A。

$16mm^2$ 铜电源线的安全载流量——91A 。

$25mm^2$ 铜电源线的安全载流量——120A。

知识拓展

电气元件明细表要注明各元器件的型号、规格及数量等，见表 6－10。

表 6－10　CA6140 车床电气元件表

符号	元件名称	型　号	规　格	件　数	作　用
M1	主轴电动机	Y132M－4	7.5kW,15.4A,1 450r/min	1	工件的旋转和刀具的进给
M2	冷却泵电动机	AOB－25	90W,0.32A,3 000 r/min	1	供给冷却液
M3	快移电动机	AOS5634	250W,1.55A,1 360r/min	1	刀架的快速移动
KM1	交流接触器	CJ0－20B	线圈 110V	1	控制主轴电动机 M1
KM2	交流接触器	JZ7－44	线圈 110V	1	控制冷却泵电动机 M2
KM3	交流接触器	JZ4－44	线圈 110V	1	快速移动电动机 M3
QF	低压断路器	DZ15L－40/3901	380V,20A	1	漏电自动开关开关
SB3	按钮	LA219－11	500V,5A	1	主轴启动
SB4	按钮	LA－01JZ		1	主轴停止
SB12	按钮	LA9	500V,5A	1	快速移动电动机 M3 点动
SA1	开关	KN3－2－1		1	工作灯开关
SB7	按钮	LA219－11	500V5A	1	M2 长动按钮
SB10	按钮	LA219－11		1	M2 点动按钮
SB11	按钮	LA219－11		1	M2 解保按钮
SA2	钥匙式开关	LAY3－Y/Z		1	电源总开关
SQ1	行程开关	LXW3－N		1	打开挂轮箱时被压下
SQ2	行程开关	LXW3－N		1	电气箱打开时闭合
FR1	热继电器	JR16－20/30	(10～16)/15.4A	1	M1 过载保护
FR2	热继电器	JR16－20/30	(0.25～0.35)/0.32A	1	M2 过载保护
TC1	变压器	JBK2－100	380V/110V,24V,6V	1	控制与照明用变压器
FU1	熔断器	BZ001	1A	3	冷却泵 M2 的短路保护
FU2	熔断器	BZ001	4A	3	快速电动机 M3 短路保护
FU3	熔断器	BZ001	1A	2	变压器的短路保护

续表

符号	元件名称	型号	规格	件数	作用
FU4	熔断器	BZ001	1A	1	指示灯回路短路保护
FU5	熔断器	BZ001	2A	1	照明灯回路短路保护
FU6	熔断器	BZ001	1A	1	控制回路短路保护
R	电阻	RXYC	7.5W,3.9kΩ	1	检漏保护电路
EL	照明灯	JC11	40W,24V	1	机床局部照明
HL	指示灯	ZSD－O	白色,配6V 0.15A灯泡	1	电源指示灯
PLC	软件	FX2N	FX2N－48MR－001	1	实现控制
触摸屏	软件	GT1175	GT1175－VNBA－C 640＊320	1	模拟仿真

评价与分析

评分表见表6－11。

表6－11　学习活动3评分表

评分项目	评价指标	标准分	评分
条理性	工作计划制订是否有条理	20	
完善性	工作计划是否全面、完善	20	
信息检索	信息检索是否全面	20	
工具与材料清单	是否完整	20	
团结协作	小组成员是否团结协作	20	

学习活动4　施工前的准备

(1)掌握车床系统使用PLC改造的设计方法。

(2)掌握CA6140车床的结构、工作原理。

(3)掌握CA6140车床的主要运动形式及控制要求。

(4)掌握车床电气控制线路分析方法。

(5)可编程控制器控制系统设计的基本步骤。

学习过程

请进行车床结构及工作原理的学习,根据控制要求完成程序设计,并领取施工工具和材料。

引导问题一：CA6140车床电力拖动特点及控制要求有哪几点？请简要说明。

引导问题二：主拖动电动机的控制电路由哪些器件组成？其控制电路工作原理是什么？

引导问题三：冷却泵电动机的控制电路由哪些器件组成？其控制电路工作原理是什么？

引导问题四：：根据设计条件，采用可编程控制器（PLC）对原有继电接触器控制系统进行改造，使机床故障率下降，可靠性和灵活性大大地提高，实现一定的自动化，具体设计要求包括哪些方面？

引导问题五：请你写出A6140车床电气PLC改造方案设计。

小词典

1.1　CA6140型车床

1. CA6140型车床组成结构及其作用

(1)CA6140型车床外部组成结构如图6－4所示。

车床结构：三箱。

主轴箱1：内装有主轴实现主运动，主轴端部有三爪或四爪卡盘以夹持工件。

进给箱10：作用是变换进给量，并把运动传给溜板箱。

溜板箱8：带动刀架实现纵向、横向进给，快速移动或车螺纹。

刀架2：装四组刀具，按需要手动转位使用。

尾座3：支持工件或安装钻头等孔加工刀具。

床身4：部件都安装在床身上，以保持部件间相互位置精度。

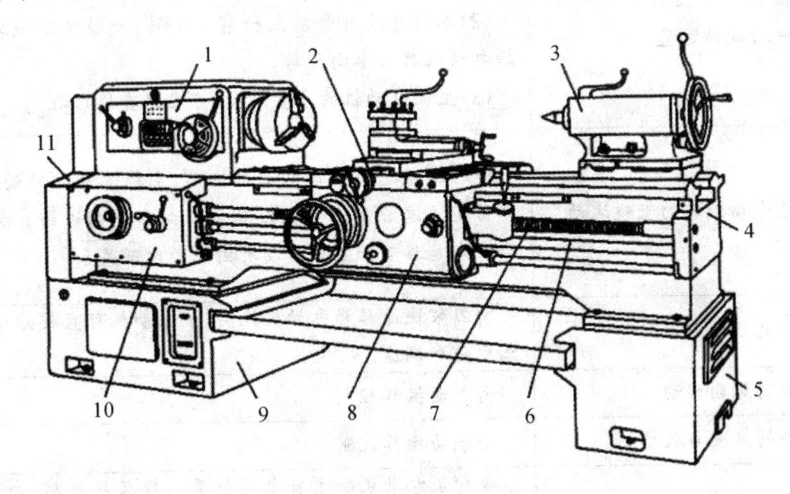

图6－4　CA6140型车床外部组成结构

(2)CA6140型车床布局特点和结构作用。CA6140型卧式车床，其通用性好，精度较高，性能较优越，是中型卧式车床最常见的布局形式，主要由床身、主轴箱、交换齿轮箱、进给箱、溜板箱和床鞍、刀架、尾座及冷却、照明等部分组成。由于在这种机床上加工的多半是细长形状回转体工件，也常加工端面，为了提高机床的稳定性和便于形成这些表面，所以采用卧式床身，且把主轴箱、尾座、刀架置于床身导轨的同一水平面上。

2. CA6140 型车床型号和主要技术性能

(1)CA6140 型车床型号简介。金属切削机床简称为机床，是机械制造中的主要加工设备，其中车床是使用最普通的一类机床。根据 GB/T 15375—1994 编制方法规定，它由汉语拼音字母及阿拉伯数字组成，CA6140 型车床型号中字母及数字的含义如下：

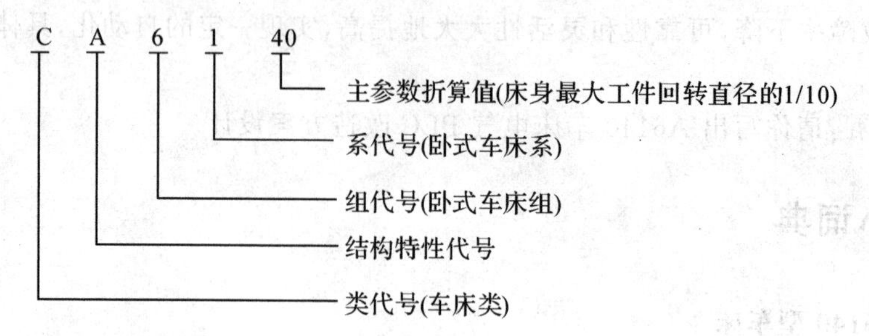

(2)CA6140 型车床的主要技术性能。车床的技术性能是正确选择和合理使用车床的依据，它包括车床的工艺范围、技术规格、加工精度和表面粗糙度、生产率、自动化程度、效率和精度保持性等。

(3)CA6140 卧式车床的主要运动形式及控制要求见表 6-12。

表 6-12 CA6140 卧式车床的主要运动形式及控制要求

运动种类	运动形式	控制要求
主运动	主轴通过卡盘或顶尖带动工件的旋转运动	(1)主轴电动机选用三相笼型异步电动机，不进行调速，主轴采用齿轮箱进行机械有级调速； (2)车削螺纹时要求主轴有正反转，一般由机械方法实现，主轴电动机只作单向旋转； (3)主轴电动机的容量不大，可采用直接启动
进给运动	刀架带动刀具的直线运动	进给运动也由主轴电动机拖动，主轴电动机的动力通过挂轮箱传递给进给箱来实现刀具的纵向和横向进给。加工螺纹时，要求刀具移动和主轴转动有固定的比例关系
辅助运动	刀架的快速移动	由刀架快速移动电动机拖动，该电动机可直接启动，也不需要正反转和调速
	尾架的纵向移动	由手动操作控制
	工件的夹紧与放松	由手动操作控制
	加工过程的冷却	冷却泵电动机和主轴电动机要实现顺序控制，冷却泵电动机也不需要正反转和调速

3. 普通车床的运动特点及用途

(1)普通车床的运动特点。车削时，为了切除多余的金属，必须使工件和车刀产生相对的车削运动。按运动的作用，车削运动可分为主运动和进给运动两种，如图 6-5 所示。

1)主运动。直接切除工件上的切削层，并使之变成切削以形成工件新表面的运动称为主运动。车削时，工件的旋转运动就是主运动，如图 6－6 所示。

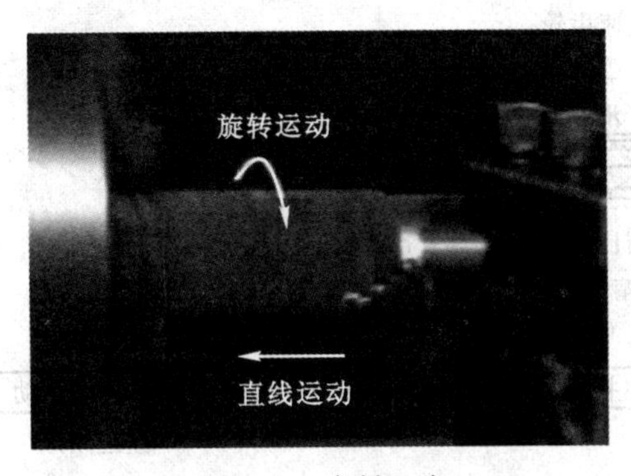

图 6－5　车削运动

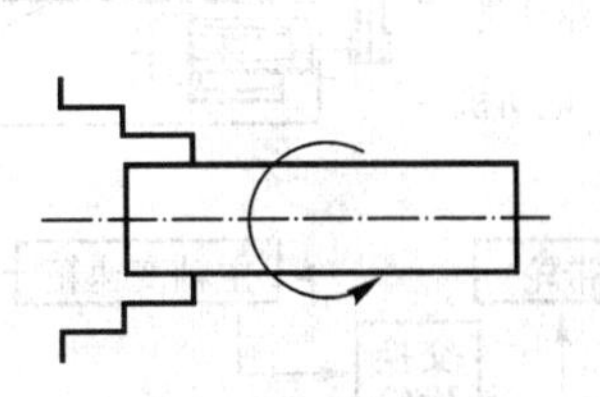

图 6－6　主运动

2）进给运动。使工件上多余材料不断地被切除的运动叫进给运动。以车刀切除金属层时移动的方向不同，进给运动又可分为纵向进给运动和横向进给运动，如图 6－7 所示。如：车外圆的方向是纵向进给运动，平端面、切断或车槽的方向是横向进给运动。

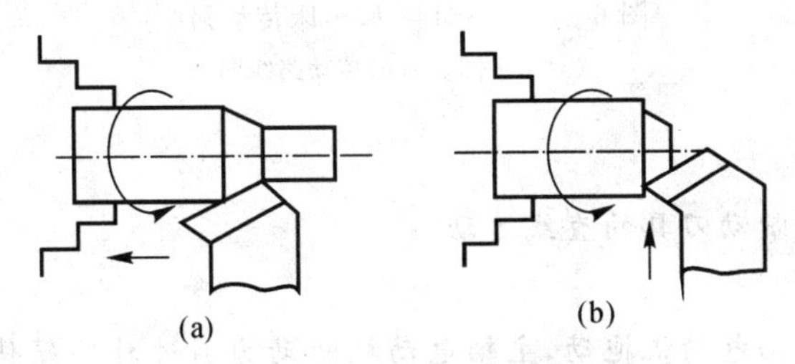

图 6－7　进给运动

(a)纵向进给；（b)横向进给

3）CA6140 型车床的传动系统。如图 6－8 所示为 CA6140 型车床的传动路线。

（2）车床的用途。CA6140 型卧式车床是生产中常见的一种典型万能通用车床，在这种车床上能完成各种轴类、套筒类和盘类零件的各种加工工序，如车削内、外圆柱面、圆锥面、成形回转表面和环形槽，车削端面和各种常用螺纹等。机床使用的主要刀具是各种车刀，还可采用各种孔加工刀具（如钻头、扩孔钻、铰刀等）和螺纹刀具进行加工，进行钻孔、钻中心孔、扩孔、铰孔、攻内螺纹、套外螺纹和滚花等工作，其用途十分广泛。

1.2　CA6140 车床的主要运动形式和控制要求

1. 主运动

（1）运动形式：主轴通过卡盘或顶尖带动工件的旋转运动。

（2）控制要求：

1）主轴电动机选用三相笼型异步电动机，不进行调速，主轴采用齿轮箱进行机械有级调速。

2）车削螺纹时要求主轴有正反转，一般由机械方法实现，主轴电动机只作单向旋转。

3）主轴电动机的容量不大，可采用直接启动。

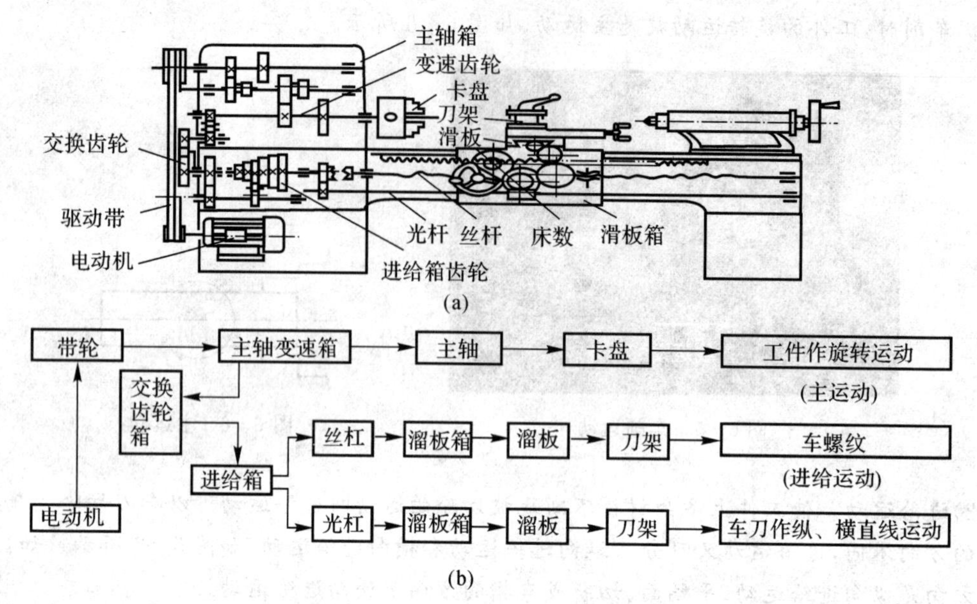

图 6-8　CA6140 型车床传动路线

(a)示意图；(b)传动路线图

2. 进给运动

(1)运动形式：刀架带动刀具的直线运动。

(2)控制要求：

1)进给运动也由主轴电动机拖动，主轴电动机的动力通过挂轮箱传递给进给箱来实现刀具的纵向和横向进给。

2)加工螺纹时，要求刀具移动和主轴转动有固定的比例关系

3. 辅助运动

(1)运动形式：刀架的快速移动。

控制要求：由刀架快速移动电动机拖动，该电动机可直接启动，也不需要正反转和调速。

(2)运动形式：尾架的纵向移动。

控制要求：由手动操作控制。

(3)运动形式：工件的夹紧与放松。

控制要求：由手动操作控制。

(4)运动形式：加工过程的冷却。

控制要求：冷却泵电动机和主轴电动机要实现顺序控制，冷却泵电机也不需要正反转和调速。

1.3　CA6140 车床电力拖动特点及控制要求

1. 车床拖动特点

(1)主轴的转动及刀架的移动由主拖动电机带动，主拖动电动机一般选用三相鼠笼式异步电动机，并采用机械变速。

(2)主拖动电机采用直接启动，启动、停止采用按钮操作，停止采用机械制动。

(3)为车削螺纹，主轴要求正反转。小型车床，一般采用电动机正反转控制。CA6140 型

车床则靠摩擦离合器来实现，电动机只作单向旋转。

(4)车削加工时，需用切削液对刀具和工件进行冷却。为此，设有一台冷却泵电动机，拖动冷却泵输出冷却液。

(5)冷却泵电动机与主轴电动机有着联锁关系，即冷却泵电动机应在主轴电动机启动后才可选择启动与否；而当主轴电动机停止时，冷却泵电动机立即停止。

(6)为实现溜板箱的快速移动，由单独的快速移动电动机拖动，且采用点动控制。

2.控制要求

(1)主电路分析。

M1:主轴电动机，由KM1控制单向运转。

M2:冷却泵电动机，由KA1控制运转。

M3:刀架快速移动电动机，由KA2控制单向运转。

(2)控制电路分析。控制电路电源由控制变压器TC次级提供:交流110V。

1)主轴电机M1控制:

启动:SB2→KM1得电(自锁)→M1连续运转;

停止:SB1→KM1失电→M1停止运转。

2)冷却泵M3控制:

启动:主轴工作→KM1得电→合上QS2→KA1得电→M2连续运转→提供冷却液;

停止:断开QS2/主轴停止→KA1失电→M2停止运转;

过载保护:FR1/FR2动作→整机停止。

3)刀架快速移动控制:

SB3→KA2得电→M3运转(点动控制)。

3.车床改造后控制要求

总设计要求:

(1)主轴电机M1先启动，有过载保护，主轴电机M1能控制整个线路的启动和停止。

(2)冷却泵电机M2实现电动和常动，有过载保护，冷却泵电机能独立地启动和停止。

(3)进刀电机M3能独立地启动和停止。

具体设计要求如下:

(1)按下启动按钮SB3，主轴电机M1控制接触器得电，主轴电机启动起来。

(2)按下停止按钮SB4，主轴电机M1控制接线器失电，主轴电机停止。

(3)主轴电机启动后，搬动冷却泵电机手动控制开关SB10致闭合位置，冷却泵电机控制继电器KA得电，冷却泵电机启动起来。

(4)主轴电机启动后，搬动冷却泵电机M2手动控制开关SB10致断开位置，冷却泵电机控制继电器失电，冷却泵电机停止。

(5)按下点动控制按钮SB12，进刀电机M3控制继电器得电，进刀电机启动运行。

(6)按下点动控制按钮SB12，进刀电机M3控制继电器失电，进刀电机停止工作。

(7)过载、短路保护热继电器FR1/FR2任何一个触电断开，接触器KM1、继电器KM2断电，所以电机停止工作。

知识拓展

PLC 系统设计概述

1.1PLC 控制系统设计要求

PLC 的内部控制结构与计算机、微机相似，但其接口电路不同，编程语言也不一致。因此PLC 控制系统与微机控制系统开发过程不完全相同，需要根据 PLC 本身的特点、性能进行系统的设计。

为实现被控对象的工艺要求，以及生产效率和产品产量的进一步提高最大限度地发挥PLC 控制系统的优势。

1. 流程图功能说明

(1)根据生产的工艺分析控制要求：如需要完成的动作(动作顺序、动作条件及必须的保护和联锁)、操作方式(手动、自动；连续、单周期及单步等)；

(2)根据控制要求确定所需要的用户输入、输出设备、据此确定 PLC 的 I/O 点数；

(3)选择 PLC；

(4)分配 PLC 的 I/O 接口，设计 I/O 电气接口接图；

(5)进行 PLC 程序设计，同时可进行控制台(柜)的设计和现场施工。在设计传统继电器控制系统时，必须在控制线路(接线程序)设计完成后，才能进行控制台(柜)设计和现场施工。采用 PLC 控制，可以使整个工程的周期缩短。

2. PLC 程序设计的步骤

(1)绘制系统流程图；

(2)设计梯形图；

(3)根据梯形图编制程序清单；

(4)用编程器将程序键入到 PLC 的用户程序存储器中，并检验键入的程序是否正确；

(5)调试和修改程序，直到满足要求为止；

(6)控制台现场施工完成后进行联合调试；

(7)编制技术文件。

3. PLC 系统设计流程图

PLC 系统设计流程图如图 6-9 所示。

1.2　可编程控制器控制系统设计的基本步骤

1. 系统设计的主要内容

(1)拟定控制系统设计的技术条件。技术条件一般以设计任务书的形式来确定，它是整个设计的依据。

(2)选择电气传动形式和电动机、电磁阀等执行机构。

(3)选定 PLC 的型号。

(4)编制 PLC 的输入/输出分配表或绘制输入/输出端子接线图。

(5)根据系统设计的要求编写软件规格说明书，然后再用相应的编程语言(常用图形)进行程序设计。

(6)了解并遵循用户认知心理学，重视人机界面的设计，增强人与机器之间的友善关系。

(7)设计操作台、电气柜及非标准电器元部件。

(8)编写设计说明书和使用说明书。

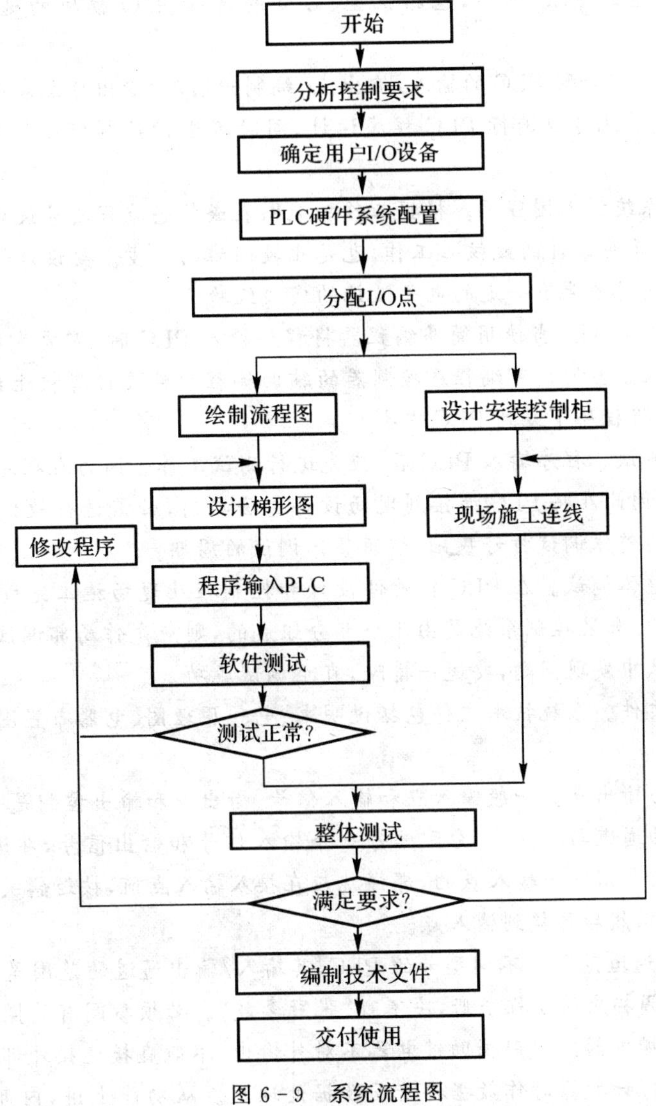

图6-9　系统流程图

2.系统设计的基本步骤

可编程控制器应用系统设计与调试的主要步骤：

(1)深入了解和分析被控对象的工艺条件和控制要求。

1)被控对象就是受控的机械、电气设备、生产线或生产过程。

2)控制要求主要指控制的基本方式、应完成的动作、自动工作循环的组成、必要的保护和联锁等。对较复杂的控制系统，还可将控制任务分成几个独立部分，这样可化繁为简，有利于编程和调试。

(2)确定I/O设备，根据被控对象对PLC控制系统的功能要求，确定系统所需的用户输入/输出设备。常用的输入设备有按钮、选择开关、行程开关、传感器等,常用的输出设备有继电器、接触器、指示灯、电磁阀等。

(3)选择合适的PLC类型。根据已确定的用户I/O设备,统计所需的输入信号和输出信号的点数,选择合适的PLC类型,包括机型、容量的选择、I/O模块的选择、电源模块的选择等。

(4)分配I/O点。分配PLC的输入/输出点,编制出输入/输出分配表或者画出输入/输出端子的接线图。接着就可以进行PLC程序设计,同时可进行控制柜或操作台的设计和现场施工。

(5)设计应用系统梯形图程序。根据工作功能图表或状态流程图等设计出梯形图即编程。这一步是整个应用系统设计的最核心工作,也是比较困难的一步。要设计好梯形图,首先要十分熟悉控制要求,同时还要有一定的电气设计的实践经验。

(6)将程序输入PLC。当使用简易编程器将程序输入PLC时,需要先将梯形图转换成指令助记符,以便输入。当使用可编程序控制器的辅助编程软件在计算机上编程时,可通过上、下位机的连接电缆将程序下载到PLC中去。

(7)进行软件测试。程序输入PLC后,应先进行测试工作。因为在程序设计过程中,难免会有疏漏的地方。因此在将PLC连接到现场设备上去之前,必需进行软件测试,以排除程序中的错误,同时也为整体调试打好基础,缩短整体调试的周期。

(8)应用系统整体调试。在PLC软硬件设计和控制柜及现场施工完成后,就可以进行整个系统的联机调试。如果控制系统是由几个部分组成的,则应先作局部调试,然后再进行整体调试;如果控制调试中发现问题,要逐一排除,直至调试成功。

(9)编制技术文件。系统技术文件包括说明书、电气原理图、电器布置图、电气元件明细表和PLC梯形图。

(10)分配输入/输出点。一般输入点和输入信号、输出点和输出控制是一一对应的。分配好后,按系统配置的通道与接点号,分配给每一个输入信号和输出信号,即进行编号。在个别情况下,也有两个信号用一个输入点的,那样就应在接入输入点前,按逻辑关系接好线(如两个触点先串联或并联),然后再接到输入点。

(11)确定I/O通道范围。不同型号的PLC,其输入/输出通道的范围是不一样的,应根据所选PLC型号,查阅相应的编程手册,决不可“张冠李戴”。必须参阅有关操作手册。

(12)内部辅助继电器。内部辅助继电器不对外输出,不能直接连接外部器件,而是在控制其他继电器、定时器/计数器时作数据存储或数据处理用。从功能上讲,内部辅助继电器相当于传统电控柜中的中间继电器。未分配模块的输入/输出继电器区以及未使用1∶1链接时的链接继电器区等均可作为内部辅助继电器使用。根据程序设计的需要,应合理安排PLC的内部辅助继电器,在设计说明书中应详细列出各内部辅助继电器在程序中的用途,避免重复使用。参阅有关操作手册。

(13)分配定时器/计数器。PLC的定时器/计数器数量分别见有关操作手册。PLC软件系统设计方法及步骤,PLC软件系统设计的方法。在了解了PLC程序结构之后,就要具体地编制程序了。编制PLC控制程序的方法很多,这里主要介绍几种典型的编程方法。图解法编程,图解法是靠画图进行PLC程序设计。为此,不少PLC生产厂家在自己的PLC中增加了步进顺控指令。在画完各个步进的状态流程图之后,可以利用步进顺控指令方便地编写控制程序。

3. 编制 PLC 程序并进行模拟调试

在绘制完电路图之后，就可以着手编制 PLC 程序了。当然可以用上述方法编程。在编程时，除了要注意程序要正确、可靠之外，还要考虑程序要简捷、省时、便于阅读、便于修改。编好一个程序块要进行模拟实验，这样便于查找问题并及时修改，最好不要整个程序完成后"一起算总账"。

评价与分析

评分表见表 6 - 13。

表 6 - 13　学习活动 4 评分表

评分项目	评价指标	标准分	评　分
指令学习	是否掌握系统改造设计方法	30	
程序设计	能否按正确设计出车床改造后的电气线路与程序	40	
学习态度	学习态度是否积极	10	
工具准备	能否按要求准备好工具	10	
团结协作	小组成员是否团结协作	10	

学习活动 5　任务实施与验收

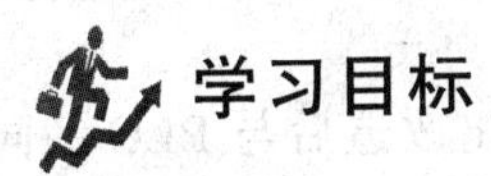

学习目标

(1)能查阅资料设置工作现场必要的标识和隔离措施。

(2)能进行 CA6140 车床控制系统改造后的程序设计，并根据基本控制要求编写梯形图。

(3)能根据 PLC 外围设备安装接线图与机床改造后线路进行接线、施工并进行实际调试，达到设计要求。

(4)施工后，能按电工作业规程，清点工具、人员，收集剩余材料，清理工程垃圾，拆除防护措施。

学习过程

明确 CA6140 车床控制系统的控制要求，写出 PLC 的输入/输出分配表、外部接线图，梯形图和指令表，并将程序输入 PLC，按照 CA6140 车床各控制系统的动作要求先进行模拟调试，成功以后再进行现场调试，最终达到设计要求。

一、CA6140 车床系统控制要求

引导问题一：根据实际勘查所知，控制电路采用多大的电压供电？控制电路的电压是通过什么转换得到的(见图 6－10)？

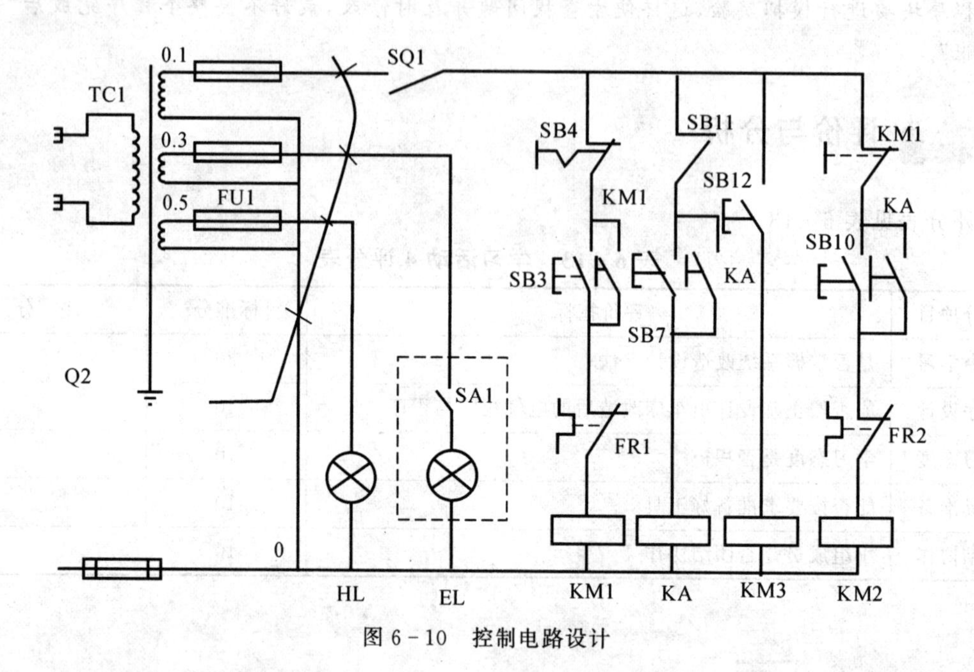

图 6－10　控制电路设计

引导问题二：照明电路采用________V 安全交流电压，照明电路由开关 SA1 接________V 低压灯泡 EL 组成，灯泡的另一端必须接地，以防止变压器原绕组和副绕组间发生________时发生触电事故。故熔断器 FU5 是照明电路的短路保护器件。

引导问题三：请根据 CA6140 车床控制系统的电气原理图，绘制出改造后与 PLC 一同控制的流程图，并填入图 6－11 中。

图 6－11　CA6140 车床控制系统流程图

引导问题四：CA6140 车床控制系统安装工艺要求有哪几个方面？请简要说明一下。

二、CA6140 车床控制系统的地址分配表和外部接线图

引导问题一：根据系统控制要求，完成下列 PLC 的 I/O 分配表。

控制电路中，8 个输入信号，3 个输出信号。其输入/输出电器及 PLC 的 I/O 配置见表 6－14。

表 6－14　输入/输出电器及 PLC 的 I/O 配置

输入设备		PLC 输入继电器	输出设备		PLC 输出继电器
符　号	功　能		符　号	功　能	
SB3			KM1	M1 接触器	
SB4			KM2	M2 接触器	
FR1			KM3	M3 接触器	
FR2	M2 热继电器		KA	中间继电器	
SB7	M2 长动开关				
SB10					
SB11					
SB12	M3 点动开关				

引导问题二：请根据 CA6140 车床控制系统的电气原理图，绘制出改造后与 PLC 连接的外部接线图，并填入图 6－12 中。

图 6－12　CA6140 车床控制系统的硬件接线示意图

引导问题三：列出 PLC 线路安装过程中遇到了哪些问题？你是如何解决的？填写在表 6－15中。

表 6－15　问题汇总

序　号	所遇问题	解决方法	备　注

知识拓展

1. 车床的安装接线图

安装接线能使我们更准确明了地理解车床的 PLC 控制线路，更好地完成 PLC 的设计(见图 6－13)。

由图可知，此控制电路原理图主要是对电动机 M1，M2，M3 的控制和对 M1 主电路电流检测的控制。3 个电动机的主电路，PLC 是取代不了的，仍用图中的主电路。机床的照明电路，可用外接电路解决，不必通过 PLC 控制。所以只需研究控制电路部分的 PLC 控制。

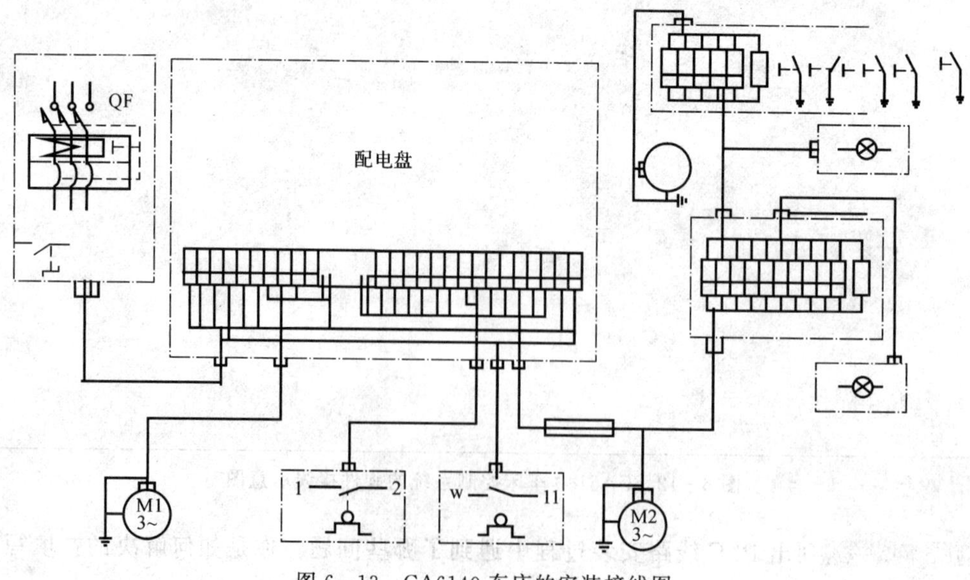

图 6－13　CA6140 车床的安装接线图

2.控制过程

通过 I/O 分配和 I/O 接线可知 PLC 的控制过程如下：

(1)M1 主电机：

M1 启动：按下 SB3→KM1 线圈得电 {KM1 常开辅助触头闭合自锁；主触头闭合，M1 通电启动；另一常开辅助触头闭合，为冷却泵电机工作作准备。}

M1 停止：按下 SB4→KM1 线圈失电→ {常开辅助触头分断，失去自锁；主触头分断，M1 断电停止运转；另一常开辅助触头分断，冷却泵不能工作。}

(2)M2 冷却泵电机：

M2 启动：按下 SB7→ KA 线圈得到→KA 常闭辅助出头闭合→KM2 线圈得电，实现冷却泵电机的长动→M2 工作。

按下 SB10→KM2 线圈得电，实现冷却泵电机的点动→ M2 工作。

M2 停止：按下 SB11→KA 线圈失电→KA 常开辅助触头断开→KM2 线圈失电→M2 停止。

(3)M3 进刀电机：

M3 启动：按下 SB12→KM3 线圈得电→M3 工作。

M3 停止：松开 SB12→KM3 线圈得电→M3 停止工作。

3.CA6140 型车床电气控制线路的安装与调试步骤及工艺要求

(1)选配并检验元件和电器设备。

1)根据钻床的实际情况，配齐电气设备和元件，并逐个检验其规格和质量。

2)根据电动机的容量、线路走向及要求和各元件的安装尺寸正确选配导线的规格、导线通道类型和数量、接线端子板、控制板、紧固体等。

(2)在控制板上固定电器元件和走线槽，并在电器元件附近做好与电路图上相同代号的标记。安装走线槽时，应做到横平竖直、排列整齐均匀、安装牢固和便于走线等。

(3)在控制板上进行板前线槽配线，并在导线端部套编码套管。按板前槽配线的工艺要求进行。

(4)进行控制板外的元件固定和布线。

1)选择合理的导线走向，做好导线通道的支持准备。

2)控制箱外部导线的线头上要套装与电路图相同线号的编码套管；可移动的导线通道应留适当的余量。

3)按规定在通道内放好备用的导线。

(5)自检。

1)根据电路图检查电路的接线是否正确和接地通道是否具有连续性。

2)检查热继电器的整定值和熔断器中熔体的规格是否符合要求。

3)检查电动机及线路的绝缘电阻。

4)检查电动机的安装是否牢固，与可生产机械的传动装置的连接是否可靠。

5)清理安装现场。

(6)通电试车。

1)接通电源,点动控制各电动机的启动,以检查电动机的转向是否符合要求、

2)通电空转试车。空转试车时,应认真观察各电器元件、线路、电动机及传动装置的工作是否正常。发现异常,应立即切断电源进行检查,待调整或修复后方可再次进行通电试车。

评价与分析

评分表见表 6-16。

表 6-16 学习活动 5 评分表

评分项目	评价指标	标准分	评 分
程序编制	能否正确运用指令编写多种程序,编制是否规范	15	
输入程序	程序输入是否正确	5	
系统自检	能否正确自检	10	
系统调试	系统能否实现控制要求	5	
安全施工	是否做到了安全施工	5	
现场清理	是否能清理现场	5	
验收项目设计	验收项目设计是否合理	15	
验收项目填写	验收项目填写是否正确	10	
沟通能力	是否与客户进行有效沟通	15	
团结协作	小组成员是否团结协作	15	

学习活动 6 总结与评价

学习目标

(1)能正确规范撰写总结。

(2)能采用多种形式进行成果展示。

(3)能有效进行工作反馈与经验交流。

(4)能正确填写工作任务单的验收项目,并交付验收。

学习过程

一、请根据工程完工情况,用自己的语言描述具体的工作内容。

引导问题一:你在这个项目的实施过程中学到了什么?请做一简单阐述。

引导问题二:简述本次任务完成情况。

引导问题三:请各组派一名代表对完成的工作进行预验收,发现情况及时处理,并做好记录。

引导问题四:通过本次学习任务的完成情况,对小组以及个人作出评价。

二、工作总结

引导问题一:通过本次工作你感觉有何收获?哪些方面尚待提高?

引导问题二:工作中遇到了问题时,你是如何解决的?

引导问题三:工作中小组内部是如何协调合作的?今后应如何加强协作?

引导问题四:你考虑如何展示你们的工作成果?

引导问题五:请全面总结本次工作。

评价与分析

评分表见表 6-17。

表 6-17　学习活动 6 评分表

评分项目	评价指标	标准分	评　分
自评	自评是否客观	20	
互评	互评是否公正	20	
演示方法	演示方法是否多样化	20	
语言表达	语言表达是否流畅	20	
团结协作	小组成员是否团结协作	20	

以小组为单位,选择演示文稿、展板、海报、录像等形式中的一种或几种,向全班展示、汇报学习成果,通过每个小组成员对任务实施过程中所遇到的问题和自身感受,进行互动交流,并将经验记录下来(见表 6-18)。

表 6-17　经验交流记录表

业务实施过程	持续改进行动计划	学习与工作宝贵经验
提出人过程记录	提出人改进记录	经验记录

三、综合评价

(1)学生完成任务后,对学生的作品按自我评价、小组评价、教师评价进行评价,评价标准见表 6 - 19。

表 6 - 19　评价表

评价项目	评价内容	评价标准	评价方式		
			自我评价	小组评价	教师评价
职业素养	安全意识、责任意识	A 作风严谨、自觉遵章守纪、出色完成工作任务 B 能够遵守规章制度、较好完成工作任务 C 遵守规章制度、没完成工作任务或完成工作任务但忽视规章制度 D 不遵守规章制度、没完成工作任务			
	学习态度主动	A 积极参与教学活动,全勤 B 缺勤达本任务总学时的 10% C 缺勤达本任务总学时的 20% D 缺勤达本任务总学时的 30%			
	团队合作意识	A 与同学协作融洽、团队合作意识强 B 与同学能沟通、协同工作能力较强 C 与同学能沟通、协同工作能力一般 D 与同学沟通困难、协同工作能力较差			
专业能力	学习活动 1 接收工作任务	A 按时、完整地完成工作页,问题回答正确,能够有效检索相关内容 B 按时、完整地完成工作页,问题回答基本正确,检索了一部分内容 C 未能按时完成工作页,或内容遗漏、错误较多 D 未完成工作页			
	学习活动 2 勘查施工现场	A 能根据原理分析电路功能,并勘查了现场,做了详细的测绘记录 B 能根据原理分析电路功能,并勘查了现场,但未做记录 C 不能根据原理分析电路功能,但勘查了现场 D 未完成勘查活动			
	学习活动 3 制订工作计划	A 工作计划制订有条理,信息检索全面、完善 B 工作计划制订较有条理,信息检索较全面 C 未制订工作计划,信息检索内容少 D 未完成施工准备			
	学习活动 4 施工前的准备	A 能根据任务单要求进行分组分工,能采用图、表的形式记录所需工具以及材料清单 B 能根据任务单要求进行分组分工,简单罗列所需工具以及材料清单 C 能根据任务单要求进行分组分工,不能采用图、表的形式记录所需工具以及材料清单 D 未完成分组、列清单活动			

续 表

<table>
<tr><td rowspan="2">评价项目</td><td rowspan="2">评价内容</td><td rowspan="2">评价标准</td><td colspan="3">评价方式</td></tr>
<tr><td>自我评价</td><td>小组评价</td><td>教师评价</td></tr>
<tr><td>专业能力</td><td>学习活动 5
任务实施与验收</td><td>A 学习活动评价成绩为 90～100 分
B 学习活动评价成绩为 75～89 分
C 学习活动评价成绩为 60～75 分
D 学习活动评价成绩为 0～60 分</td><td></td><td></td><td></td></tr>
<tr><td colspan="2">创新能力</td><td>学习过程中提出具有创新性、可行性的建议</td><td colspan="3">加分奖励：</td></tr>
</table>

<table>
<tr><td>班级</td><td></td><td>学号</td><td></td></tr>
<tr><td>姓名</td><td></td><td>综合评价等级</td><td></td></tr>
<tr><td>指导教师</td><td></td><td>日期</td><td></td></tr>
</table>

(2)教师对本次任务的执行过程和完成情况进行综合评价。

任务七　用 PLC 实现摇臂钻床 Z3050 电气控制线路的安装与调试

学习目标

知识目标	·能阅读“用 PLC 实现摇臂钻床 Z3050 电气控制线路的安装与调试”工作任务单,明确项目任务和个人任务要求。 ·了解摇臂钻床 Z3050 电气控制系统功能、基本结构及应用场合。 ·掌握摇臂钻床 Z3050 的主要运动形式、控制要求及控制线路分析方法。 ·能够掌握 PLC 改造车床控制线路的基本设计方法。
技能目标	·能到现场采集摇臂钻床 Z3050 电气控制系统的技术资料,根据摇臂钻床 Z3050 的电气原理图和工艺要求绘制主电路及 PLC 接线图,编制 I/O分配表。 ·能进行摇臂钻床 Z3050 电气控制线路编程设计,根据控制电路改造成 PLC 梯形图控制。并按照摇臂钻床 Z3050 电气控制线路的操作要求进行实际调试,达到设计要求。 ·能按图纸、工艺要求、安全规范和设备要求,准备相关工具,安装元器件、接线,实现电气线路的正确连接。 ·能按照企业管理制度,正确填写改造记录并归档,确保可追溯性,为以后维修提供可参考资料。 ·能根据行业企业文化要求填写工程项目看板,保证项目安装进度、质量的时效性,确保工程项目保质保量按时完成。
素养目标	·能根据行业规范正确穿戴劳保用品,执行 8S 制度要求。 ·培养动手能力及分析、解决实际问题的能力。

情景描述

某实习工厂有一型号为 Z3050 的摇臂钻床出现故障影响了生产,该机床已用多年,设备老化,自动化程度低,维修复杂、成本高,厂家要求按照原系统工作原理进行 PLC 控制改造,联系到我校电气系的学生进行改造,签订合同按规定期限完成验收交付使用,给予工程费用大约 x 元。

实施流程

实施流程

① 学习活动1：接收工作任务

② 学习活动2：勘查施工现场

③ 学习活动3：制订工作计划

④ 学习活动4：施工前的准备

⑤ 学习活动5：任务实施与验收

⑥ 学习活动6：总结与评价

学习活动 1　接收工作任务

学习目标

能阅读“用 PLC 实现摇臂钻床 Z3050 电气控制线路的安装与调试”工作任务单，明确工作任务和个人任务要求，并在教师指导下进行人员分组，服从工作安排。

学习过程

(1)请认真阅读工作情景描述及相关资料，用自己的语言填写表 7－1 设备改造(大修)联系单。

表 7－1　设备改造(大修)联系单

年　　月　　日　　　　　　　　　　　　　　　　　　　　No. 0008

报修记录					
报修部门		报修人		报修时间	
报修级别	特急□　急□　一般□		希望完工时间	年　月　日以前	
故障设备		设备编号		故障时间	
故障状况					

改造记录				
接单人及时间			预定完工时间	
派工				
改造原因				
改造类别	小改□		中改□	大改□
改造情况				
改造起止时间			工时总计	

续表

耗用材料名称	规格	数量	耗用材料名称	规格	数量
改造人员建议					

验收记录

验收部门	改造开始时间		完工时间	
	改造结果	验收人：　　日期：		
设备部门	验收人：　　日期：			

注：本单一式两份，一联报修部门存根，一联交动力设备室。

引导问题一：你心目中机械加工通常是完成什么工作任务的？你见过哪几种？

引导问题二：你认为机械设备要使用需要用到电的控制吗？

引导问题三：看到此项目描述后你想到应如何组织计划实施完成？写出你在此任务实施过程中的打算和步骤。

引导问题四：用自己的语言填写设备改造验收单中改造记录部分，并进行展示。

引导问题五：在填写完设备报修验收单后你是否有信心完成此工作？为完成此工作你认为还欠缺哪些知识和技能？

(2)请在教师的帮助下，通过与同学协商，合理分配学习小组成员、给小组命名，各项工作时间分配表，并将小组成员名单填写于派工处。

引导问题一：你认为工程项目现场环境、管理应如何才能有序地保质保量地完成任务？

引导问题二：为了今后工作、学习方便、高效，在咨询教师前提下，你与班里同学协商，合理分成学习小组。

(3)团队组合，每个团队5名成员，自选组长，自定队名和队语，并填入表7-2中。

表7-2　成员表

序　号	小队名	组　长	组　员	队　语
1				
2				
3				
4				
5				

(4)时间安排见表7-3。

表 7-3　时间安排表

任　务	计划完成时间	实际完成时间	备　注
勘查现场			
施工前的准备			
线路改造			
PLC 编程下载			

知识拓展

企事业单位为保证各项工作有序运行，根据行业不同特点，建立系列管理制度。工作票制度是普遍采用的通用制度，如《电气维修工单的工作制度》《操作票制度》，制度名称有所不同，实质都是为了操作、维修过程及时、可控、可查，保证人与设备的安全性、可靠性。当然，如果承担一个较大的安装工程，必须有一定资质的公司并签定承包合同或施工协议。

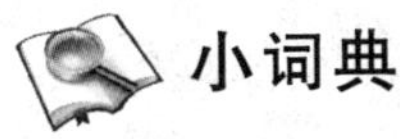

小词典

通过上网检索、到图书馆查阅资料等形式，查寻常用摇臂钻床图片的相关资料，如图 7-1 所示。

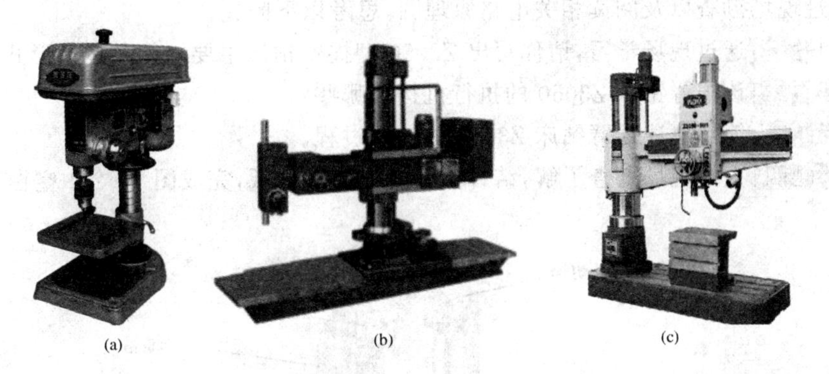

图 7-1　摇臂钻床

(a)Z4125 型台式钻床；(b)滑座式万向摇臂钻床；(c)Z3050 摇臂钻床

评价与分析

评分表见表 7-4。

表 7-4　学习活动 1 评分表

评分项目	评价指标	标准分	评　分
任务复述	语言表达是否规范	20	
书面表达	工作页填写是否正确	20	
信息检索	是否能够有效检索	20	
人员分工	分工是否合理，任务是否明确	20	
团结协作	小组成员是否团结协作	20	

学习活动 2 勘查施工现场

学习目标

(1)了解设备的工作原理及工艺参数,熟悉现场电动机等电工材料的型号和参数。

(2)识读电路原理图、查阅相关资料,能正确分析电路的供电方式、各台电动机的作用、控制方式及控制电路特点。

(3)根据识读摇臂钻床 Z3050 工作的电路原理图,了解设备的工作原理,列举勘查项目和描述作业流程。

(4) 提高勘查任务实施过程中语言表达及沟通的能力。

学习过程

根据现场勘查所做记录,结合设备电路原理图以及继电控制线路接线图,描述出本设备工作的特点及不足,填写工程的技术参数。

(1)通过现场勘查以及阅读相关电路原理图,思考以下问题。

引导问题一:通过现场学习,请你写出 Z3050 型摇臂钻床主要结构及运动形式。

引导问题二:该摇臂钻床 Z3050 的执行机构有哪些?

引导问题三:简单概述摇臂钻床 Z3050 的工作过程。

引导问题四:根据现场勘查了解,结合实际操作台的图纸,完成图 7-2 中空白处所要填写的内容。

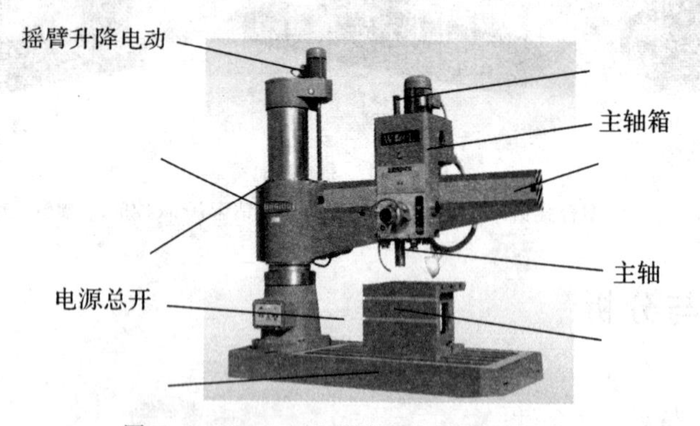

图 7-2 Z3050 摇臂钻床的外形及结构

引导问题五:主电路采用什么样的供电方式?其电压为多少?控制电路采用什么样的供电方式?其电压为多少?主电路和辅助电路各供电电路中的控制器件是哪个?

引导问题六:照明电路和指示电路各采用什么样的供电方式?其电压各为多少?

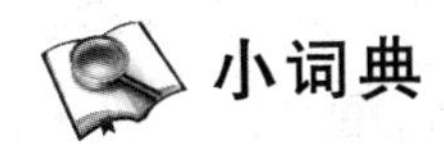

小词典

Z3050摇臂钻床简介

钻床是一种常用的机床，分台式钻床、立式钻床和摇臂钻床等，种类繁多，在工业生产中应用得非常广泛。

Z3050摇臂钻床是工厂中常用的金属切削机床，它可以进行多种形式的加工，如钻孔、镗孔、铰孔及螺纹等。从控制上讲，它需要机、电、液压等系统相互配合使用，而且要进行时间控制。它的调速是通过三相交流异步电动机和变速箱来实现的。也有的是采用多速异步电动机拖动，这样可以简化变速机构。摇臂钻床的主轴旋转运动和进给运动由一台交流异步电动机拖动，主轴的正反向旋转运动是通过机械转换来实现的。故主电动机只有一个旋转方向。此外，摇臂的上升、下降和立柱的夹紧、放松各由一台交流异步电动机拖动。综合以上来说，为下列四点：

(1)钻床是用来进行钻孔、扩孔、铰孔、刮平面及攻螺纹等机械加工的通用机床。

(2)钻床的常见结构为摇臂钻床属于立式钻床、立式钻床、卧式钻床和深孔钻床。

小贴士

Z3050摇臂钻床的摇臂夹紧与放松是由电动机配合液压装置自动进行的，并有夹紧、放松指示。另外，Z3050摇臂钻床不再使用十字开关进行操作。

Z3050钻床的主要结构及运动形式

1. Z3050摇臂钻床的主要结构

如图7-3所示，Z3050摇臂钻床主要由底座、内外立柱、摇臂、主轴箱、工作台等部分组成。内立柱固定在底座上，它外面套着空心的外立柱，外立柱可绕着不动的内立柱回转360°，摇臂一端的套筒部分与外立柱滑动配合，摇臂可沿外立柱上下移动，但不能绕外立柱转动，只能与外立柱一起相对内立柱回转。

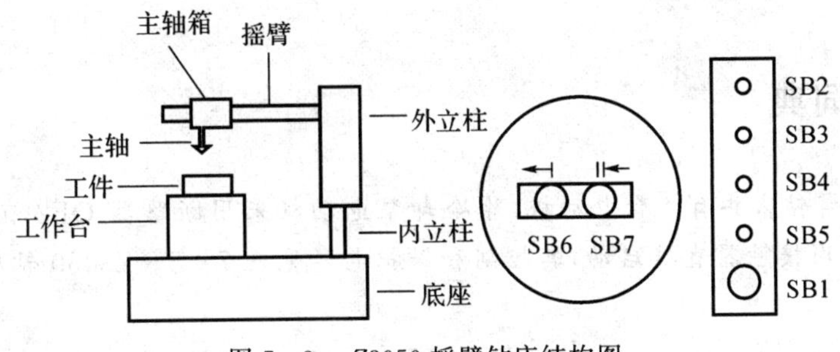

图7-3　Z3050摇臂钻床结构图

主轴箱安装在摇臂的水平导轨上，可由手轮操纵沿摇臂作径向移动。当需要钻削加工时，先将主轴箱固定在摇臂导轨上，摇臂固定在外立柱上，外立柱紧固在内立柱上。工件不大时可压紧在工作台上加工，较大的工件需安装在夹具上加工，通过调整摇臂高度、回转及主轴箱位置，完成钻头的调整调准工作，转动手轮操控钻头进行钻削。

2. 摇臂钻床的运动形式

主运动：摇臂钻床主轴带动钻头的旋转运动。

进给运动：摇臂钻床主轴的垂直运动。

辅助运动：主轴箱沿摇臂水平移动、摇臂沿外立柱上下移动以及摇臂连同外立柱一起相对于内立柱的回转运动。机床主要部件装配关系如图 7-4 所示。

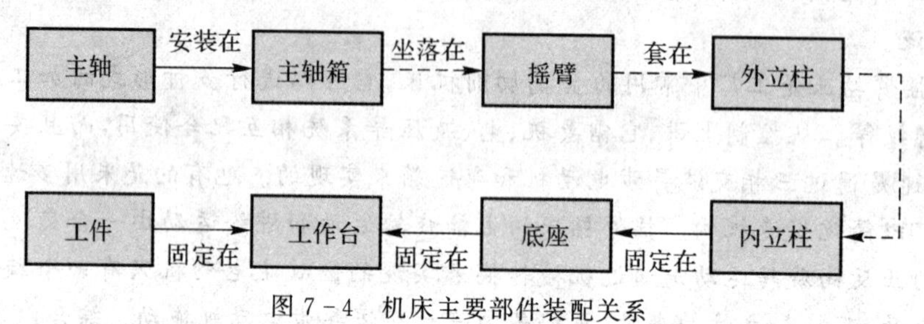

图 7-4　机床主要部件装配关系

Z3050 摇臂钻床型号含义：

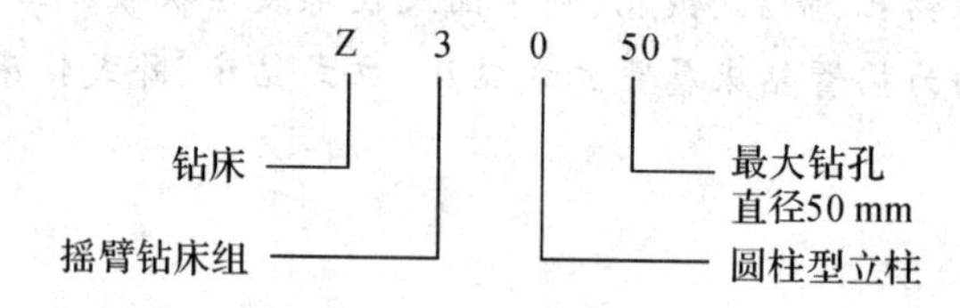

(2)请你根据原理图主电路部分内容查阅相关资料回答下列问题：

引导问题一：主电路有哪几台电动机？

引导问题二：主电路都使用了哪种电动机？

引导问题三：主拖动电动机主要起什么作用？

引导问题四：摇臂升降电动机的作用是什么？

引导问题五：液压泵电动机的作用是什么？

引导问题六：主电路和辅助电路中各供电电路采用了什么保护措施？

引导问题七：主电路和辅助电路中各供电电路的保护器件是哪个？对传统的车床进行改造有何意义？

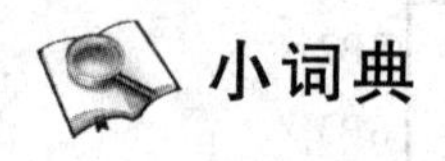

小词典

Z3050 型摇臂钻床共有 4 台电动机，除冷却泵电动机采用断路器 QF2 直接启动外，其余三台电动机均采用接触器直接启动，其控制和保护电器见表 7-5。Z3050 钻床电气控制线路如图 7-5 所示。

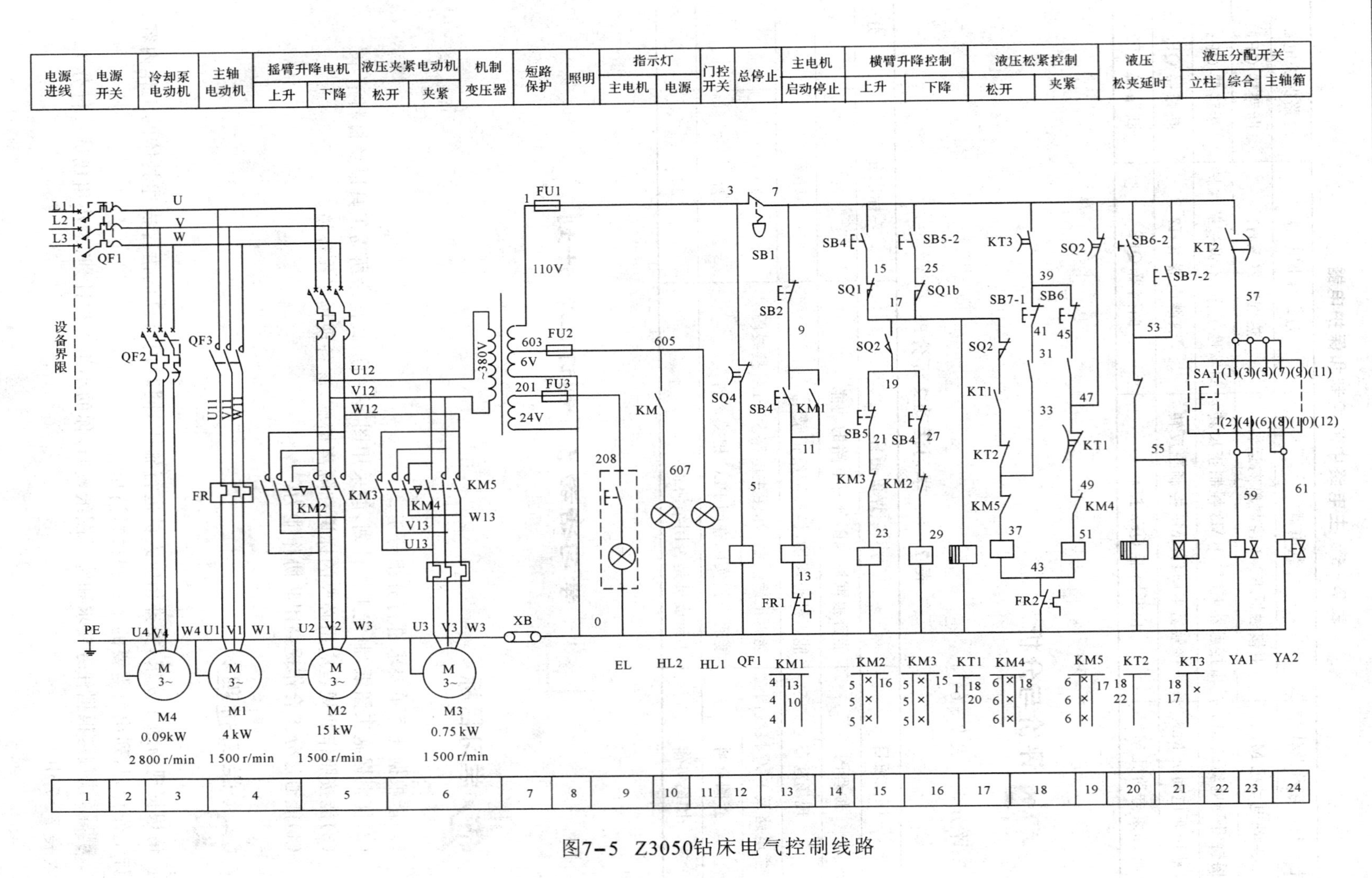

图7-5　Z3050钻床电气控制线路

表 7－5　主电路中的控制和保护电器

电动机的名称及代号	控制电器	过载保护电器	短路保护电器
主轴电动机 M1	由接触器 KM1 控制单向运转	热继电器 KH1	断路器 QF1
摇臂升降电动机 M2	由接触器 KM2，KM3 控制正反转	间歇性工作，不设过载保护	断路器 QF3
液压泵电动机 M3	由接触器 KM4，KM5 控制正反转	热继电器 KH2	断路器 QF3
冷却泵电动机 M4	由断路器 QF2 控制	断路器 QF2	断路器 QF2

评价与分析

评分表见表 7－6。

表 7－6　学习活动 2 评分表

评分项目	评价指标	标准分	评　分
原理图	能否根据原理图分析电路的功能	20	
现场勘查	能否勘查现场，做好测绘记录	20	
主电路及 PLC 接线图	能否正确绘制、标注主电路及 PLC 接线图	20	
查阅资料	能否根据实际查阅 PLC 相关资料	20	
团结协作	小组成员是否团结协作	20	

学习活动 3　制订工作计划

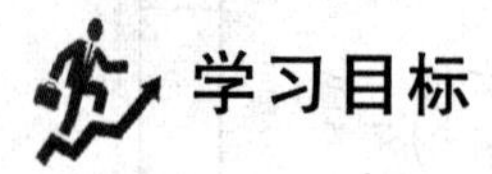

学习目标

(1)能根据任务单要求进行分组分工。

(2)能根据施工图纸，制定工作计划，能采用图、表的形式记录所需工具以及材料清单。

(3)能按照作业规程应用必要的标识和隔离措施，准备现场工作环境。

(4)能通过分工合作提高团队协作能力。

学习过程

请根据现场施工要求，安排相应人员进行施工，同时用自己的语言描述具体的工作内容，制订工作计划，列出所需要的工具和材料清单。

引导问题一：根据任务要求和施工图纸，制订你的小组工作计划，对小组成员进行分工，并填入表 7－7 中。

表7－7　成员表

序　号	小队名	组　长	组　员	队　语
1				
2				
3				
4				
5				
6				

引导问题二：请列写出各组员的具体工作内容。

引导问题三：根据所现场勘查情况，简单概括摇臂钻床Z3050控制线路的改造思路。

引导问题四：根据现场勘查结果确定用时，并填入表7－8中。

表7－8　时间表

序　号	施工内容	预计用时	实际用时
1	绘图		
2	主电路设计		
3	控制电路设计		
4	外围接线		
5	编程、下载		
6	通电验收		
7	总评		

引导问题五：根据现场勘查，绘制的电路图及I/O分配表确定需哪些施工设备、材料及工具，并填入表7－9中。

表7－9　设备表

序　号	名　称	型　号	数　量	序　号	名　称	型　号	数　量
1				6			
2				7			
3				8			
4				9			
5				10			

引导问题六：摇臂钻床Z3050控制电路中液压泵电动机、变压器是如何选型的？

评价与分析

评分表见表7-10。

表7-10 学习活动3评分表

评分项目	评价指标	标准分	评 分
条理性	工作计划制订是否有条理	20	
完善性	工作计划是否全面、完善	20	
信息检索	信息检索是否全面	20	
工具与材料清单	是否完整	20	
团结协作	小组成员是否团结协作	20	

学习活动4 施工前的准备

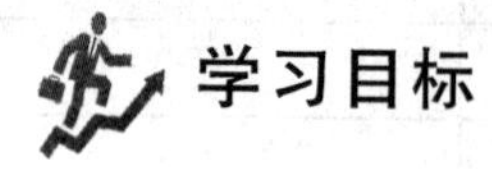

学习目标

(1)掌握摇臂钻床Z3050的结构、工作原理。

(2)掌握Z3050摇臂钻床的主要运动形式及控制要求。

(3)阅读电气安装图、布置接线图及相关电工资料,能编写钻床电气安装工艺,提出元器件、控制柜、电动机等安装位置,确保正确连接线路。

(4)利用相关资源及工具,能识别和选用元器件,核查其型号与规格是否符合图纸要求,并进行外观性能检查。

(5)掌握PLC对Z3050摇臂钻床电气控制系统硬件部分的设计方法。

学习过程

请进行车床结构及工作原理的学习,根据控制要求完成程序设计,并领取施工工具和材料。

引导问题一: Z3050摇臂钻床电力拖动特点及控制要求有哪几点?请简要说明。

引导问题二: 主拖动电动机的控制电路由哪些器件组成?简要概述其控制电路工作原理是。

引导问题三: 液压泵电动机的控制电路由哪些器件组成?其控制电路工作原理是什么?

引导问题四: 根据设计条件,采用可编程控制器(PLC)对原有继电接触器控制系统进行改造,使机床故障率下降,可靠性和灵活性大大地提高,实现一定的自动化,具体设计要求包括哪些方面?

引导问题五: 请你写出Z3050摇臂钻床电气PLC改造方案设计涉及的内容。

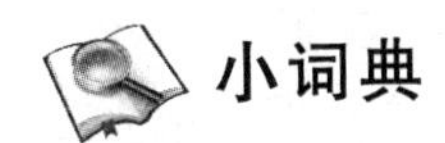

小词典

Z3040摇臂钻床传统电气控制系统的原理

1.1　主电路

我国原来生产的Z3040摇臂钻床的主轴旋转运动和摇臂升降运动的操作是通过图不能复位的十字开关来操作的，它本身不具有欠压和失压保护。因此在主回路中要用一个接触器将三相电源引入。现在的Z3040摇臂钻床取消了十字开关，它的电气原理图如图7－6所示。它的主电路、控制电路、信号电路的电源均采用自动开关引入，自动开关的电磁脱扣作为短路保护取代了熔断器。交流接触器KM1只主电动机M1接通或断开的接触器，KR1为主电动机过载保护用热继电器。摇臂的升降，立柱的夹紧放松都要求拖动的电动机正反转，所以M2和M3电动机分别有两个接触器，它们为KM2，KM3和KM4，KM5。摇臂升降电动机M2、冷却泵电动机M4均为短时工作，不设过载保护。

Z3040钻床共有4台电动机。除冷却泵电动机采用断路器直接启动外，其余三台异步电动机均采用接触器直接启动。

1．主轴电动机(M1)

由接触器KM1控制，只要求单方向旋转，主轴的正反转由机械手柄操作。M1装于主轴箱顶部，拖动主轴及进给传动系统运转。热继电器FR1作为电动机M1的过载及断相保护，短路保护由断路器QF1中的电磁脱扣器装置来完成。

2．摇臂升降电动机(M2)

用接触器KM2和KM3控制其正反转。由于电动机M2是间断性工作，所以不设过载保护。

3．液压泵电动机(M3)

用接触器KM4和KM5控制其正反转。由热继电器FR2作为过载及断相保护。该电动机的主要作用是拖动油泵供给液压装置压力油，以实现摇臂、立柱以及主轴箱的松开和夹紧。

4．冷却泵电动机(M4)

由断路器QF2直接控制，并实现短路、过载及断相保护。摇臂升降电动机M2和液压泵电动机M3共用断路器QF3中电磁脱扣器作为短路保护。

1.2　控制电路、信号及照明电路

控制电路的电源由控制变压器TC二次侧输出110V供电，中间触头603对地为信号灯电源6.3V，241号线对地为照明变压器TD二次侧输出36V。

1．主电动机的旋转控制

在主电动机启动前，首先将自动开关Q2，Q3，Q4扳到接通状态，同时将配电盘的门关好并锁上。然后再将自动开关Q1扳到接通位置，电源指示灯亮。这时按下SB1，中间继电器K1通电并自锁，为主轴电动机与其他电动机的启动做好了准备。当按下按钮SB2时，交流接触器KM1线圈通电并自锁使主电动机旋转，同时主电动机旋转的指示灯HL4亮。主轴的正转与反转用手柄通过机械变换的方法来实现。

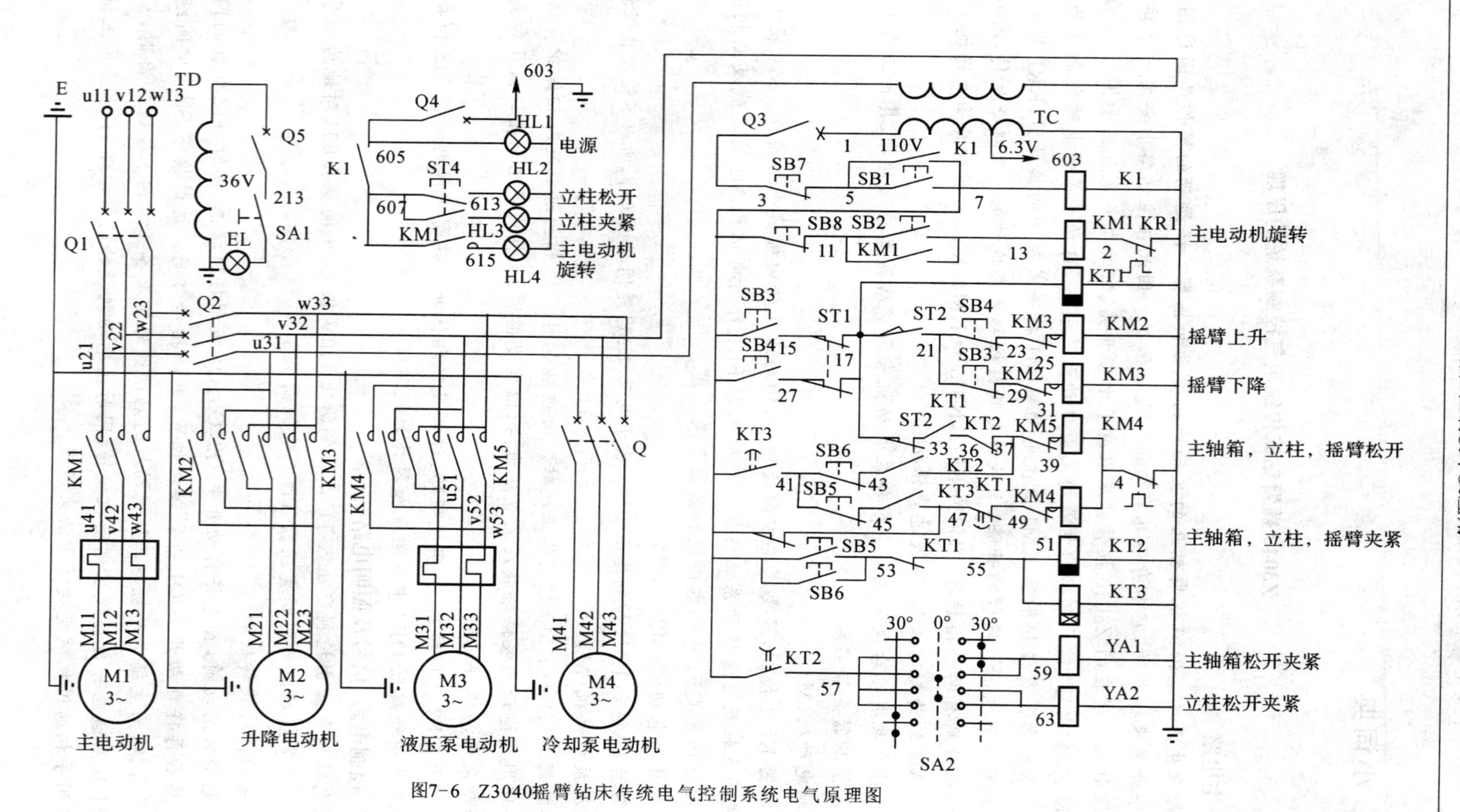

图7-6 Z3040摇臂钻床传统电气控制系统电气原理图

2.摇臂的升降控制

按下按钮SB3,时间继电器KT1通电吸合,它的瞬动触点(33—35)闭合使KM4线圈通电,液压电动机M3启动供给压力油,经分配阀体进入摇臂的松开油腔,推动活塞使摇臂松开。同时活塞杆通过弹簧片使行程开关ST2的动断触点断开没,KM4线圈断电,而ST2的动合触电(17—21)闭合2M线圈通电,它主触点闭合,2M电动机旋转 使摇臂上升。

如果摇臂没有松开,ST2的动合触点不能闭合,摇臂升降电动机不能转动,这样就保证了只有摇臂的可靠松开后方可使摇臂上升或下降。

当摇臂上升到所需要的位置时,松开按钮SB3,KM2和KT1断电,升降电动机M2断电停止,摇臂停止上升。当持续1~3 s后,KT1的断电延时闭合的动断触点(47—49)闭合,KM5线圈经7—47—49—51号线,KM5线圈通电液压泵电动机M3反转,使压力油经分配阀进入摇臂的夹紧液压腔,摇臂夹紧。同时活塞杆通过弹簧片使ST3的动断触点(7—47)断开,KM5线圈断电,M3电动机停止,完成了摇臂的松开—上升—夹紧动作。

摇臂升降电动机的正转与反转不能同时进行,否则将造成电源两相间的短路。为避免由于操作错误造成事故,在摇臂上升和下降的线路中加入了触点互锁和按钮互锁。因为摇臂的上升或下降是短时的调整工作所以采用点动方式。

行程开关ST 1是为摇臂的上升或下降的极限位置保护而设立的。ST 1有两对常闭触点,ST 1的动断触点(15—17)是摇臂上升时的极限位置保护,ST 1的动断触点(27—17)是摇臂于液压夹紧机构出现故障或ST 3调整不当,将造成液压泵电动机M 3过载它的过载保护热继电器的动断触点将断开,KM 5释放同,M 3电动机断电停止。

3.立柱和主轴箱的松开及夹紧控制

主轴箱与立柱的松开及夹紧控制可以单独进行,也可以同时进行,它由组合开关SA 2和按钮SB 5(或SB 6)进行控制。SA 2有3个位置,在中间位置(零位)时为同时进行,搬到左边位置时为立柱的夹紧或放松,搬到右边位置为主轴箱的夹紧或放松。SB 5是主轴箱和立柱的夹紧按钮。

下面以主轴箱的松开和夹紧为例说明它的动作过程:首先将组合开关SA 2搬向右侧,触点(57—59)接通,触点(57—63)断开。当要主轴箱松开时,按下按钮SB 5,这时时间继电器KT 2和KT 3线圈同时通电,但KT 2为断电延时型时间继电器,所以KT 2的通电使瞬时常开触点闭合,断电延时断开的动断触点(7—57)也闭合使YA 1通电,经1~3s后KT 3的延时动合触点(7-41)闭合,通过3—5—7—41—43—37—39使KM 4通电,液压泵电动机正转使压力液压油经分配阀进入主轴箱液压缸,推动活塞使主轴箱放松。活塞杆使ST 4复位主轴箱和主柱分开,指示灯HL 2亮。当要主轴夹紧时,按下按钮SB 6仍首先为YA 1通电,经1~3s后中,KM 5线圈通电,液压泵电动机反转,压力油经分配阀进入主轴箱液压缸,推动活塞使主轴箱夹紧。同时活塞杆使ST 4受压,它的动合触点(607—613)闭合,指示灯HL 3亮,触点(607—613)断开,指示灯HL 2灭,指示主轴箱与立柱夹紧。

当将SA 2搬到左侧时,触点(57—63)接通,(57—59)触点断开。按下按钮SB 5或SB 6时使YA 2通电,此时主柱松开或夹紧。SA 2在中间位置时,触点(57—59、57—63)均接通,按下SB 5或SB 6时,YA 1,YA 2均通电,主轴箱和立柱同时进行夹紧或放松。其他动作过程和主轴箱松开和夹紧完全相同。

知识拓展

Z3050 摇臂钻床电气安装与操作

1. 准备工作

(1)查看各电器元件上的接线是否牢固,各熔断器是否安装良好。

(2)独立安装好接地线,设备下方垫好绝缘垫,将各开关置分断位置。

(3)插上三相电源。

2. 主电源的控制

(1)接通电源。将装置左侧的开关合上,通过三相指示灯观察三相电网电压是否正常。

(2)启动、停止操作。按下“启动”按钮,接通电源,为机床供电;按下“停止”按钮,切断对机床的供电,排故的时候可以在按下“停止”按钮后对机床进行不带电测量。

(3)急停按钮的操作。按下急停按钮,再按下启动按钮将不能启动电源,若是电源已启动,在按下急停按钮后会自动切断电源,且不能按下启动按钮进行启动,将急停按钮顺时针方向旋转,使按钮自动弹出后才可以重新启动电源。

3. 运行操作

(1)操作前准备。将 SA1 置“关”位置,将 SQ1 置“正常”位置。

(2)照明灯的控制。将照明控制开关 SA1 旋到“开”位置,“照明”指示灯亮,将开关旋到“关”位置,指示灯灭。

(3)总启。按下按钮 SB2,KV 吸合,“总启”指示灯亮,为以后操作做好准备。

按下 SB1,KV 断电释放。

(4)主轴电动机的控制。按下启动按钮 SB4,接触器 KM1 吸合并自锁,主轴电动机 M1 启动运行,同时“主轴启动”指示灯亮。按下停止按钮 SB3,接触器 KM1 释放,使主轴电动机 M1 停止旋转,同时“主轴启动”指示灯熄灭,“主轴停止”指示灯亮。

(5)摇臂升降的控制。在控制变压器输出控制电压之后,KT02 线圈得电,其瞬动触点动作——常闭点断开,常开点闭合(常闭点用来代替 SQ2a、常开点用来代替 SQ2b),相当于 SQ2a 处于断开、SQ2b 处于闭合状态,经过 3s,KT02 延时断开的常闭触头(SQ3)断开,相当于 SQ3 处于断开状态——摇臂处于夹紧状态。

按下上升按钮 SB5(或下降按钮 SB6),则时间继电器 KT1 通电吸合,其瞬时闭合的常开触头(16 区)闭合,接触器 KM4 线圈(16 区)通电,液压泵电动机 M3 启动,正向旋转。此时 KM4 常开触头(23 区)闭合,KT01 通电并通过其常开瞬动触头自锁,KT01 延时,其延时过程代表摇臂的松开过程。当 KT01 延时时间到时,其延时断开的常闭触头(25 区)断开,KT02 线圈失电,其瞬动常开触头(16 区 SQ2b)断开,瞬动常闭触头(13 区 SQ2a)闭合,延时断开常闭触头(19 区 SQ3)闭合,代表摇臂松开完成,KM4 失电释放,电动机 M3 停转;接触器 KM2(或 KM3)的线圈通电吸合,摇臂升降电动机 M2 启动旋转,“摇臂上升”(或“摇臂下降”)指示灯亮。

当摇臂上升(或下降)到所需位置时,松开按钮 SB5(或 SB6),则接触器 KM2(或 KM3)和时间继电器 KT1 同时断电释放,M2 停止工作,随之摇臂停止上升(或下降)。

由于时间继电器KT1断电释放,经3s时间的延时后,其延时闭合的常闭触头(18区)闭合,使接触器KM5(18区)吸合,液压泵电动机M3反向旋转,表示摇臂夹紧过程。KM5常闭触头(24区)断使KT01失电,KT01失电使KT02得电,KT02瞬动触点动作,其常开触点(SQ2b)闭合,常闭触点(SQ2a)断开,其延时断开常闭触点(SQ3)经延时3s后断开,KM5断电释放,M3最终停止工作,夹紧过程完成。摇臂的松开→上升(或下降)→夹紧的整套动作完成。

(6)立柱和主轴箱的夹紧与放松控制。立柱和主轴箱的夹紧(或放松)即可以同时进行,也可以单独进行,由转换开关SA2和复合按钮SB7(或SB8)进行控制。SA2有三个位置,扳到中间位置时,立柱和主轴箱的夹紧(或放松)同时进行;扳到左边位置时,立柱夹紧(或放松);扳到右边位置时,主轴箱夹紧(或放松)。复合按钮SB6是松开控制按钮,SB7是夹紧控制按扭。

1)立柱和立轴箱同时松开、夹紧:

松开:将转换开关SA2拨到中间位置,然后按下松开按钮SB7,时间继电器KT2,KT3线圈同时得电。KT2的延时断开的常开触头(22区)瞬时闭合,电磁铁YA1,YA2得电吸合。而KT3延时闭合的常开触头(17区)经3s延时后闭合,使接触器KM4获电吸合,液压泵电动机M3正转,“立柱松开”“主轴箱松开”指示灯亮。

松开SB7,时间继电器KT2和KT3的线圈断电释放,KT3延时闭合的常开触头(17区)瞬时分断,接触器KM4断电释放,液压泵电动机M3停转,“立柱松开”“主轴箱松开”指示灯灭。KT2延时分断的常开触头(22区)经3s后分断,电磁铁YA1,YA2线圈断电释放。

夹紧:将转换开关SA2拨到中间位置,然后按下夹紧按钮SB8,时间继电器KT2、KT3线圈同时得电。KT2的延时断开的常开触头(22区)瞬时闭合,电磁铁YA1,YA2得电吸合。而KT3延时闭合的常开触头(17区)经3S延时后闭合,使接触器KM5获电吸合,液压泵电动机M3反转,“立柱夹紧”“主轴箱夹紧”指示灯亮。

松开SB8,时间继电器KT2和KT3的线圈断电释放,KT3延时闭合的常开触头(17区)瞬时分断,接触器KM5断电释放,液压泵电动机M3停转,“立柱松开”“主轴箱松开”指示灯灭。KT2延时分断的常开触头(22区)经3S后分断,电磁铁YA1,YA2线圈断电释放。

2)立柱和主轴箱单独松开、夹紧:

将转换开关SA2扳到右侧位置。按下松开按钮SB7(或夹紧按钮SB8),时间继电器KT2和KT3的线圈同时得电,电磁铁YA2通电吸合。KT3延时闭合的常开触头(17区)经3s延时后闭合,使接触器KM4(或KM5)获电吸合,液压泵电动机M3正转,“主轴箱松开”(或“主轴箱夹紧”)指示灯亮。

松开复合按钮SB7(或SB8),时间继电器KT2和KT3的线圈断电释放,KT3的通电延时闭合的常开触头瞬时断开,接触器KM4(或KM5)的线圈断电释放,“主轴箱松开”(或“主轴箱夹紧”)指示灯灭。液压泵电动机M3停转。经3s的延时后,KT2延时分断的常开触头(22区)分断,电磁铁YA2的线圈断电释放。

将转换开关SA2扳到左侧位置。按下松开按钮SB7(或夹紧按钮SB8),时间继电器KT2和KT3的线圈同时得电,电磁铁YA1通电吸合。KT3延时闭合的常开触头(17区)经1～3s延时后闭合,使接触器KM4(或KM5)获电吸合,液压泵电动机M3正转,“立柱箱松开”(或“立柱夹紧”)指示灯亮。

松开复合按钮SB7(或SB8),时间继电器KT2和KT3的线圈断电释放,KT3的通电延时闭合的常开触头瞬时断开，接触器 KM4(或 KM5)的线圈断电释放，“立柱箱松开”(或“立柱夹紧”)指示灯灭，液压泵电动机 M3 停转。经 3s 的延时后，KT2 延时分断的常开触头(22 区)分断，电磁铁 YA1 的线圈断电释放。

(7)冷却泵电动机的控制。合上或分断断路器 QF2，就可以接通或切断电源，操纵冷却泵电动机 M4 的工作或停止。

评价与分析

评分表见表 7-11。

表 7-11　学习活动 4 评分表

评分项目	评价指标	标准分	评　分
指令学习	是否掌握新学指令的功能	30	
程序设计	能否正确设计出搅拌机程序	40	
学习态度	学习态度是否积极	10	
工具准备	能否按要求准备好工具	10	
团结协作	小组成员是否团结协作	10	

学习活动 5　任务实施与验收

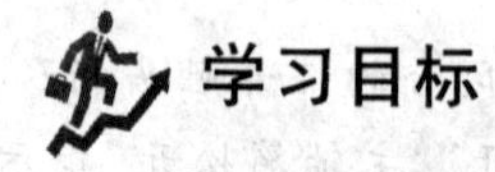

学习目标

(1)能查阅资料设置工作现场必要的标识和隔离措施。

(2)能按图纸、工艺要求、安全规范和设备要求，准备相关工具，安装元器件、接线，实现电气线路的正确连接。

(3)能进行摇臂钻床 Z3050 控制系统改造后的程序设计，并根据基本控制要求编写梯形图。

(4)能用仪表进行测试检查，验证电路安装的正确性、可靠性，能按照安全操作规程工艺要求编写 PLC 改造之后的电气调试方案，确保正确通电试车。

(5)掌握摇臂钻床 Z3050 基本线路程序的编译、下载及程序运行与调试的方法。

(6)能根据行业企业文化要求填写工程项目看板，保证项目安装进度、

学习过程

明确臂钻床 Z3050 控制系统的控制要求，写出 PLC 的输入/输出分配表、外部接线图，梯形图和指令表，并将程序输入 PLC，按照臂钻床 Z3050 各控制系统的动作要求先进行模拟调试，成功以后再进行现场调试，最终达到设计要求。

一、摇臂钻床 Z3050 系统控制要求

引导问题一：根据实际勘查所知，控制电路采用多大的电压供电？控制电路的电压是通过什么转换得到的（见图 7－7）？

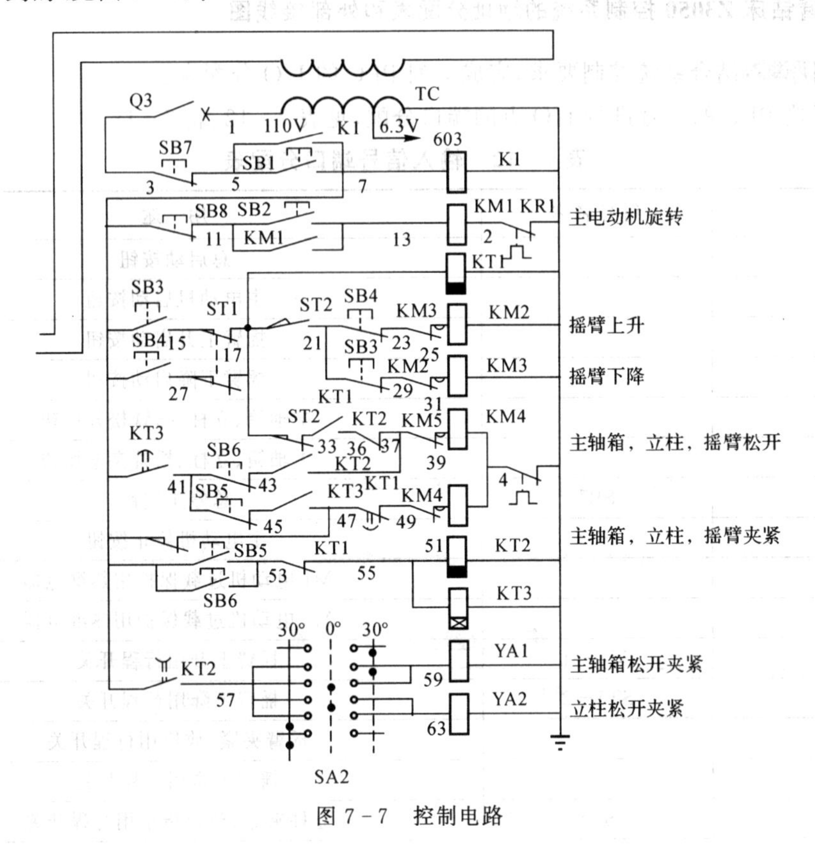

图 7－7　控制电路

引导问题二：请根据摇臂钻床 Z3050 控制系统的电气原理图，绘制出改造后与 PLC 一同控制的流程图，画在图 7－8 中。

图 7－8　摇臂钻床 Z3050 控制系统流程图

图 7-10 主轴箱和立柱同时放松或夹紧控制程序

小贴士

操作注意事项

(1)设备应在指导教师指导下操作,安全第一。设备通电后,严禁在电器侧随意扳动电器件。进行排故训练,尽量采用不带电检修。若带电检修,则必须有指导教师在现场监护。

(2)必须安装好各电机、支架接地线、设备下方垫好绝缘橡胶垫,厚度不小于 8mm,操作前要仔细查看各接线端,有无松动或脱落,以免通电后发生意外或损坏电器。

(3)在操作中若发出不正常声响,应立即断电,查明故障原因待修。故障噪声主要来自电机缺相运行,接触器、继电器吸合不正常等。

(4)发现熔芯熔断,应找出故障后,方可更换同规格熔芯。

(5)在维修设置故障中不要随便互换线端处号码管。

(6)操作时用力不要过大,速度不宜过快;操作频率不宜过于频繁。

(7)实习结束后,应拔出电源插头,将各开关置分断位。

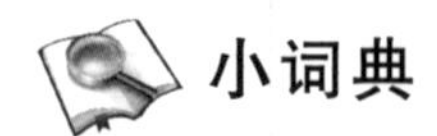

小词典

Z3050 控制系统 PLC 改造设计

1.1 系统主要组成部分

S7-200 PLC CPU 226 型接触器 5 个;KM1 交流接触器 CJ0-20B 线圈电压 110V;KM2-KM5 交流接触器 CJ0-10B 线圈电压 110V;空气开关 3 个;QF1 低压断路器 DZ5-20/330FSH10A ;QF2 低压断路器 DZ5-20/330H0. 3-0. 45A;QF3 低压断路器

DZ5－20/330H6.5A；热继电器2个；FR1热继电器JR0－20/3D6.8－11A；FR2热继电器JR0－20/3D1.5－2.4A；电机4台M1主轴电机Y112M－44KW，1 400r/min；M2摇臂升降电机Y90L－41.5KW，1 400r/min；M3液压油泵电机Y802－40.75KW，1 390 r/min；M4冷却泵电机AOB－2 590W，2 800 r/min。

1.2 PLC的Z3050摇臂钻床电气控制系统硬件部分的设计方法

Z3050摇臂钻床电气控制系统的设计方案由两部分组成，一部分为电气控制系统的硬件设计，也就是PLC机型的确定；另一部分是电气控制系统的软件设计，就是PLC控制程序的编写。为了使改造后的摇臂钻床仍能够保持原有功能不变，此次改造的一个重要原则之一就是，不对原有机床的控制结构做过大的调整，只是将原继电器控制中的硬件接线改为用软件编程来替代。具体方案如下：

1.PLC型号的选择

在PLC系统设计时，首先应确定控制方案，下一步工作就是PLC工程设计选型。工艺流程的特点和应用要求是设计选型的主要依据。PLC及有关设备应是集成的、标准的，按照易于与工业控制系统形成一个整体，成熟可靠的系统，PLC的系统硬件、软件配置及功能应与装置规模和控制要求相适应。熟悉可编程序控制器、功能表图及有关的编程语言有利于缩短编程时间，因此，工程设计选型和估算时，应详细分析工艺过程的特点、控制要求，明确控制任务和范围确定所需的操作和动作，然后根据控制要求，估算输入输出点数、所需存储器容量、确定PLC的功能、外部设备特性等，最后选择有较高性能价格比的PLC和设计相应的控制系统。

选择基于PLC的摇臂钻床电气控制系统的PLC机型，应从以下几方面来考虑。

(1)根据PLC的物理结构。根据物理结构的不同，PLC分为整体式、模块式和叠装式。整体式的每一I/O点的平均价格比模块式便宜，小型电气控制系统一般使用整体式可编程控制器。此次所设计的电气控制系统属于小型开关量电气控制系统没有特殊的控制任务，整体式PLC完全可以满足控制要求，且在性能相同的情况下，整体式PLC较模块式和叠装式PLC价格便宜，因此，Z3050摇臂钻床电气控制系统的PLC选用整体式结构的PLC。

(2)根据PLC的指令功能。考虑到任何一种PLC都可以满足开关量电气控制系统的要求，据此本课题将尽量采用价格便宜的PLC。

(3)根据PLC的输入/输出点数。见表7－15和表7－16所示，摇臂钻床的电气控制系统需要17个输入口11个输出口，PLC的实际输入点数应等于或大于所需输入点数17，PLC的实际输出点数应等于或大于所需输出点数11，在条件许可的情况下尽可能留有10%～20%的裕量。

(4)根据PLC的存储容量。PLC存储器容量的估算方法：对于仅有开关量输入/输出信号的电气控制系统，将所需的输入/输出点数乘以8，就是所需PLC存储器的存储容量(单位为bit)即

$$(17+11)\times 8=224\text{bit}$$

(5)根据输入模块的类型。输入模块的输入电压一般为DC 24V和AC 110V或AC 220V。直流输入电路的延迟时间较短，可以直接与接近开关、光电开关等电子输入装置连接。交流输入方式的触点接触可靠，适合于在有油雾、粉尘的恶劣环境下使用。由于本基于PLC的摇臂钻床电气控制系统的工作环境并不恶劣，且对电气控制系统操作人员来说DC24V电压较AC110V电压安全些。因此，本基于PLC的摇臂钻床电气控制系统的PLC输入模块应

选直流输入模块，输入电压应DC24V电压。

(6)根据输出模块的类型。PLC输出模块有继电器型、晶体管型和双向可控硅型3种。

继电器型输出模块的触点工作电压范围广，导通压降小，承受瞬间过电压和过电流的能力较强，每一点的输出容量较大(可达2A)，在同一时间内对导通的输出点的个数没有限制，但动作速度慢，寿命有一定的限制。

晶体管型与双向可控硅型输出模块分别用于直流负载和交流负载，它们的可靠性高，反应带宽快，寿命长，但是过载能力差，每1点的输出量只有0.5A，4点同时输出的总容量不得超过2A。

由于Z3050摇臂钻床控制对象对PLC输出点的动作表达速度要求不高，继电器型输出模块的动作速度完全能够满足要求，且每一点的输出容量较大，在同一时间内对导通的输出点的个数没有限制，这将给设计工作带来很大的方便。所以本课题选用继电器输出模块，结合Z3050摇臂钻床电气控制系统的实际情况，需要输入点数大于17个，输出点数大于11个。

综上所述，为了使Z3050摇臂钻床在改造后能够良好工作，确认德国西门子公司生产的S7-200系列CPU 226型PLC能够满足上述要求，该类型号PLC体积小，功能强，增加了一些大型机的功能和指令，如PID和PWM(Pulse Width Modulation，脉宽调制)指令，对于控制器体积要求较高的应用系统是一种很好的选择。其编程口为RS-232C，可以直接和编程器或计算机连接，使用非常方便，且性价比较高，使用方便。其主要技术性指标如下：

该型PLC具有Z3050摇臂钻床电气控制系统所需的所有指令功能，其总输入点数为20点，总输出点数为18点，用户存储器容量5K步，输入模块电压为DC24V，输出模块为继电器型。由此可知，德国西门子公司生产的S7-200系列CPU 226型PLC的技术性能指标完全能满足上述要求。

2. PLC的I/O端口分配表

根据所选PLC的型号进行I/O点的端口分配，见表7-15、表7-16。

表7-15　输入信号端口分配表

序号	符号名称	地址号	用　途
1	SB1	I0.0	总启动按钮
2	SB2	I0.1	主电动机启动按钮
3	SB3	I0.2	摇臂上升启动按钮
4	SB 4	I0.3	摇臂下降启动按钮
5	SB 5	I0.4	主轴箱、立柱、摇臂松开按钮
6	SB 6	I0.5	主轴箱、立柱、摇臂夹紧按钮
7	SB 7	I0.6	总停止按钮
8	SB 8	I0.7	主电动机停止按钮
9	KR 1	I1.0	M1电动机过载保护用热继电器
10	KR 2	I1.1	M3电动机过载保护用热继电器

续表

序号	符号名称	地址号	用　途
11	ST 1－1	I1.2	摇臂上升用行程开关
12	ST 1－2	I1.3	摇臂下降用行程开关
13	ST 2	I1.4	摇臂夹紧、放松用行程开关
14	ST 3	I1.5	摇臂夹紧用行程开关
15	ST 4	I1.6	立柱夹紧、放松指示用行程开关
16	SA 2 － 1	I1.7	主轴箱夹紧、放松用组合开关
17	SA 2 － 2	I2.0	立柱夹紧、放松用组合开关

表7－16　输出信号端口分配表

序号	符号名称	地址号	用途
1	KM 1	Q0.0	主轴旋转接触器
2	KM 2	Q0.1	摇臂上升接触器
3	KM 3	Q0.2	摇臂下降 接触器
4	KM 4	Q0.3	主轴箱、立柱、摇臂放松接触器
5	KM 5	Q0.4	主轴箱、立柱、摇臂夹紧接触器
6	YA 1	Q0.5	主轴箱夹紧、放松用电磁铁
7	YA 2	Q0.6	立柱夹紧、放松用电磁铁
8	HL 1	Q0.7	电源工作状态指示信号灯
9	HL 2	Q1.0	立柱松开指示信号灯
10	HL 3	Q1.1	立柱夹紧指示信号灯
11	HL 4	Q1.2	主电动机旋转指示信号灯

3.PLC的I/O电气接线图的设计

图7－11所示为PLC的I/O电气接线图，图中I0.0，I0.1，I0.2，I0.3，I0.4，I0.5，I0.6，I0.7，I1.0，I1.1，I1.2，I1.3，I1.4，I1.5，I1.6，I1.7，I2.0共用一个11M公共端，输入开关的其中一端应并接在直流24V电源上，另一端应分别接入相应的PLC输入端子上。接线时注意PLC输入/输出COM端子的极性。接触器的线圈工作电压若为交流110V，则接触器线圈连接的Q0.0，Q0.1，Q0.2，Q0.3，Q0.4，Q0.5，Q0.6可以共用一个公共端1M。信号灯电源电压为6.3V，因此Q0.7，Q1.0，Q1.1，Q1.2可以共用一个1L端。如果输出控制设备存在直流回路，则交流回路直流回路不可共用一个COM端，而应分开使用，本电路的输出端全为交流回路，因此在电源电压相同的接口可共用一个COM端。

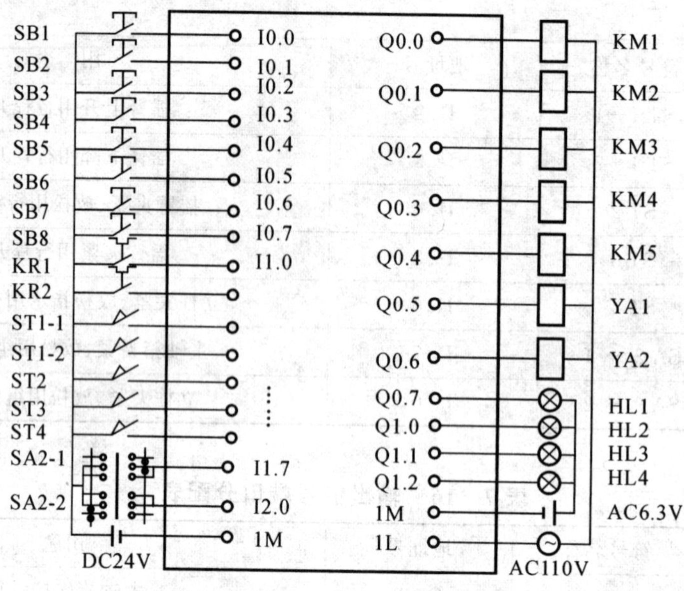

图 7-11 PLC 的 I/O 电气接线图

4.梯形图设计

对整个电路的控制可以分为两个部分:外部电路控制和 PLC 电路控制。外部电路只分为总的电路通断控制,另外就是冷却泵电机的控制,分别有 QS1 和 QS2 控制。PLC 控制电路分别是对主轴电机、上升和下降电机以及松开和夹紧电机的控制,使其能够完成系统需完成的功能。

梯形图功能模块设计流程图如图 7-12 所示。

(1)系统预开程序。I0.6 为总停输入继电器,I0.0 为系统预开输入继电器。当 I0.0 闭合后 PLC 的内部继电器 M0.0 接通并自锁,为电气控制系统进行工作做好准备,如图 7-13 所示。

(2)主电动机的启动控制程序。I0.1 为主电动机启动输入继电器,M0.0 闭合后,接通 I0.1,此时输出继电器 Q0.0 接通并自锁,从而使电机启动,如图 7-14 所示。

(3)摇臂升降控制程序。M0.0 闭合后,当输入继电器 I0.2 接通时,内部继电器 M0.1 也接通,同时 Q0.3 得电,使得液压泵电动机启动,摇臂放松,当摇臂彻底放松后,I1.3 的常开触点闭合,常闭触点断开,Q0.3 断电,Q0.1 得电,摇臂开始上升,当上升到极限位置时,I1.2 的常闭触点断开,Q0.1 失电。摇臂完成松开,然后上升的过程。

如果想要完成摇臂下降的过程,需接通 I0.3,在摇臂放松后,使 Q0.4 得电,使摇臂下降,当下降到极限位置时,I1.2 的常闭触点断开,Q0.2 失电。摇臂完成松开,然后下降的过程,如图 7-15 所示。

5.系统程序调试

本设计是对 Z3050 型摇臂钻床的 PLC 改造,因此设计完成后需要将 PLC 接在电路中取代以前的控制电路。调试过程中按原来的控制思路对 PLC 输入进行控制,看输出是否可以达到系统所需达到的要求 。

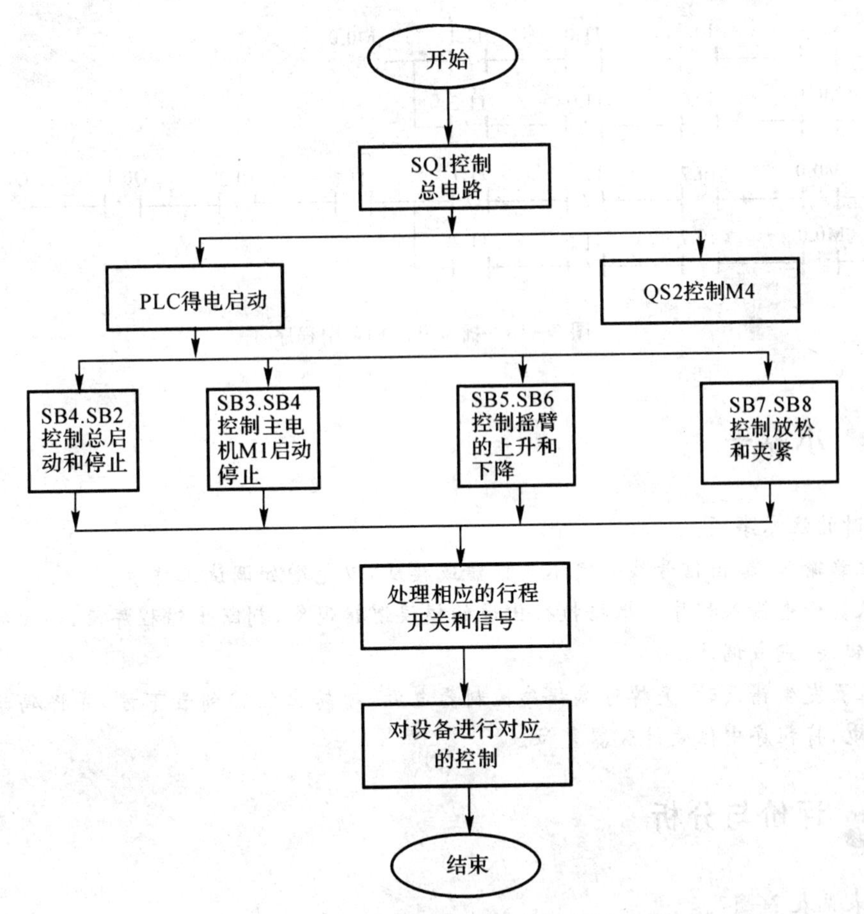

图 7－12　PLC 的 I/O 电气接线图

图 7－13　系统预开梯形图程序

图 7－14　主电动机的启动梯形图程序

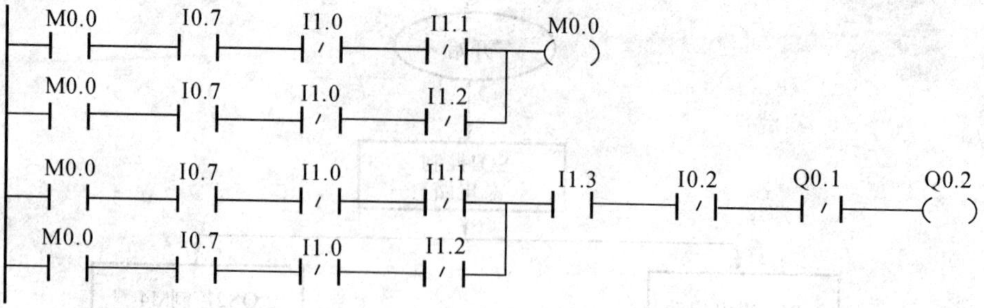

图 7-15　摇臂升降梯形图程序

小贴士

调试时的注意事项：

(1)注意输入/输出信号线一定不要按错或接反，以免增加调试工作量。

(2)认真检查输入程序。根据执行出现的错误逻辑现象，判断出错程序段，逐步缩小范围，最后纠正错误、完成调试。

(3)位置发生错误时，关掉可编程序控制器电源，将转盘位移到最下方，并将码盘置位，然后重新通电，将程序中位置计数器复位。

评价与分析

评分表见表 7-17。

表 7-17　学习活动 5 评分表

评分项目	评价指标	标准分	评　分
程序编制	能否正确运用指令编写多种程序，编制是否规范	15	
输入程序	程序输入是否正确	5	
系统自检	能否正确自检	10	
系统调试	系统能否实现控制要求	5	
安全施工	是否做到了安全施工	5	
现场清理	是否能清理现场	5	
验收项目设计	验收项目设计是否合理	15	
验收项目填写	验收项目填写是否正确	10	
沟通能力	是否与客户进行有效沟通	15	
团结协作	小组成员是否团结协作	15	

学习活动 6　总结与评价

学习目标

(1)能正确规范撰写总结。
(2)能采用多种形式进行成果展示。
(3)能有效进行工作反馈与经验交流。

学习过程

一、请根据工程完工情况,用自己的语言描述具体的工作内容

引导问题一:你在这个项目的实施过程中学到了什么?请做一简单阐述。
引导问题二:在与其他同学的沟通交流中你学会哪些表达方式?
引导问题三:通过本次学习任务的完成情况,对小组以及个人作出总结。

评价与分析

表 7-18　学习活动 6 评分表

评分项目	评价指标	标准分	评　分
自评	自评是否客观	20	
互评	互评是否公正	20	
演示方法	演示方法是否多样化	20	
语言表达	语言表达是否流畅	20	
团结协作	小组成员是否团结协作	20	

二、工作总结

以小组为单位,选择演示文稿、展板、海报、录像等形式中的一种或几种,向全班展示、汇报学习成果,通过每个小组成员对任务实施过程中所遇到的问题和自身感受,进行互动交流,并将经验记录下来,填入表 7-19 中。

表 7－19 经验交流记录表

业务实施过程	持续改进行动计划	学习与工作宝贵经验
提出人过程记录	提出人改进记录	经验记录

三、综合评价

(1)学生完成任务后，对学生的作品按自我评价、小组评价、教师评价进行评价，评价标准见表 7－20。

表 7－20 评价表

评价项目	评价内容	评价标准	评价方式		
			自我评价	小组评价	教师评价
职业素养	安全意识、责任意识	A 作风严谨、自觉遵章守纪、出色完成工作任务 B 能够遵守规章制度、较好完成工作任务 C 遵守规章制度、没完成工作任务或完成工作任务但忽视规章制度 D 不遵守规章制度、没完成工作任务			
	学习态度主动	A 积极参与教学活动，全勤 B 缺勤达本任务总学时的 10% C 缺勤达本任务总学时的 20% D 缺勤达本任务总学时的 30%			
	团队合作意识	A 与同学协作融洽、团队合作意识强 B 与同学能沟通、协同工作能力较强 C 与同学能沟通、协同工作能力一般 D 与同学沟通困难、协同工作能力较差			
专业能力	学习活动 1 接收工作任务	A 按时、完整地完成工作页，问题回答正确，能够有效检索相关内容 B 按时、完整地完成工作页，问题回答基本正确，检索了一部分内容 C 未能按时完成工作页，或内容遗漏、错误较多 D 未完成工作页			

续 表

评价项目	评价内容	评价标准	评价方式		
			自我评价	小组评价	教师评价
专业能力	学习活动 2 勘查施工现场	A 能根据原理分析电路功能，并勘查了现场，做了详细的测绘记录 B 能根据原理分析电路功能，并勘查了现场，但未做记录 C 不能根据原理分析电路功能，但勘查了现场 D 未完成勘查活动			
	学习活动 3 制订工作计划	A 工作计划制订有条理，信息检索全面、完善 B 工作计划制订较有条理，信息检索较全面 C 未制订工作计划，信息检索内容少 D 未完成施工准备			
	学习活动 4 施工前的准备	A 能根据任务单要求进行分组分工，能采用图、表的形式记录所需工具以及材料清单 B 能根据任务单要求进行分组分工，简单罗列所需工具以及材料清单 C 能根据任务单要求进行分组分工，不能采用图、表的形式记录所需工具以及材料清单 D 未完成分组、列清单活动			
	学习活动 5 任务实施与验收	A 学习活动评价成绩为 90～100 分 B 学习活动评价成绩为 75～89 分 C 学习活动评价成绩为 60～75 分 D 学习活动评价成绩为 0～60 分			
创新能力		学习过程中提出具有创新性、可行性的建议	加分奖励：		
班级			学号		
姓名			综合评价等级		
指导教师			日期		

(2)教师对本次任务的执行过程和完成情况进行综合评价。

____

____

____

任务八　S7－200 PLC 与变频器通信实现电梯系统控制

学习目标

知识目标	·能阅读"用 PLC 实现与变频器通信的安装与调试"工作任务单。 ·明确项目任务和个人任务要求，服从工作安排。 ·了解变频器的外形、基本结构、基本原理。 ·掌握主电路接线端子的情况。 ·掌握信号控制变频器工作端子的情况。 ·掌握电梯的运行原则及基本控制原理。 ·掌握西门子 MM420 变频器的功能、BOP 面板调节方法。 ·掌握交流异步电动机变频调速的基本原理。 ·掌握高速、中速和低速控制方法。
技能目标	·能到现场采集变频器控制系统的技术资料，根据变频器的原理图和工艺要求绘制主电路及 PLC 接线图，编制 I/O 分配表。 ·掌握 S7－200 PLC 与西门子 MM420 变频器的通信控制程序设计方法。 ·能正确对多段速参数 P0003，P0010，P0304，P0305～P0307，P0310，P0311，P1001～P1007 的设置。 ·能按图纸、工艺要求、安全规范和设备要求，准备相关工具，安装元器件、接线，实现电气线路的正确连接。 ·能进行电动机正反转调速电路的电气部分安装。 ·能编写电动机正反转调速电路的梯形图程序，设置变频器参数，下载并进行调试、试运行。
素养目标	·能根据行业规范正确穿戴劳保用品，执行 8S 制度要求。 ·培养动手能力及分析、解决实际问题的能力。

情景描述

某小区 32 层居民楼电梯出现故障影响了居民日常出行，该电梯已用多年，有些电气设备有老化现象，小区物业要求按照原系统工作原理进行 PLC 与变频器通信控制改造，联系到我校电气系的学生进行改造，签订合同按规定期限完成验收交付使用，给予工程费用大约 Z 元。

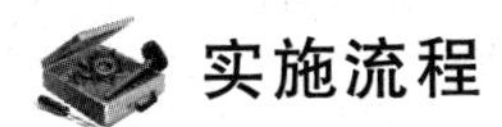

实施流程

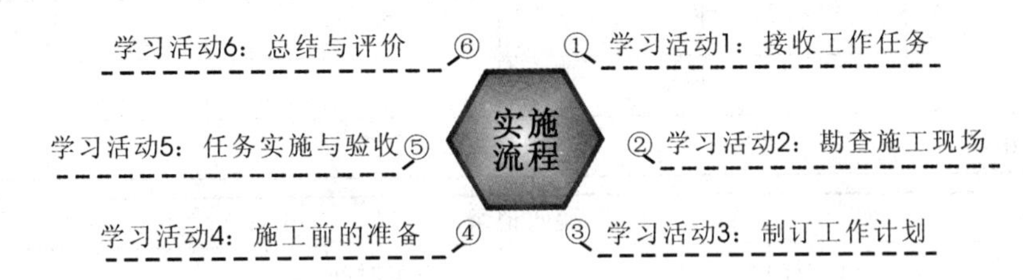

学习活动 1　接收工作任务

学习目标

能阅读“用 PLC 实现与变频器通信的安装与调试”工作任务单，明确工作任务和个人任务要求，并在教师指导下进行人员分组，服从工作安排。

学习过程

(1)请认真阅读工作情景描述及相关资料，用自己的语言填写表 8-1 设备改造(大修)联系单。

表 8-1　设备改造(大修)联系单

年　　月　　日　　　　　　　　　　　　　　　　No. 0008

报修记录					
报修部门		报修人		报修时间	
报修级别	特急□　急□　一般□		希望完工时间	年　月　日以前	
故障设备		设备编号		故障时间	
故障状况					

改造记录				
接单人及时间			预定完工时间	
派工				
改造原因				
改造类别	小改□		中改□	大改□
改造情况				
改造起止时间		工时总计		

续 表

耗用材料名称	规格	数量	耗用材料名称	规格	数量
改造人员建议					

验收记录				
验收部门	改造开始时间		完工时间	
	改造结果	验收人：　　日期：		
设备部门	验收人：　　日期：			

注：本单一式两份，一联报修部门存根，一联交动力设备室。

引导问题一：在实际生活中，你见过哪几种电梯？它们有哪些相同和不同点？请简单阐述一下。

引导问题二：你认为电梯速度的控制是通过什么来实现的？你了解电梯的基本结构吗？

引导问题三：看到此项目描述后，你想到应如何组织计划实施完成？写出你在此任务实施过程中的打算和步骤。

引导问题四：用自己的语言填写设备改造验收单中改造记录部分，并进行展示。

引导问题五：在填写完设备报修验收单后你是否有信心完成此工作？为完成此工作你认为还欠缺哪些知识和技能？

(2)请在教师的帮助下，通过与同学协商，合理分配学习小组成员、给小组命名，各项工作时间分配表，并将小组成员名单填写于派工处。

引导问题一：你认为工程项目现场环境、管理应如何才能有序地保质保量地完成任务？

引导问题二：为了今后工作、学习方便、高效，在咨询教师前提下，你与班里同学协商，合理分成学习小组。

1)团队组合，每个团队5名成员，自选组长，自定队名和队语，填入表8-2中。

表8-2　成员表

序　号	小队名	组　长	组　员	队　语
1				
2				
3				
4				
5				

2)时间安排见表8-3。

表8-3　时间安排表

任务	计划完成时间	实际完成时间	备　注
勘查现场			
施工前的准备			
线路改造			
PLC编程下载			

小词典

通过上网检索、到图书馆查阅资料等形式，查寻电梯运行配电柜图片的相关资料，如图8-1所示。

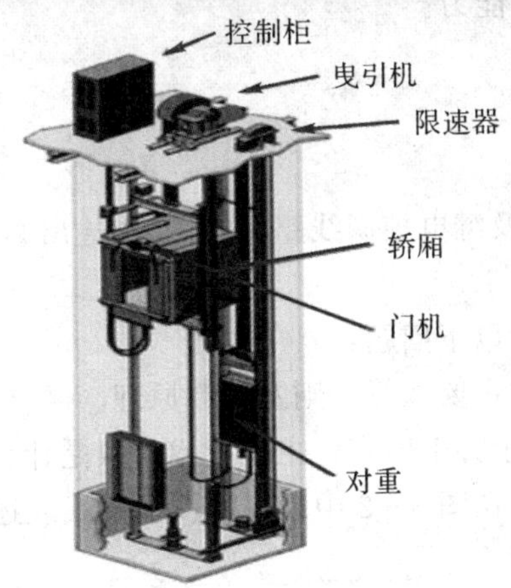

图8-1　实际生产中电梯运行的应用示意图

评价与分析

评分表见表 8 - 4。

表 8 - 4　学习活动 1 评分表

评分项目	评价指标	标准分	评　分
任务复述	语言表达是否规范	20	
书面表达	工作页填写是否正确	20	
信息检索	是否能够有效检索	20	
人员分工	分工是否合理,任务是否明确	20	
团结协作	小组成员是否团结协作	20	

学习活动 2　勘查施工现场

学习目标

(1)了解设备的工作原理及工艺参数,熟悉现场电动机等电工材料的型号和参数。

(2)识读电路原理图、查阅相关资料,能正确分析电路的供电方式、三相交流异步电动机正反转调速控制、控制方式及控制电路特点。

(3)根据识读电梯工作的电路原理图,了解设备的工作原理,列举勘查项目和描述作业流程。

(4)能到现场采集电梯控制系统的技术资料,掌握变频器的基本工作原理,并根据系统控制工艺要求掌握 PLC 与变频器的接线图以及工艺流程图。

(5) 提高勘查任务实施过程中语言表达及沟通的能力。

学习过程

根据现场勘查所做记录,结合设备电路原理图以及继电控制线路接线图,描述出本设备工作的特点及不足,填写工程的技术参数。

(1)通过现场勘查以及阅读相关电路原理图,思考以下问题:

引导问题一:通过现场学习,请你写出直行电梯的主要运行原则及控制原理。

引导问题二:该变频器采用的是什么型号?生产于哪个国家?主要技术参数是什么?

引导问题三:请你简要描述 4 层电梯运行的过程,在图 8 - 2 中以流程图的形式表述。

图8-2 流程图

小词典

电梯的原理

1.1 电梯的结构原理

电梯是机、电一体产品，其机械部分好比是人的躯体，电气部分相当于人的神经，控制部分相当于人的大脑。各部分通过控制部分调度，密切协同，使电梯可靠运行。尽管电梯的品种繁多，但目前使用的电梯绝大多数为电力拖动、钢丝绳曳引式结构，图8-3所示是电梯的基本结构图。

1.四大空间

从电梯空间位置使用看，由4个部分组成：依附建筑物的机房、井道；运载乘客或货物的空间——轿厢；乘客或货物出入轿厢的地点——层站，即机房、井道、轿厢、层站。

2.八大系统

(1)曳引系统。如图8-4所示。电梯曳引系统的功能是输出动力和传递动力，驱动电梯运行；主要由曳引机，曳引钢丝绳，导向轮和反绳轮组成。曳引机为电梯的运行提供动力，由电动机，曳引轮，连轴器，减速箱和电磁制动器组成。曳引钢丝的两端分别连轿厢和对重，依靠钢丝绳和曳引轮之间的摩擦来驱动轿厢升降。导向轮的作用是分开轿厢和对重的间距，采用复绕型还可以增加曳引力。

(2)导向系统。导向系统由导轨、导靴和导轨架组成。它的作用是限制轿厢和对重的活动自由度，使得轿厢和对重只能沿着导轨做升降运动。

(3)门系统。门系统由轿厢门，层门，开门，连动机构等组成。轿厢门设在轿厢入口，由门

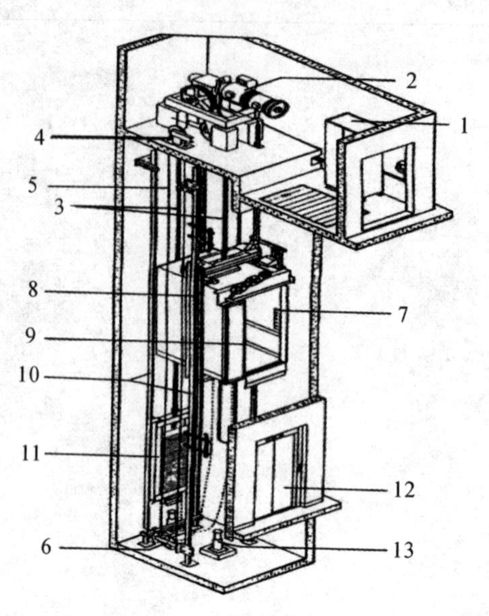

图 8-3　电梯的基本结构

1—控制柜(屏)；2—曳引机；3—曳引钢丝绳；4—限速器；5—限速器钢绳；6—限速器张紧装置；7—轿厢；8—安全钳；9—轿厢门安全触板；10—导轨；11—对重；12—厅门；13—缓冲器

扇,门导轨架,等组成,层门设在层站入口处。开门机设在轿厢上,是轿厢和层门的动力源。

(4)轿厢。轿厢是运送乘客或者货物的电梯组件,它是轿厢架和轿厢体组成的。轿厢架是轿厢体的承重机构,由横梁,立柱,底梁和斜拉杆等组成。轿厢体由厢底,轿厢壁,轿厢顶以及照明通风装置,轿厢装饰件和轿厢内操纵按钮板等组成。轿厢体空间的大小由额定载重量和额定客人数决定。如图 8-5 所示。

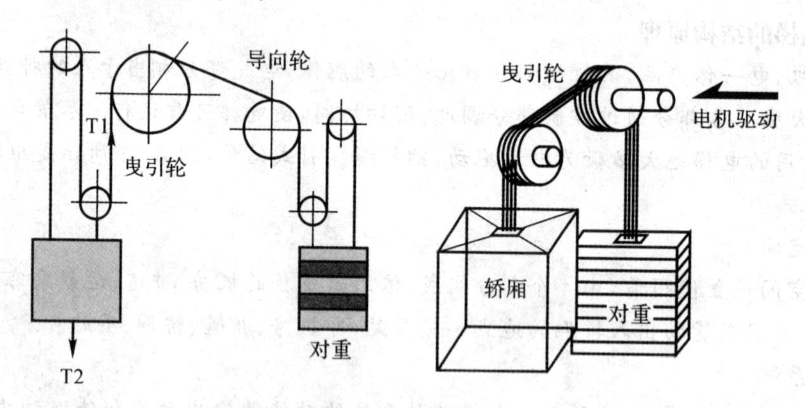

图 8-4　曳引系统

(5)重量平衡系统。重量平衡系统由对重和重量补偿装置组成。对重由对重架和对重块组成。对重将平衡轿厢自重和部分额定载重。重量补偿装置是补偿高层电梯中轿厢与对重侧曳引钢丝绳长度变化对电梯的平衡设计影响的装置。

(6)电力拖动系统。电力拖动系统由曳引电机,供电系统,速度反馈装置,调速装置等组成,它的作用是对电梯进行速度控制。曳引电机是电梯的动力源,根据电梯配置可采用交流电机或者直流电机。供电系统是为电机提供电源的装置。速度反馈系统是为调速系统提供电梯运行速度信号。一般采用测速发电机或速度脉冲发生器与电机相连。调速装置对曳引电机进行速度控制。

(7)电气控制系统。电梯的电气控制系统由控制装置,操纵装置,平层装置和位置显示装置等部分组成。其中控制装置根据电梯的运行逻辑功能要求,控制电梯的运行,设置在机房中的控制柜上。操纵装置是由轿厢内的按钮箱和厅门的召唤箱按钮来操纵电梯的运行的。平层装置是发出平层控制信号,使电梯轿厢准确平层的控制装置。所谓平层,是指轿厢在接近某一楼层的停靠站时,欲使轿厢地坎与厅门地坎达到同一平面的操作。位置显示装置是用来显示电梯所在楼层位置的轿内和厅门的指示灯,厅门指示灯还用尖头指示电梯的运行方向。如图8-6所示。

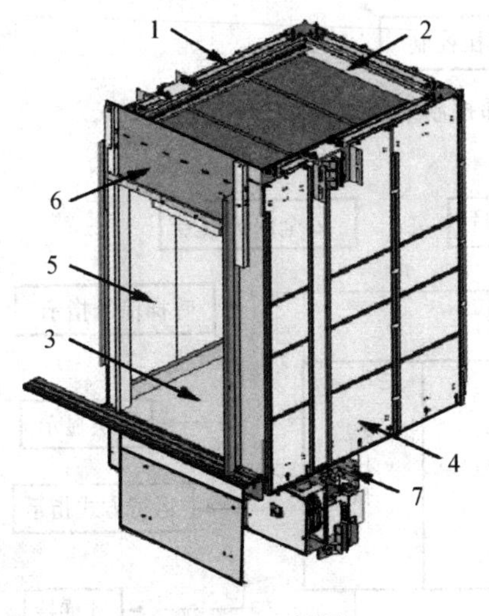

图8-5　轿厢

图8-6　电气控制系统

(8)安全保护系统。安全保护系统包括机械的和电气的各种保护系统,可保护电梯安全的使用。机械方面的有:限速器和安全钳起超速保护作用,缓冲器起冲顶和撞底保护作用,还有切断总电源的极限保护装置。电气方面的安全保护在电梯的各个运行环节中都有体现。

1.2　电梯的工作原理

电梯的安全保护装置用于电梯的启停控制;轿厢操作盘用于轿厢门的关闭、轿厢需要到达的楼层等的控制;厅外呼叫的主要作用是当有人员进行呼叫时,电梯能够准确达到呼叫位置;指层器用于显示电梯达到的具体位置;拖动控制用于控制电梯的起停、加速、减速等功能;门机控制主要用于控制当电梯达到一定位置后,电梯门应该能够自动打开,或者门外有乘电梯人员要求乘梯时,电梯门应该能够自动打开。电梯控制系统结构图如图8-7所示。

电梯信号控制基本由PLC软件实现。输入到PLC的控制信号有运行方式选择(如自动、有司机、检修、消防运行方式等)、运行控制、轿内指令、层站召唤、安全保护信号、开关门及限位信号、门区和平层信号等。电梯信号控制系统如图8-8所示。

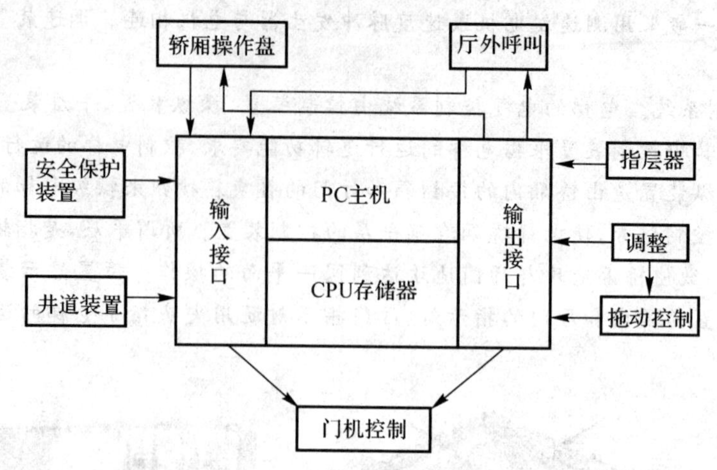

图 8-7 电梯控制系统结构图

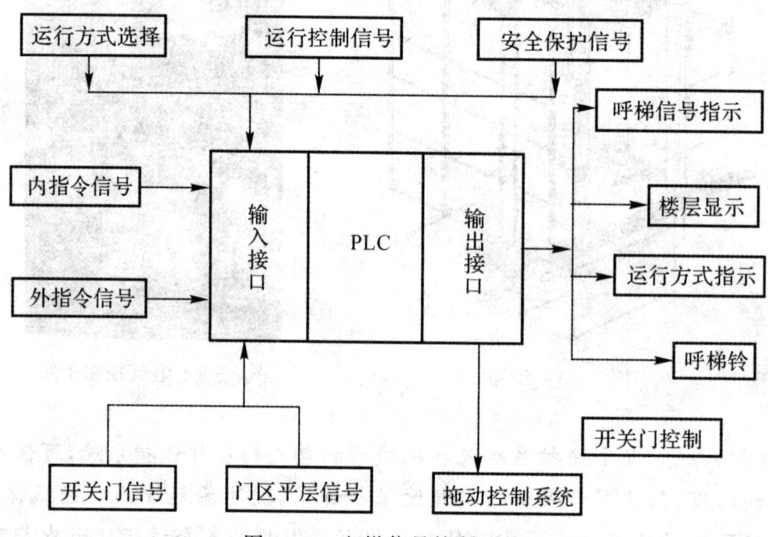

图 8-8 电梯信号控制系统

变频器介绍

变频器是利用电力半导体器件的通断作用,将工频电源变换为另一频率的电能控制装置。

变频器 MM420 系列(MicroMaster420)是德国西门子公司广泛应用于工业场合的多功能标准变频器。它采用高性能的矢量控制技术,提供低速高转矩输出和良好的动态特性,同时具备超强的过载能力,以满足广泛的应用场合。对于变频器的应用,必须首先熟练对变频器的面板操作,以及根据实际应用,对变频器的各种功能参数进行设置。如图 8-9 所示。

1. 变频器的特点

变频器,也叫变频调速器,它通过改变频率来控制电机速度。

特点一:无极调速。

特点二:启动平稳,速度平稳上升,停止平稳,速度平滑下降,没有冲击。

特点三:它具备多种信号输入输出端口,接收和输出模拟信号、数字信号,电流、电压信号。

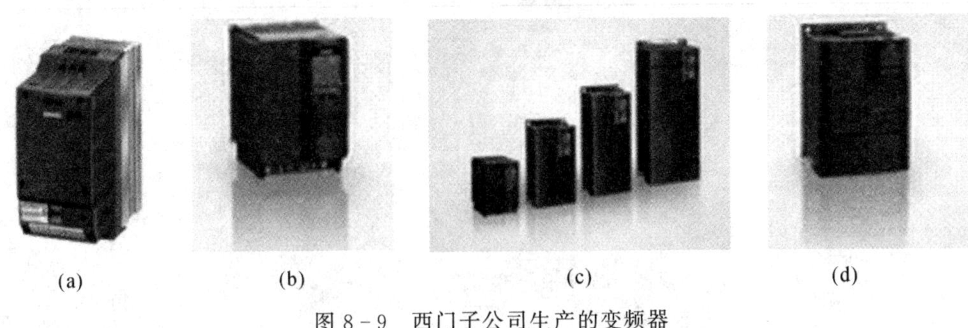
(a)　(b)　(c)　(d)

图 8－9　西门子公司生产的变频器

(a)紧凑型；(b)基本型；(c)节能型；(d)矢量型

2. 变频器的用途

变频器在日常生活及工业生产中用途非常广泛，比如我们日常生活中的供水，住户只要上了七楼以上，自来水公司的压力就很难满足需要了，水压不够，打不开热水器，启动不了全自动洗衣机的电磁阀，因为它们是靠水压来开启的。所以，对于一般的高层建筑，我们可以利用变频器的调速特性和编程自动化控制功能，把它装配在地下水池的水泵上，让水泵直接往用户管道供水。用户用水量大，变频器控制水泵自动加速运行；用户用水量小，变频器控制水泵减速运行；无人用水，自动停机。我们通常说的变频恒压供水如图 8－10 所示。

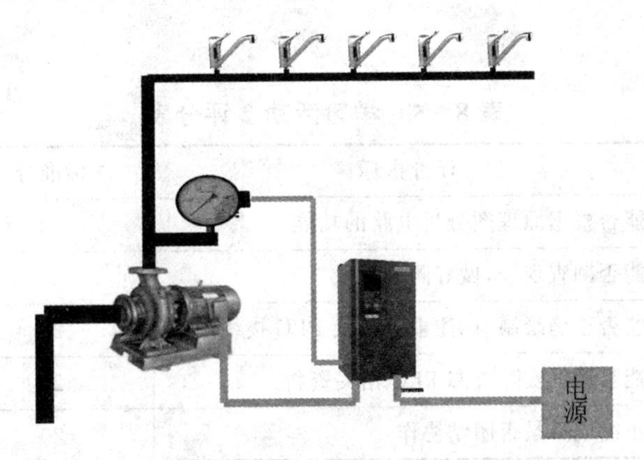

图 8－10　变频恒压供水

(2)请你根据电梯控制系统原理图配电柜部分内容查阅相关资料回答下列问题：

引导问题一：电梯控制系统由多少台电机控制？各分管什么工作？

引导问题二：在变频调速过程中谁发挥着重要作用？为什么？

引导问题三：你知道电梯、PLC、变频器、电动机之间是一种什么样的关系吗？请简要说明。

引导问题四：你个人觉得坐电梯安全可靠吗？若可靠请说明原因，若不可靠则阐述你的观点。

引导问题五：根据观察配电柜线路的走向，请在图 8－11 中简单勾绘出电梯、PLC、变频器、电动机的连线图。

图 8-11　电梯控制外围设备接线图

评价与分析

评分表见表 8-5。

表 8-5　学习活动 2 评分表

评分项目	评价指标	标准分	评　分
原理图	能否根据原理图分析电路的功能	20	
现场勘查	能否勘查现场，做好测绘记录	20	
主电路及 PLC 接线图	能否正确绘制、标注主电路及 PLC 接线图	20	
查阅资料	能否根据实际查阅 PLC 相关资料	20	
团结协作	小组成员是否团结协作	20	

学习活动 3　制订工作计划

学习目标

(1)能根据任务单要求进行分组分工。

(2)能根据施工图纸，制定工作计划，能采用图、表的形式记录所需工具以及材料清单。

(3)能按照作业规程应用必要的标识和隔离措施，准备现场工作环境。

(4)能通过分工合作提高团队协作能力。

学习过程

请根据现场施工要求，安排相应人员进行施工，同时用自己的语言描述具体的工作内容，制订工作计划，列出所需要的工具和材料清单。

引导问题一：根据任务要求和施工图纸，制订你的小组工作计划，并对小组成员进行分工（见表8－5）。

表8－5　成员分工表

序　号	小队名	组　长	组　员	队　语
1				
2				
3				
4				
5				
6				

引导问题二：请列写出各组员的具体工作内容。

引导问题三：根据所现场勘查情况，简单概括电梯控制线路的维护思路。

引导问题四：根据现场勘查结果确定用时（填入表8－6中）。

表8－6　时间表

序　号	施工内容	预计用时	实际用时
1	绘图		
2	主电路设计		
3	控制电路设计		
4	外围接线		
5	编程、下载		
6	通电验收		
7	总评		

引导问题五：根据现场勘查、绘制的电路图及I/O分配表确定需哪些施工设备、材料及工具（填写表8－7清单）。

表8－7　清单

序　号	名　称	型　号	数　量	序　号	名　称	型　号	数　量
1				7			
2				8			
3				9			
4				10			
5				11			
6				12			

引导问题六：电梯控制电路中 PLC、变频器你是根据什么原则来进行选型的？

评价与分析

评分表见表 8-8。

表 8-8 学习活动 3 评分表

评分项目	评价指标	标准分	评　分
条理性	工作计划制订是否有条理	20	
完善性	工作计划是否全面、完善	20	
信息检索	信息检索是否全面	20	
工具与材料清单	是否完整	20	
团结协作	小组成员是否团结协作	20	

学习活动 4　施工前的准备

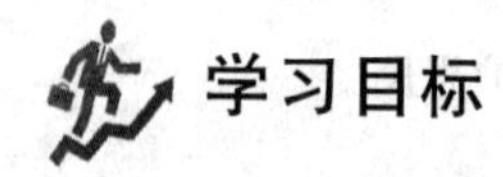

学习目标

(1)掌握主电路接线端子的情况。

(2)掌握电梯的运行原则及基本控制原理。

(3)掌握西门子 MM420 变频器的功能、BOP 面板调节方法。

(4)掌握交流异步电动机变频调速的基本原理及高速、中速和低速控制方法。

(5)利用相关资源及工具，能识别和选用元器件，核查其型号与规格是否符合图纸要求，并进行外观性能检查。

(6)阅读电气安装图、布置接线图及相关电工资料，能编写钻床电气安装工艺，提出元器件、控制柜、电动机等安装位置，确保正确连接线路。

学习过程

请进行车床结构及工作原理的学习，根据控制要求完成程序设计，并领取施工工具和材料。

引导问题一：MM420 变频器调速有哪几种调速方法？请简要说明。

引导问题二：电梯在机械部分设计时需要考虑哪些因素？你知道哪些性能指标会制约着电梯的正常工作吗？

引导问题三：通过书籍及网络资源的查阅，请写出世界上最安全的电梯是哪种？

引导问题四：根据你所设计的最安全的电梯运行要求，绘制出电梯运行的主电路，画在图 8-12 中。

图8－12　电气控制系统主回路原理图

小词典

1.1　电梯运行总体设计

1. 电梯控制系统实现的功能

电梯的控制系统实现如下功能：

(1)行车方向由内选信号决定，顺向优先执行。

(2)行车途中如遇呼梯信号时，顺向截车，反向不截车。

(3)内选信号、呼梯信号具有记忆功能，执行后解除。

(4)内选信号、呼梯信号、行车方向、行车楼层位置均由信号灯指示。

(5)停层时可延时自动开门、手动开门、(关门过程中)本层顺向呼梯开门。

(6)延时自动关门，关门后延时等待内选，自动行车。

(7)行车时不能手动开门或本层呼梯开门，开门不能行车。

2. 电梯曳引方案及门电机电路图

曳引电梯是当今世界应用最为广泛的梯型，具有安全可靠、提升高度大、结构紧凑等优点。曳引电梯最常用的曳引比有1∶1和2∶1两种，本次维修与改造出于降低对电机的要求的考虑，采用了2∶1的曳引方案。如图8－13所示。

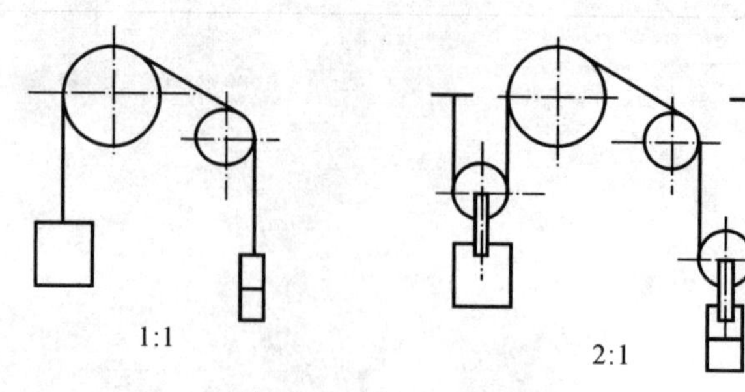

图 8－13　曳引电梯方案

根据要求，本次改造的电梯控制系统主回路原理图如图 8－14 所示。图中 M1，M2 为曳引电机和门电机，交流接触器 KM1～KM4 通过控制两台电动机的运行来控制轿厢和厅门，从而进行对电梯的控制。FR1，FR2 为起过载保护作用的热继电器，用于电梯运行过载时断开主电路。FU1 为熔断器，起过电流保护作用。

1.2　变频调速技术

1. MM420 变频器功能介绍

(1)基本功能。用于控制三相交流电动机速度控制，变频器由微处理器控制，可以实现过电压/欠电压保护、变频器过热保护、接地故障保护、短路保护、电机过热保护、PTC 电动机保护。

(2)功能设置。基本操作面板(BOP)可以改变变频器的各个参数。装有西门子 MM 420 通用型变频器一只。

(3)变频器面板图。由变频器本体和基本操作面板(BOP)组成。BOP 可以显示参数的序号和数值，报警和故障信息，以及设定值和实际值。如图 8－15 所示。

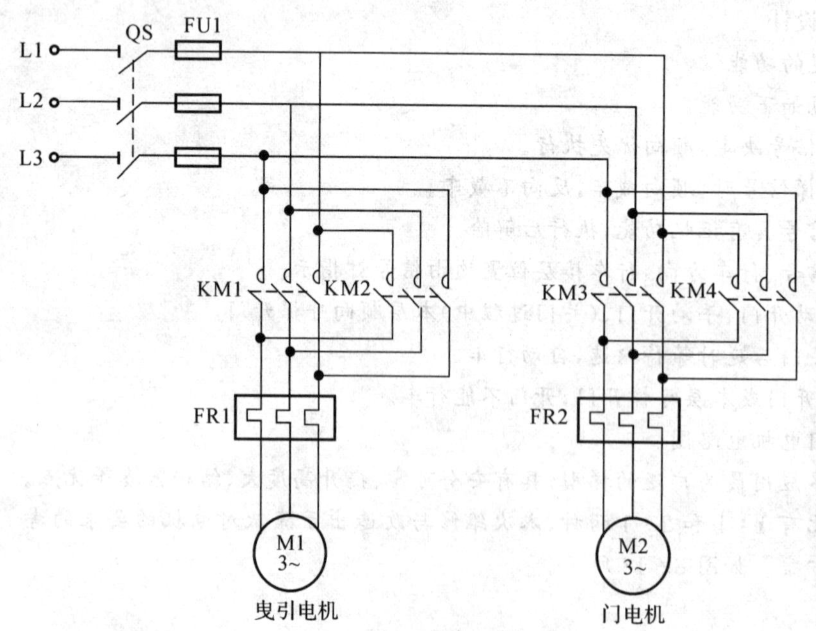

图 8－14　电气控制系统主回路原理图

图 8－15　操作面板

基本操作面板BOP上的按钮功能见表8－9。

表8－9　基本操作面板BOP按钮功能

2.基本参数设置

(1)设定P0010=30和P0970=1,按下P键,开始复位,复位过程大约3min,这样就可保证变频器的参数回复到工厂默认值。

(2)设置电动机参数,为了使电动机与变频器相匹配,需要设置电动机参数。电动机参数设置见表8－10。电动机参数设定完成后,设P0010=0,变频器当前处于准备状态,可正常运行。

表8－10　电动机参数设置

参数号	出厂值	设置值	说　明
P0003	1	1	设定用户访问级为标准级
P0010	0	1	快速调试
P0100	0	0	功率以kW表示,频率为50Hz
P0304	230	380	电动机额定电压/V
P0305	3.25	1.05	电动机额定电流/A
P0307	0.75	0.37	电动机额定功率/kW
P0310	50	50	电动机额定频率/Hz
P0311	0	1400	电动机额定转速/(r/min)

(3)设置面板操作控制参数,见表8－11。

表 8-11　面板基本操作控制参数

参数号	出厂值	设置值	说　明
P0003	1	1	设用户访问级为标准级
P0010	0	0	正确地进行运行命令的初始化
P0004	0	7	命令和数字 I/O
P0700	2	1	由键盘输入设定值(选择命令源)
P0003	1	1	设用户访问级为标准级
P0004	0	10	设定值通道和斜坡函数发生器
P1000	2	1	由键盘(电动电位计)输入设定值
P1080	0	0	电动机运行的最低频率/Hz
P1082	50	50	电动机运行的最高频率/Hz
P0003	1	2	设用户访问级为扩展级
P0004	0	10	设定值通道和斜坡函数发生器
P1040	5	20	设定键盘控制的频率值/Hz
P1058	5	10	正向点动频率/Hz
P1059	5	10	反向点动频率/Hz
P1060	10	5	点动斜坡上升时间/s
P1061	10	5	点动斜坡下降时间/s

3. 变频器运行操作

(1)变频器启动:在变频器的前操作面板上按运行键,变频器将驱动电动机升速,并运行在由 P1040 所设定的 20Hz 频率对应的 560r/min 的转速上。

(2)正反转及加减速运行:电动机的转速(运行频率)及旋转方向可直接通过按前操作面板上的键/减少键(▲/▼)来改变。

(3)点动运行:按下变频器前操作面板上的点动键,则变频器驱动电动机升速,并运行在由 P1058 所设置的正向点动 10Hz 频率值上。当松开变频器前错做面板上的点动键,则变频器将驱动电动机降速至零。这时,如果按下一变频器前操作面板上的换向键,在重复上述的点动运行操作,电动机可在变频器的驱动下反向点动运行。

(4)电动机停车:在变频器的前操作面板上按停止键,则变频器将驱动电动机降速至零。

4. 快速调试

变频器有许多参数,为了快速进行调试,选用其中最基本的参数进行修正即可,过程如图 8-15 所示。

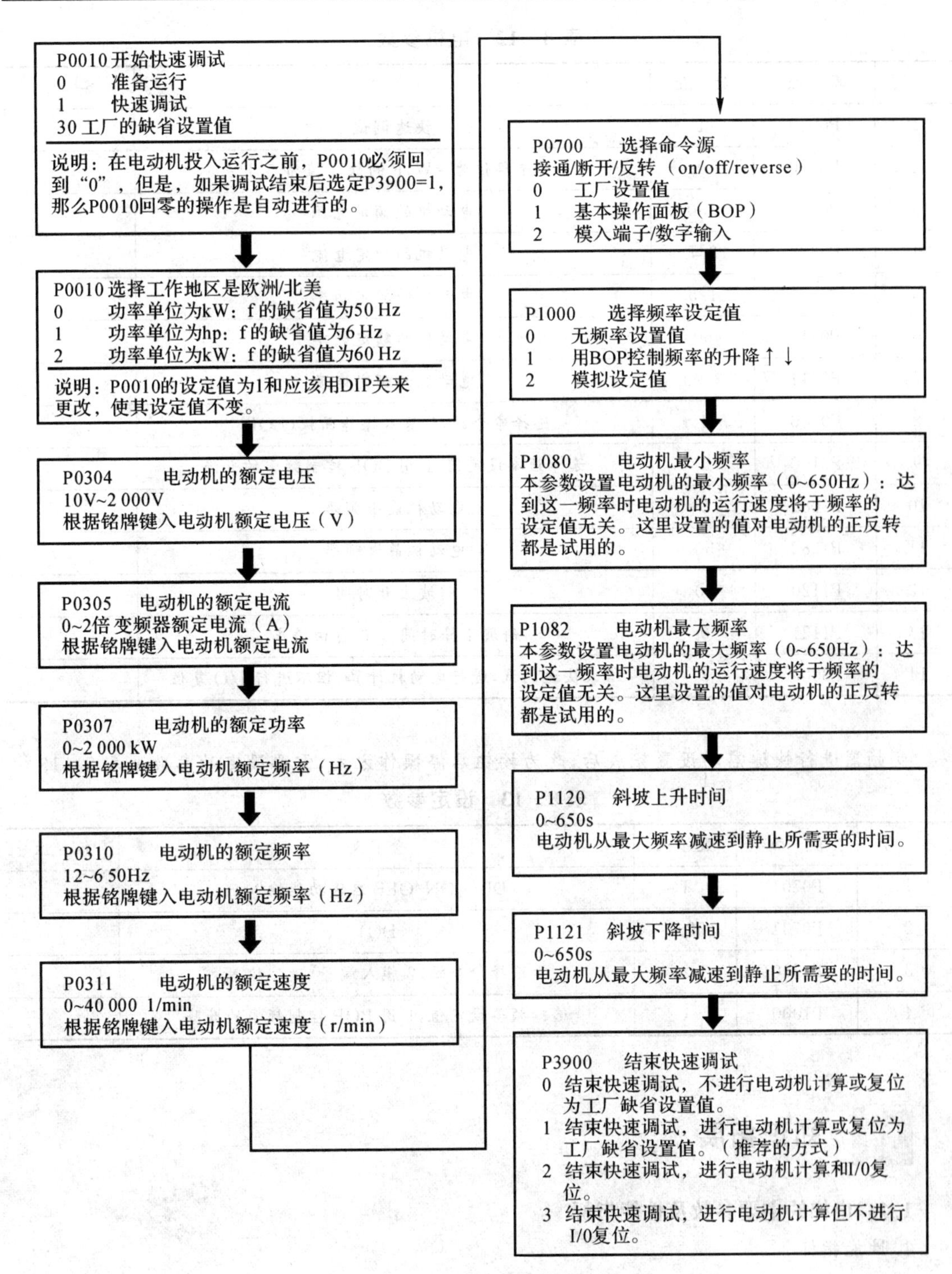

图 8－15 变频器参数流程图

5. 电机参数设置

若实训室电机采用 1.5kW 电动机，快速调试面板启动需要设定的参数见表 8－12。

表 8-12 电机参数

序号	参数	数值	含义	备注
1	P0010	1	快速调试	
2	P0100	0	功率单位为 kW,F 的缺省值为 50Hz	
3	P0304	380	电动机的额定电压	
4	P0305	3.7	电动机的额定电流	
5	P0307	1.5	电动机的额定功率	
6	P0310	50	电动机的额定频率	
7	P0311	2800	电动机的额定速度	
8	P0700	1	选择命令源,1 基本操作面板(BOP)	
9	P0100	1	选择频率设定值,1 用 BOP 控制频率的升降	
10	P1080	0	电动机最小频率	
11	P1082	50	电动机最大频率	
12	P1120	20	斜坡上升时间	
13	P1121	0	斜坡下降时间 0 自由停车	
14	P3900	3	结束快速调试,进行电动机计算,但不进行 I/O 复位	

变频器进行快速启动设置完成后,改为按钮启停操作方式,需要设定的参数见表 8-13。

表 8-13 设定参数

序号	参数	数值	含义	备注
1	P0701	1	DI1 ON/OFF 启停功能输入	
2	P0731	52.3	DO1	
3	P0700	2	选择命令源,2 模入端子\数字输入	
4	P1000	1	选择频率设定值,1 用 BOP 控制频率的升降	

知识拓展

1.1 电梯的主要参数及性能指标

1. 性能指标

(1)安全性。电梯时运送乘客的,即使载货电梯通常也有人相伴随,因此对电梯的第一要求就是安全。电梯的安全与设计、制造、安装调试及检修各环节都有密切联系,任何一个环节出了问题,都可能造成不安全的隐患,以致造成事故。

(2)可靠性。电梯的可靠性很重要,如果一部电梯工作起来经常出故障,就会影响人们正常的生产与生活,给人们造成很大的不便,不可靠也是事故的隐患,常常是不安全的起因。要想提高可靠性，首先应提高构成电梯的各个零部件的可靠性，只有每个零部件都是可靠的，整个电梯才能使可靠的。

(3)停站的准确性。停站准确性又称平层准确度，平层精度。GB/T10058997《电梯技术条件》对轿厢的平层准确度规定见表8－14。

表8－14　轿厢的平层准确度

电梯类型	额定速度/($m \cdot s^{-1}$)	平层准确度/mm
交流双速电梯	0.25或0.5	≤±15
	0.75或1.0	≤±30
交直流快速电梯	1.5～2.0	≤±15
交直流高速电梯	≥2.0	≤±5

电梯轿厢的平层准确度与电梯的额定速度，电梯的负载情况有密切关系。负载重，则惯性大，提速高，惯性也大。因此检查平层准确度时，分别以空载，满载，上下运行，到达同一层站停测量平衡误差，取其最大值做平层站的平层准确度。

(4)振动、噪声及电磁干扰。现代电梯是为乘客创造舒适的生活和工作环境。因此要求电梯运行平稳，安静，无电磁干扰。

(5)舒适感和快速感。电梯作为一种交通工具，对于快速性的要求是必不可少的，快速可以节省时间，这对于快节奏的现代生活中的乘客是很重要的。但是加速度和减速度的过分增大的不合理变化又会造成乘客的不适感。因此在电梯设计时就要兼顾快速性和舒适感这两个互相矛盾的因素。

(6)节能。现代电梯应该合理的选择拖动方式，以达到节能的目的。

2.主要参数

(1)额定载重量(kg)：制造和设计规定的电梯载重量。

(2)轿厢尺寸(mm)：宽×深×高。

(3)轿厢形式：有单或双面开门及其他特殊要求等，以及对轿顶、轿底、轿壁的处理，颜色的选择，对电风扇、电话的要求等。

(4)轿门形式：有栅栏门、封闭式中分门、封闭式双折门、封闭式双折中分门等。

(5)开门宽度(mm)：轿厢门和厅门完全开启的净宽度。

(6)开门方向：人在厅外面对厅门，门向左方向的为左开门，门向右方向开启的为右开门，两扇门分别向左右两边开启者为中开门，也称为中分门。

(7)曳引方式：常用的有半绕1∶1吊索法，轿厢的运行速度等于钢丝的运行速度。半绕2∶1吊索法，轿厢的运行速度等于钢丝运行速度的一半。全绕1∶1吊索法，轿厢的运行速度等于钢丝的运行速度。

(8)额定速度(m/s)：制造和设计所规定的电梯运行速度。

(9)电气控制系统：包括控制方式、拖动系统的形式等。如交流电机拖动或直流电机拖动，轿内按钮控制或集选控制等。

(10)停层站数(站)：凡在建筑物内各层楼用于出入轿厢的地点均称为站。

(11)提升高度(mm)：由底层端站楼面至层顶端站楼面之间的垂直距离。

(12)顶层高度(mm):由顶层端站楼面至机房楼板或隔音层楼板下最突出构件之的垂直距离。电梯的运行速度越快,顶层高度一般越高。

(13)底坑深度(mm):由层底端站楼面至井道底面之间的垂直距离。电梯的运行速度越快,底坑一般越深。

(14)井道深度(mm):由井道底面至机房楼房或隔音层楼房板下最突出构件之间的垂直距离。

(15)井道尺寸(mm):宽×深。

1.2　电梯的种类

2003 年 2 月 19 日国务院颁布了《特种设备安全监察条例》,明确规定电梯是特种设备,并对电梯的含义做了叙述:“电梯是指动力驱动,利用沿刚性导轨运行的箱体或者沿固定线路运行的梯级(踏板)进行升降或者平行运送人、货物的机电设备”。

这种对电梯的论述,被称作广义电梯概念,既包括上下运送人、货物的升降式电梯,也包括用于水平或倾斜输送乘客的自动人行道(passenger conveyor)和自动扶梯(escalator)。

现代电梯主要由曳引机(绞车)、导轨、对重装置、安全装置(如限速器、安全钳和缓冲器等)、信号操纵系统、轿厢与厅门等组成。这些部分分别安装在建筑物的井道和机房中。

通常采用钢丝绳摩擦传动,钢丝绳绕过曳引轮,两端分别连接轿厢和平衡重,电动机驱动曳引轮使轿厢升降。电梯要求安全可靠、输送效率高、平层准确和乘坐舒适等。

电梯的基本参数主要有额定载重量、可乘人数、额定速度、轿厢外廓尺寸和井道形式等。

目前,电梯行业及社会上对电梯的分类大致有以下几种:

(1)按用途分:乘客电梯、载货电梯、客货电梯、病床电梯、住宅电梯、杂物电梯、观光电梯、其他专用电梯。

(2)按额定速度分:低速梯,常指低于 1.00m/s 速度的电梯;中速梯,常指速度 1.00～2.00m/s的电梯。高速梯,常指速度大于 2.00m/s 的电梯。超高速梯,速度超过 5.00m/s 的电梯。

(3)按拖动方式分:交流电梯、直流电梯、液压电梯、齿轮齿条式电梯、螺旋式电梯。

(4)按控制方式分:手柄操纵控制电梯、按钮控制电梯、信号控制电梯、集选控制电梯、向下集选控制电梯、并联控制电梯、群控电梯、智能控制电梯。

其他分类方式还有:按电梯有无司机分类等。

评价与分析

评分表见表 8－15。

表 8－15　学习活动 4 评分表

评分项目	评价指标	标准分	评　分
指令学习	是否掌握新学指令的功能	30	
程序设计	能否正确设计出搅拌机程序	40	
学习态度	学习态度是否积极	10	

续表

评分项目	评价指标	标准分	评　分
工具准备	能否按要求准备好工具	10	
团结协作	小组成员是否团结协作	10	

学习活动5　任务实施与验收

学习目标

(1)能查阅资料设置工作现场必要的标识和隔离措施。

(2)能按图纸、工艺要求、安全规范和设备要求，准备相关工具，安装元器件、接线，实现电气线路的正确连接。

(3)能进行电梯控制系统改造后的程序设计，并根据基本控制要求编写梯形图。

(4)能用仪表进行测试检查，验证电路安装的正确性、可靠性，能按照安全操作规程工艺要求编写PLC改造之后的电气调试方案，确保正确通电试车。

(5)掌握电梯运行基本线路程序的编译、下载及程序运行与调试的方法。

学习过程

明确电梯控制系统的控制要求，写出PLC的输入/输出分配表、外部接线图，梯形图和指令表，并将程序输入PLC，按照电梯各控制系统的动作要求先进行模拟调试，成功以后再进行现场调试，最终达到设计要求。

1. 电梯系统控制要求

引导问题一：根据实际勘查所知，列写出整个系统控制要求的流程图，并画在图8-16中。

图8-16　电梯控制系统流程图

引导问题二：电梯控制系统安装过程中需要注意与 PLC、变频器的接线，请简要说明一下变频器接线的特点。

引导问题三：电梯控制系统除了采用 PLC 作为控制器以外还可以采用哪些产品来代替？

2.电梯系统控制的地址分配表和外部接线图

引导问题一：结合系统控制要求，完成下列 PLC 的 I/O 分配表。

根据所选 PLC 的型号进行 I/O 点的端口分配，见表 8-16。

表 8-16 输入/输出信号端口分配表

序 号	名 称	输入点	序 号	名 称	输出点
0	一层平层		0	电梯上行记忆	
1	二层平层		1	电梯下行记忆	
2	三层平层		2	电机正转	
3	四层平层		3	电机反转	
4	内呼一楼		4	内呼一楼指示	
5	内呼二楼		5	内呼二楼指示	
6	内呼三楼		6	内呼三楼指示	
7	内呼四楼		7	内呼四楼指示	
8	一层外呼上行		8	一层外呼上行指示	
9	二层外呼上行		9	二层外呼上行指示	
10	三楼外呼上行		10	三楼外呼上行指示	
11	二楼外呼下行		11	二楼外呼下行指示	
12	三楼外呼下行		12	三楼外呼下行指示	
13	四楼外呼下行		13	四楼外呼下行指示	
14	手动开门		14	门电机正转	
15	手动关门		15	门电机反转	
16	开门限位				
17	关门限位				
18	电梯上升极限位				
19	电梯下降极限位				

引导问题二：请根据电梯控制系统的电气原理图，绘制出改造后与 PLC、变频器连接的外部接线图，填入图 8-17 中。

图8-17　电梯控制系统的硬件接线示意图

引导问题三：列出你在主电路以及改造以后的PLC接线过程中遇到了哪些问题？你是如何解决的？并填入表8-17中。

表8-17　问题汇总表

序　号	所遇问题	解决方法	备　注

引导问题四：根据电梯控制系统要求，结合PLC的I/O分配以及外部接线图，试编写出主要控制程序，填入图8-18中。

图 8-18 PLC 主要控制程序

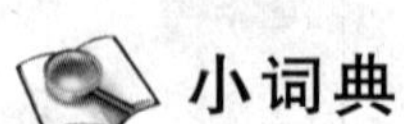

小词典

电梯的硬件设计

1.1 电梯的控制要求

1. 上行要求

(1)当电梯停于 1 层或 2 层、或 3 层时,按 S4 按钮呼梯则电梯上升至 LS4 停。

(2)当电梯停于 1 层,若按 S2 按钮呼梯,则电梯上升 LS2 停,若按 S3 按钮呼梯,则电梯轿箱上升至 LS3 停。

(3)当电梯停于 2 层,若按 S3 按钮呼梯,则电梯上升到 LS3 停。

(4)当电梯停于 1 层而 S2,S3 按钮均有人呼梯时,电梯上升到 LS2 暂停 5s 后继续上升到 LS3 停。

(5)当电梯停于 2 层,而 S3,S4 按钮均有人呼梯时,电梯上升到 LS3 暂停 5s 后继续上升到 LS4 暂停。

(6)当电梯、停于 1 层,而 S2,S4 按钮均有人呼梯时,电梯上升到 LS2 暂停 5s 后,继续上升到 LS4 停。

(7)当电梯停于 1 层,而 S3,S4 按钮均有人呼梯时,电梯上升到 LS3 暂停 5s 后继续上升到 LS4 停。

(8)当电梯停于 1 层,而 S2,S3,S4 按钮均有人呼梯时,电梯上升到 LS2 暂停 5s 后继续上升到LS3暂停5s后继续上升到LS4停。

2.下行要求

(9)当电梯在4层或3层或2层时，按S1呼梯，则电梯下降到LS1停。

(10)当电梯停于4层，若按S3呼梯，则电梯下降到LS3停，若按S2呼梯，则电梯下降到LS2停。

(11)当电梯停于3层，若按S2按钮呼梯，则电梯下降到LS2停止。

(12)当电梯停于4层，而S2，S3按钮均有人呼梯时，电梯下降到LS3暂停5s后继续下降至LS2停。

(13)当电梯停于4层，而S3，S1均有人呼梯时，电梯下降到LS3暂停5s，继续下降到LS1停止。

(14)当电梯停于4层，而S3，S2，S1按钮均有人呼梯，则电梯下降到LS3暂停5s继续下降到LS2暂停5s后，继续下降到LS1停止。

(15)当电梯停于3层，而S2，S1按钮均有人呼梯，则电梯下降到LS2暂停5s后继续下降到LS1停止。

(16)当电梯停于2层，而S1，S3，S4按钮均有人呼梯，则电梯先下降至LS1暂停5s后，再上升。

(17)当电梯停于3层，而S1，S2，S4按钮均有人呼梯，则电梯先下降至LS2暂停5s后，继续下降到LS1暂停5s，再上升至LS4停止。

1.2　输入/输出点分配

为了完成设定的控制任务，主要根据电梯控制方式与输入/输出点数和占用内存的多少来确定PLC的机型。本系统为四层楼的电梯，采用集选控制方式。所需输入/输出点数与内存容量估算如下：

1.输入/输出点的估算

采用PLC构成四层简易电梯电气控制系统。电梯的上、下行由一台电动机拖动，电动机正转为电梯上升，反转为下降。一层有上升呼叫按钮SB1和指示灯H1，二层有上升呼叫按钮SB2和指示灯H2以及下降呼叫按钮SB4和指示灯H4，三层有上升呼叫按钮K3和指示灯H3以及下降呼叫按钮SB5和指示灯H5，四层有下降呼叫按钮SB6和指示灯H6。一至四层有到位行程开关SQ1～SQ4。电梯内有一至四层呼叫按钮SB10～SB7和指示灯H10～H7；电梯开门和关门按钮SB5和SB6，电梯开门和关门分别通过电磁铁KM3和KM4控制，关门到位由行程开关SQ5检测，开门到位由行程开关SQ6检测。轿厢上行和下行由接触器KM1和KM2控制，上升到位由行程开关SQ7检测，下降到位由行程开关SQ8检测并有上行记忆和下行记忆两路指示灯。输入点共有20个，输出点共有16个，总共36个。

2.内存容量的估算

用户控制程序所需内存容量与内存利用率、输入/输出点数、用户的程序编写水平等因素有关。因此，在用户程序编写前只能根据输入/输出点数、控制系统的复杂程度进行估算。本系统有开关量I/O总点数有36个，模拟量I/O数为0个。利用估算PLC内存总容量的计算公式：

存字数＝开关量I/O总点数×(10～15)＋模拟量I/O总点数×(150～250)再按30%左右预留余量。估算本系统需要约1K字节的内存容量。

综合I/O点数以及内存容量，S7－200的CPU226输入，输出点数为24/16，足以满足要求。

该系统占用PLC的36个I/O口，20个输入点，16个输出点，具体的I/O分配见表8-18。

表8-18 I/O分配表

序号	名称	输入点	序号	名称	输出点
0	一层平层	I0.0	0	电梯上行记忆	Q0.0
1	二层平层	I0.1	1	电梯下行记忆	Q0.1
2	三层平层	I0.2	2	电机正转	Q0.2
3	四层平层	I0.3	3	电机反转	Q0.3
4	内呼一楼	I0.4	4	内呼一楼指示	Q0.4
5	内呼二楼	I0.5	5	内呼二楼指示	Q0.5
6	内呼三楼	I0.6	6	内呼三楼指示	Q0.6
7	内呼四楼	I0.7	7	内呼四楼指示	Q0.7
8	一层外呼上行	I1.0	8	一层外呼上行指示	Q1.0
9	二层外呼上行	I1.1	9	二层外呼上行指示	Q1.1
10	三楼外呼上行	I1.2	10	三楼外呼上行指示	Q1.2
11	二楼外呼下行	I1.3	11	二楼外呼下行指示	Q1.3
12	三楼外呼下行	I1.4	12	三楼外呼下行指示	Q1.4
13	四楼外呼下行	I1.5	13	四楼外呼下行指示	Q1.5
14	手动开门	I2.0	14	门电机正转	Q1.6
15	手动关门	I2.1	15	门电机反转	Q1.7
16	开门限位	I2.2			
17	关门限位	I2.3			
18	电梯上升极限位	I2.4			
19	电梯下降极限位	I2.5			

1.3 PLC外部接线

本任务的PLC外部接线图如图8-18所示。CPU226CN的传感器电源24V(DC)可以输出600mA电流，通过核算在本设计中PLC容量完全满足要求，CPU226CN的输出继电器触

点容量为2A,电压范围为5～30V(DC)或5～250V(AC)

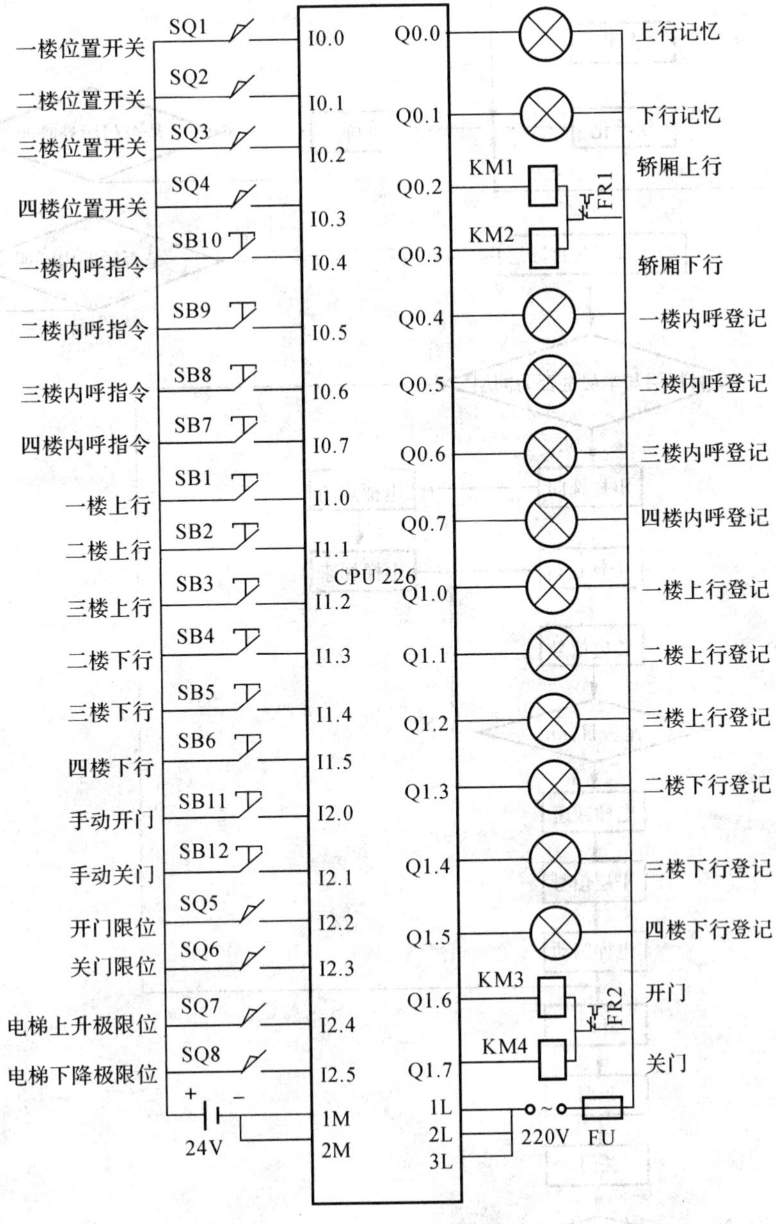

图8-18　PLC外部接线图

1.4　系统运行流程图

系统流程图如图8-19所示。

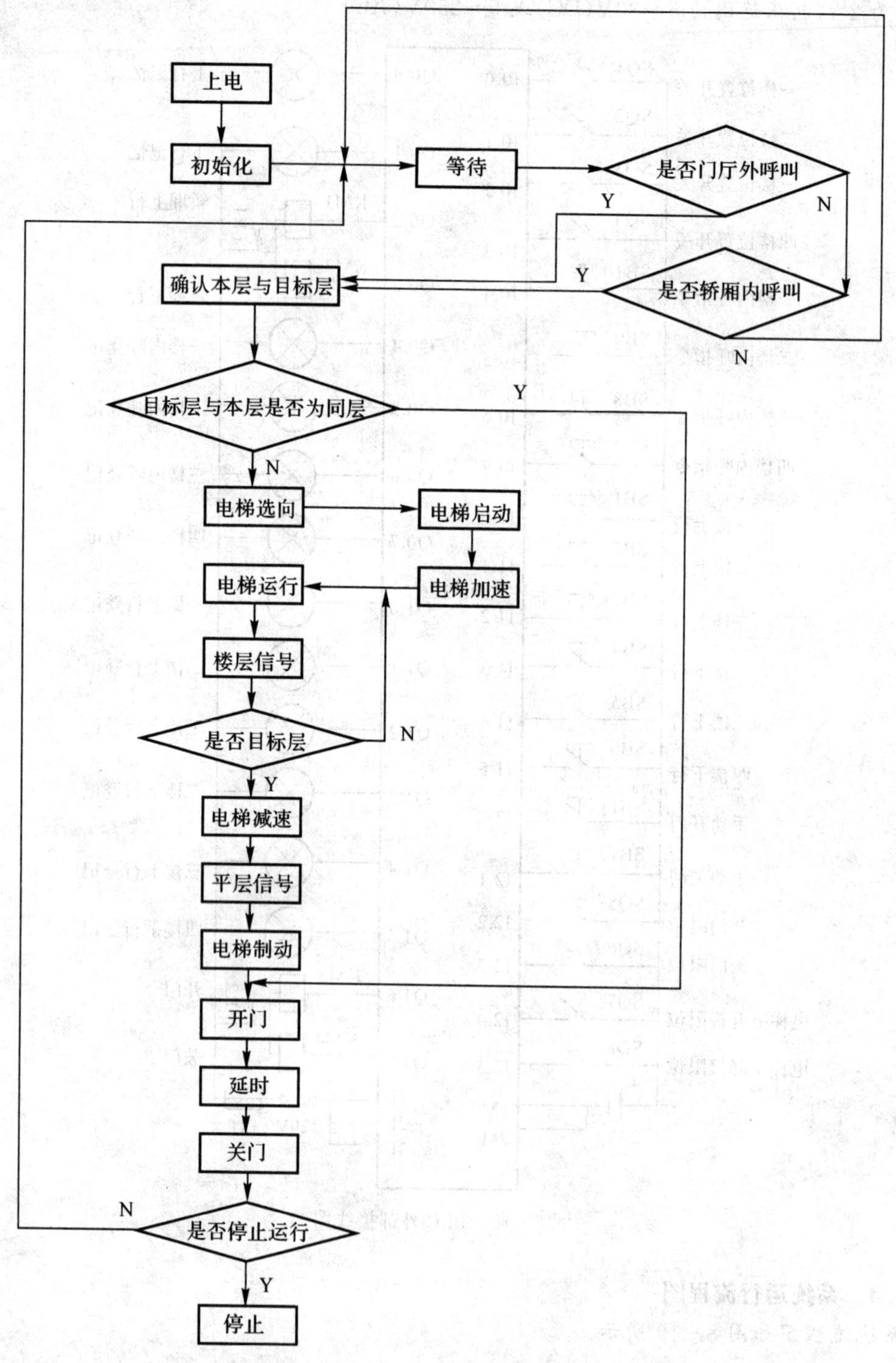
上电
初始化
等待
是否门厅外呼叫
Y
N
是否轿厢内呼叫
Y
N
确认本层与目标层
目标层与本层是否为同层
Y
N
电梯选向
电梯启动
电梯运行
电梯加速
楼层信号
是否目标层
N
Y
电梯减速
平层信号
电梯制动
开门
延时
关门
是否停止运行
N
Y
停止

图 8-19　系统流程图

评价与分析

评分表见表8－19。

表8－19　学习活动5评分表

评分项目	评价指标	标准分	评　分
程序编制	能否正确运用指令编写多种程序,编制是否规范	15	
输入程序	程序输入是否正确	5	
系统自检	能否正确自检	10	
系统调试	系统能否实现控制要求	5	
安全施工	是否做到了安全施工	5	
现场清理	是否能清理现场	5	
验收项目设计	验收项目设计是否合理	15	
验收项目填写	验收项目填写是否正确	10	
沟通能力	是否与客户进行有效沟通	15	
团结协作	小组成员是否团结协作	15	

学习活动6　总结与评价

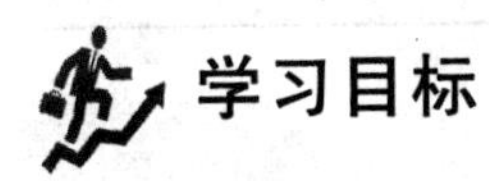

学习目标

(1)能正确规范撰写总结。
(2)能采用多种形式进行成果展示。
(3)能有效进行工作反馈与经验交流。

学习过程

一、请根据工程完工情况,用自己的语言描述具体的工作内容

引导问题一:你在这个项目的实施过程中学到了什么?请做一简单阐述。
引导问题二:在与其他同学的沟通交流中你学会哪些表达方式?
引导问题三:通过本次学习任务的完成情况,对小组以及个人作出总结。

评价与分析

评分表见表8－20。

表8－20　学习活动6评分表

评分项目	评价指标	标准分	评　分
自评	自评是否客观	20	
互评	互评是否公正	20	

续表

评分项目	评价指标	标准分	评　分
演示方法	演示方法是否多样化	20	
语言表达	语言表达是否流畅	20	
团结协作	小组成员是否团结协作	20	

二、工作总结

以小组为单位,选择演示文稿、展板、海报、录像等形式中的一种或几种,向全班展示、汇报学习成果,通过每个小组成员对任务实施过程中所遇到的问题和自身感受,进行互动交流,并将经验记录在表8-21中。

表8-21　经验交流记录表

业务实施过程	持续改进行动计划	学习与工作宝贵经验
提出人过程记录	提出人改进记录	经验记录

三、综合评价

(1)学生完成任务后,对学生的作品按自我评价、小组评价、教师评价进行评价,评价标准见表8-22。

表8-22　评价表

评价项目	评价内容	评价标准	评价方式		
			自我评价	小组评价	教师评价
职业素养	安全意识、责任意识	A作风严谨、自觉遵章守纪、出色完成工作任务 B能够遵守规章制度、较好完成工作任务 C遵守规章制度、没完成工作任务或完成工作任务但忽视规章制度 D不遵守规章制度、没完成工作任务			
	学习态度主动	A积极参与教学活动,全勤 B缺勤达本任务总学时的10% C缺勤达本任务总学时的20% D缺勤达本任务总学时的30%			
	团队合作意识	A与同学协作融洽、团队合作意识强 B与同学能沟通、协同工作能力较强 C与同学能沟通、协同工作能力一般 D与同学沟通困难、协同工作能力较差			

续表

评价项目	评价内容	评价标准	评价方式		
			自我评价	小组评价	教师评价
专业能力	学习活动1 接收工作任务	A按时、完整地完成工作页，问题回答正确，能够有效检索相关内容 B按时、完整地完成工作页，问题回答基本正确，检索了一部分内容 C未能按时完成工作页，或内容遗漏、错误较多 D未完成工作页			
	学习活动2 勘查施工现场	A能根据原理分析电路功能，并勘查了现场，做了详细的测绘记录 B能根据原理分析电路功能，并勘查了现场，但未做记录 C不能根据原理分析电路功能，但勘查了现场 D未完成勘查活动			
	学习活动3 制订工作计划	A工作计划制订有条理，信息检索全面、完善 B工作计划制订较有条理，信息检索较全面 C未制订工作计划，信息检索内容少 D未完成施工准备			
	学习活动4 施工前的准备	A能根据任务单要求进行分组分工，能采用图、表的形式记录所需工具以及材料清单 B能根据任务单要求进行分组分工，简单罗列所需工具以及材料清单 C能根据任务单要求进行分组分工，不能采用图、表的形式记录所需工具以及材料清单 D未完成分组、列清单活动			
	学习活动5 任务实施与验收	A学习活动评价成绩为90～100分 B学习活动评价成绩为75～89分 C学习活动评价成绩为60～75分 D学习活动评价成绩为0～60分			
创新能力		学习过程中提出具有创新性、可行性的建议	加分奖励：		
班级			学号		
姓名			综合评价等级		
指导教师			日期		

(2)教师对本次任务的执行过程和完成情况进行综合评价。

____

____

____